Ceph Cookbook

Ceph Cookbook 中文版

[芬] Karan Singh 著

Ceph中国社区 KVM云技术社区 译

電子工業出版社

Publishing House of Electronics Industry

北京•BEIJING

内容简介

Ceph 在 AFA、数据库工作负载、容器存储及超融合式基础架构等多个领域应用，其集群在欧洲核子研究中心、雅虎和 DreamHost 等组织成功部署，越来越需要我们加以关注和学习。本书旨在让你学会建立一个生产级别的 Ceph 存储集群，并掌握 Ceph 集群管理技巧。全书从认识块、对象和文件存储开始，到与 OpenStack 的集成，再到建立一个类似 Dropbox 的存储解决方案，直到了解联合架构和 CephFS、用 Calamari 和 VSM 监控环境、评测集群性能，以及获取 Ceph 运维最佳实践。

版权贸易合同登记号图字：01-2016-4451

图书在版编目（CIP）数据

Ceph Cookbook 中文版 /（芬）卡兰•辛格（Karan Singh）著；Ceph 中国社区，KVM 云技术社区译.
北京：电子工业出版社，2016.7
书名原文：Ceph Cookbook
ISBN 978-7-121-29016-9

Ⅰ. ①C… Ⅱ. ①卡… ②C… ③K… Ⅲ. ①分布式文件系统 Ⅳ. ①TP316

中国版本图书馆 CIP 数据核字（2016）第 129866 号

策划编辑：张春雨　刘　芸
责任编辑：徐津平
印　　刷：北京天宇星印刷厂
装　　订：北京天宇星印刷厂
出版发行：电子工业出版社
　　　　　北京市海淀区万寿路 173 信箱　邮编：100036
开　　本：787×980　1/16　印张：17.25　字数：358.8 千字
版　　次：2016 年 7 月第 1 版
印　　次：2016 年 7 月第 1 次印刷
定　　价：79.00 元

凡所购买电子工业出版社图书有缺损问题，请向购买书店调换。若书店售缺，请与本社发行部联系，联系及邮购电话：（010）88254888，88258888。

质量投诉请发邮件至 zlts@phei.com.cn，盗版侵权举报请发邮件至 dbqq@phei.com.cn。

本书咨询联系方式：（010）51260888-819，faq@phei.com.cn。

译 者 序

为什么要翻译本书

当前，云计算已经成为典型的IT资源配置方式，无论是互联网行业还是传统行业都在积极拥抱云计算。云计算在技术上面临三项技术难题：网络、存储、管理平台。网络方面SDN（软件定于网络）越来越成熟，管理方面OpenStack（软件定义数据中心）被认为是继Linux以来最成熟的开源项目，存储方面，目前公认的开源解决方案就是Ceph，Ceph贯彻的理念也是SDS（软件定义存储）。

SDS（软件定义存储）可以降低存储基础设施的TCO（Total Cost of Ownership，总体拥有成本）。除降低存储成本外，SDS还具有灵活性、可扩展性和可靠性，可以说SDS就是存储的未来。

Ceph是“开源软件定义存储”的明星，Ceph架构设计合理，可以轻松的扩展到PB级别，随着不断发展，国外和国内有多家公有云在生产环境使用Ceph作为后端存储，Ceph成为云计算后端存储的首选。

Ceph从开始到现在已经十余年，Ceph的最大难题是入门难、调优难。针对于这两大问题，本书从Ceph的原理、硬件选项以及调优入手，描述了技术原理，总结了最佳实践。读者可以通过阅读本书，将学到的知识灵活运用到自己的环境中，轻松掌握Ceph。

本书翻译校审人员

Ceph中国社区、KVM云技术社区组织了本书的翻译，具体翻译和校审人员如下。

翻译：李井鑫、贾文杰、王雅楠、刘世民、韩卫、罗晶

校审：刘世民、耿航、肖力

勘误

由于时间仓促，译者水平有限，错误与疏漏之处在所难免，敬请读者批评指正，读者可以关注Ceph社交及KVM云技术社区订阅号，可以通过订阅号反馈错误，本书勘误也会在订阅号上发布，另外，读者也可以通过订阅号加入Ceph技术微信和QQ交流群，一起交流Ceph。

致谢

再次特别感谢电子工业出版社引进了这本充满精彩实践的书，也感谢电子出版社非常专业的编辑，以及Ceph中国社区、KVM云技术社区的翻译人员。

推 荐 序

一年前，Karan 出版了他的第一本书——*Learning Ceph*，此书由 Packt 出版社出版。它解决了许多用户都存在的一个需求：以易于理解的方式介绍 Ceph，以及概述其架构。

当一个开源项目拥有像 Ceph 社区这样充满热情的社区时，它对功能的创新和革新将日新月异。除了 Red Hat 的以 Sage Weil 为核心的开发团队以外，行业其它巨头像 Intel，SanDisk，Fujitsu 和 Suse，以及无数的个人贡献者，都在持续地做出贡献。最终，Ceph 在功能和稳定性上日益成熟，其稳定性在企业部署中举足轻重。当 *Learning Ceph* 这本书刚刚出版时，Ceph 的许多功能和组件才刚刚被实现出来，宛如新生的婴儿一般稚嫩，例如：纠删码、SSD 性能调优、虚拟存储管理器（VSM）等。本书中，我们将详细地阐述所有这些你们正在使用的功能。

有一天，我读到一篇博文，作者提到 Ceph 对存储行业的影响就像 Linux 对操作系统的影响。虽然现在下这个结论还为时尚早，但可以确定的是，Ceph 在行业中逐渐被广泛地采用，多 PB 规模的集群越来越常见。大规模使用 Ceph 的用户，像 CRN 和 Yahoo，都在社区中持续分享他们的使用经验。

Ceph 的丰富功能和巨大灵活性使得它能被广泛地用于各种场景中，这使得人们很难去接触它，新用户们在开始他们的学习之旅前不知所措。不是所有人都有机会在有着几千个服务器和磁盘的大数据中心进行各种实验以获得使用经验。Karan 的新书，由 Packt 出版社出版的 *Ceph Cookbook*，将会在你遇到各种挑战时提供切合实际的手把手的指导。

作为一名长期的 Ceph 爱好者，我和 Karan 共事过多年，我祝贺他充满热情地为 Ceph 初次使用者们编写了一本详尽的指南。它将会为那些正在部署开源社区版本 Ceph 的人们提供有用的指导。

这本书将是 Ceph 社区成员所开发的对技术文档的有益补充，它填补了为新用户提供介绍和建议的空白。

如果您正在下载 Ceph 社区版本，或者正在家里或者企业非关键负载环境中试用 Ceph，那么这本书非常适合你。你将获得有关如何部署和一步步地管理 Ceph 的知识、技巧和用户案例。

现在，请开始阅读本书吧，你将会了解到如何部署自己的 Ceph 软件定义存储。不过，你别着急，更加精彩的内容，比如生产环境就绪的 Ceph 文件系统和容器支持，都已经在计划当中了，我期待着 Karan 的下一本书早日出版。

Wolfgang Schulze 博士

Red Hat 全球存储咨询总监

关于作者

Karan Singh

是一名 IT 专家和技术布道师，他和他美丽的妻子 Monika 生活在芬兰。他拥有计算机科学专业的学士学位，以及从 Pilani BITS 获得了系统工程专业的硕士学位。他还是一名通过了 OpenStack、NetApp、Oracel Solaris 和 Linux 等技术认证的专家。

当前，Karan 是 CSC（IT Center for Science Ltd.）公司的一名存储和云系统专家，正致力于基于 OpenStack 和 Ceph 开发 IaaS 云解决方案，以及使用 Ceph 构建经济的多 PB 存储系统。

Karan 在各种存储解决方案、云技术、自动化工具和 Unix 系统上有丰富的经验。他还是 2015 年出版的 Ceph 书籍 *Learning Ceph* 的作者。

Karan 还将他的部分时间专注于研发和新技术学习。当不从事 Ceph 和 OpenStack 相关的工作时，Karan 会致力于各种新技术和自动化相关的工作。他热衷技术写作，是 `www.ksingh.co.in.`的一名博主。您可以在 Twitter 上通过`@karansingh010` 联系到他，或者发邮件到 `karan_singh1@live.com`。

我要感谢我的妻子 Monika 在我写作这本书时为我准备美味的食物。谢谢 MJ，你是一个伟大的厨师，我爱你。

我想借此机会感谢我的公司，CSC – IT Center for ScienceLtd.，我有幸和各位同仁共事，这给我留下了美妙回忆。CSC，你是一个了不起的公司，谢谢。

我也想感谢蓬勃发展的 Ceph 社区以及开发、提高和支持 Ceph 的生态系统。

最后，衷心感谢整个 Packt 出版团队，以及技术评审们，感谢你们为本书的出版所做的卓越工作。

关于审阅者

Christian Eichelmann 是一名系统工程师和 IT 架构师，在德国有着多年的从业经验。从早期 Alpha 版本开始，就一直使用 Ceph。当前，他运行着几个 PB 规模的 Ceph 集群，还开发了一个广受欢迎的 Ceph 监控仪表板 `ceph-dash`。

Haruka Iwao，筑波大学（University of Tsukuba）分布式文件系统专业硕士，Google 广告解决方案工程师。她曾经担任过 Red Hat 存储解决方案架构师，在日本工作时对 Ceph 社区有过贡献。她对站点可靠性工程和大规模计算有浓厚的兴趣，在东京的几个创业公司做过站点可靠性工程师。

前　言

我们每一秒钟都在为巨大的数字世界添砖加瓦。数据增长超乎想象，有人预测，到2020年人类拥有的数据将高达40泽字节（Zettabyte）。如果这还不算太大，那到2050年呢？我们可不可以推测将会有1尧字节（Yottabyte）？最明显的问题是：我们用什么办法来存储如此海量的数据，或者说我们为未来准备好了吗？对我来说，Ceph是解决这些数据问题的一线希望，或者可以说是解决未来十年数据存储需求的一个可能解决方案。Ceph是存储的未来！

有这样一句格言"软件定义一切"，事实的确如此。不过，从另一个角度来看，软件是满足各种计算需求的一种可行方法，如预测天气、网络体系、存储、数据中心以及汉堡包……嗯，现在还不是讨论汉堡包的时候。众所周知，通过软件来定义一切的想法，发挥了软件本身具有的智能优势，再加上商业硬件，可以解决你的各种难题。而且我认为，这种软件定义的方式应该是打开未来计算枷锁的一把钥匙。

完全开源的Ceph，通过软件定义存储的方式，用优异的性能去处理空前增长的数据。它为文件存储、对象存储，以及块存储提供了丰富、统一的接口。Ceph的优点在于分布式、可扩展性以及性能；以及与生俱来的可靠性和稳健性。而且，它价格便宜，经济实惠，性价比极高。

Ceph在存储领域举足轻重。它的企业级特性，比如可扩展性、可靠性、纠删码、缓存和计数等，已经在过去几年取得显著改善，日益成熟。仅举几例，在欧洲核子研究中心、雅虎和DreamHost等组织中多PB的Ceph集群正在部署并成功运行。

Ceph的块存储和对象存储接口早已被引入，现在已开发完全。直到去年，只有CephFS模块不能投入到生产环境。今年我打赌CephFS模块一定会在Jewel版本中具备生产属性。我已经迫不及待地想见证CephFS在生产领域有所建树。Ceph已经在多个领域应用并日益普及，如AFA（全闪存阵列）、数据库工作负载、容器存储，以及超融合式基础架构。诚然，Ceph的发展已渐入佳境。

在这本书中，我们将深入了解Ceph的各个模块和它的工作架构。本书侧重使用知识，提供一步一步的手把手指导。从第一章起，你就会获得Ceph的实践经验。随后每章，你将不断学习，并玩转Ceph各个有趣的概念。我希望，到这本书的结尾，不论在概念上还是实践上，都能够让你信心满满地玩转 Ceph。

学得开心！

Karan Singh

这本书包括

第 1 章，Ceph 介绍及其他，从 Ceph 介绍开始，逐渐过度到 RAID 及其所面临的挑战，以及 Ceph 的体系结构概述。最后，对 Ceph 安装和配置做了简要介绍。

第 2 章，使用 Cephs 块储存，介绍了 Ceph 块设备及其配置。还介绍了 RBD 快照、克隆，以及对 OpenStaek 的 Cinder、Glance、Nova 等组件的支持选项。

第 3 章，使用 Ceph 对象存储，深入介绍 Ceph 对象存储，包括 RGW 标准和联合设置，S3 以及 OpenStack Swift 访问。最后，使用 OwnCloud 搭建文件同步和服务。

第 4 章，使用 Ceph 文件系统，包括 CephFS 的介绍，以及通过内核、Fuse 和 NFS-Ganesha 配置接入 MDS 和 CephFS。还将学习到如何通过 Ceph-Dokan Windows 客户端访问 CephFS。

第 5 章，用 Calamari 监控 Ceph 集群，包括通过 CLI 来监控 Ceph、介绍 Calamari、配置 Calamari 服务器端和客户端。并且还涵盖了通过 Calamari GUI 来监控 Ceph 集群，以及 Calamari 的排错。

第 6 章，操作和管理 Ceph 集群，包括 Ceph 服务管理和伸缩 Ceph 集群。这章还介绍了如何更换坏盘以及升级 Ceph。

第 7 章，深入 Ceph，探讨了 Ceph 的 CRUSH map，以及对 CRUSH map 原理的理解，随后是 Ceph 认证和授权。本章还介绍了动态集群管理和对 Ceph PG 的理解。最后，我们创建了指定硬件所需要的配置。

第 8 章，Ceph 生产计划和性能调优，包含 Ceph 生产环境的部署，以及软件和硬件的规划。本章还包括 Ceph 的建议和性能调优。最后还介绍了纠删码和缓存分层。

第 9 章，Ceph 虚拟存储管理器（VSM），本章包括虚拟存储管理器（Virtual Storage Manager，VSM）的简介和结构介绍。我们将通过配置 VSM 来搭建一个 Ceph 集群并进行管理。

第 10 章，Ceph 扩展，作为本书的最后一章，涵盖了 Ceph 的性能基准，以及使用 admin socket、API、ceph-objectstore 等工具对 Ceph 排错。还包括使用 Ansible 配置 Ceph 以及 Ceph 的内存配置。

读这本书所需要的

各章节所涉及的软件组件包括：

- VirtualBox4.0 或更高版本（https://www.virtualbox.org/wiki/Downloads）
- GIT（http://www.git-scm.com/downloads）
- Vagrant 1.5.0 或更高版本（https://www.vagrantup.com/downloads.html）
- CentOS 操作系统 7.0 或更高版本（http://wiki.centos.org/Download）
- Ceph 软件包 0.87.0 或更高版本（http://ceph.com/resources/downloads/）
- S3 客户端，经典的 s3cmd（http://s3tools.org/download）
- Python-swift 客户端
- OwnCloud 7.0.5 或更高版本（https://download.owncloud.org/download/repositories/stable/owncloud/）
- NFS Ganesha
- Ceph Fuse
- Ceph-Dokan
- Ceph-Calamari（https://github.com/ceph/calamari.git）
- Diamond（https://github.com/ceph/Diamond.git）
- Ceph Calamari Client, romana（https://github.com/ceph/romana）
- Virtual Storage Manager 2.0 或更高版本（https://github.com/01org/virtualstoragemanager/releases/tag/v2.1.0）
- Ansible 1.9 或更高版本（http://docs.ansible.com/ansible/intro_installation.html）
- OpenStack RDO（http://rdo.fedorapeople.org/rdo-release.rpm）

阅读群体

本书是为那些想通过 Ceph 为他们的云和虚拟基础设施打造软件定义存储解决方案的云平台和存储系统工程师、系统管理员、技术架构师及顾问们打造的。如果你具备 GNU/Linux 和存储系统的基本知识，却缺乏软件定义存储解决方案及 Ceph 相关的经验，只要你想学习和了解，这本书同样适合你。

体例设置

在这本书中，你会发现有几个标题（准备工作、操作指南、原理解密、更多介绍、参见等）频繁出现。

为了把教程步骤更好地展示出来，我们将按如下顺序逐步展开。

准备工作

这一部分介绍了本教程的内容，以及在其步骤展开之前需要安装的软件以及需要配置的预设置项。

操作指南

这一部分包含了教程具体的步骤。

原理解密

这一部分通常是对上一节中涉及的细节和原理的解释。

更多介绍

这一部分包括教程更多的信息，旨在帮助读者加深对教程的理解。

参见

这一部分提供了其他一些详情信息的链接。

约定

在这本书中，你会发现许多代表各种类型信息的不同文本样式。下面是这些样式的一些例子及其含义详解。

文本代码、数据库表名、文件夹名、文件名、文件扩展名、路径名、URL 示例、用户输入，以及 Twitter 用户名，如“我们需要编辑 OpenStack 节点上的`/etc/nova/nova.conf`，并添加下面部分给出的执行步骤”所示。

一个代码块示例如下：

```
inject_partition=-2
images_type=rbd
images_rbd_pool=vms
images_rbd_ceph_conf=/etc/ceph/ceph.conf
```

为了引起你对代码块某部分的注意，我们会把代码块中的某些行加粗：

```
inject_partition=-2
images_type=rbd
images_rbd_pool=vms
images_rbd_ceph_conf=/etc/ceph/ceph.conf
```

下面的示例表示命令行下的输入或输出：

```
# rados -p cache-pool ls
```

新术语和**重点词汇**以黑体显示。正如你在书中所看到的，在菜单或者对话框出现的文字显示为：“找到 nova.virt.libvirt.volume 部分定义的选项，并添加以下代码：”。

这样的文本框内文字表示重要注解或者警告提示。

提示或者技巧是这样的。

读者支持

我们非常欢迎读者反馈。请让我们知道你如何看待这本书，你是否喜欢这本书。读者的反馈对我们很重要，因为它可以帮助我们创作最让你受益的作品。

发送反馈，你只需发邮件到 feedback@packtpub.com，并在邮件的主题中注明书的标题。

如果书中有你擅长的领域，并有兴趣参与写作，请访问作者指南 www.packtpub.com/authors。

下载示例代码

你可以从 http://www.broadview.com.cn 下载所有已购买的博文视点书籍的示例代码文件。

勘误表

虽然我们已尽力谨慎地确保内容的准确性，但错误仍然存在。如果你发现了书中的错误，包括正文和代码中的错误，请告诉我们，我们会非常感激。这样，你不仅帮助了其他读者，也帮助我们改进后续的出版。如发现任何勘误，可以在博文视点网站相应图书的页面提交勘误信息。一旦你找到的错误被证实，你提交的信息就会被接受，我们的网站也会发布这些勘误信息。你可以随时浏览图书页面，查看已发布的勘误信息。

目　　录

第 1 章 Ceph 介绍及其他

本章主要包含以下内容：

- Ceph ——一个新时代的开始
- RAID ——一个时代的终结
- Ceph ——架构概述
- 规划 Ceph 的部署
- 搭建一个虚拟基础设施
- 安装和配置 Ceph
- 扩展你的 Ceph 集群
- 在实践中使用 Ceph 集群

介绍

目前 Ceph 是一种已经震撼了整个存储行业的最热门的**软件定义存储技术**（Software Defined Storage，SDS）。它是一个开源项目，为**块存储**、**文件存储**和**对象存储**提供了统一的软件定义解决方案。Ceph 旨在提供一个扩展性强大、性能优越且无单点故障的分布式存储系统。从一开始，Ceph 就被设计为能在通用商业硬件上运行，并且支持高度扩展（逼近甚至超过艾字节的数量）。

由于其开放性、可扩展性和可靠性，Ceph 成为了存储行业中的翘楚。这是云计算和软件定义基础设施的时代，我们需要一个完全软件定义的存储，更重要的是它要为云做好了准备。无论你运行的是公有云、私有云还是混合云，Ceph 都非常合适。

如今的软件系统非常智能，已经可以最大限度地利用商业硬件来运行规模庞大的基础设施。Ceph 就是其中之一；它明智地采用商业硬件来提供企业级稳固可靠的存储系统。

Ceph 已被不断完善，并融入以下建设性理念：

- 每个组件能够线性扩展
- 无任何单故障点
- 解决方案必须是基于软件的、开源的、适应性强的
- 运行于现有商业硬件之上
- 每个组件必须尽可能拥有自我管理和自我修复能力

对象是 Ceph 的基础，也是 Ceph 的构建部件，并且 Ceph 的对象存储很好地满足了当下及将来非结构化数据存储需求。相比传统存储解决方案，对象储存有其独特优势；我们可以使用对象存储实现平台和硬件独立。Ceph 谨慎地使用对象，通过在集群内复制对象来实现可用性；在 Ceph 中，对象不依赖于物理路径，这使其独立于物理位置。这种灵活性使 Ceph 能实现从 PB（petabyte）级到 EB（exabyte）级的线性扩展。

Ceph 性能强大，具有超强扩展性及灵活性。它可以帮助用户摆脱昂贵的专有存储孤岛。Ceph 是真正的在商业硬件上运行的企业级存储解决方案，是一个低成本但功能丰富的存储系统。Ceph 通用存储系统同时提供块存储、文件存储和对象存储，使客户可以按需使用。

Ceph 版本

Ceph 正处于快速的开发和提升的阶段。2012 年 7 月 3 日，Sage 发布了 Ceph 第一个 LTS 版本：Argonaut。从那时起，陆陆续续又发布了七个新版本。Ceph 版本被分为 LTS（**长期稳定版**），以及开发版本，并且 Ceph 每隔一段时间就会发布一个长期稳定版。欲了解更多信息，请访问 `https://Ceph.com/category/releases/`。

Ceph 版本名称	Ceph 版本号	发布时间
Argonaut	V0.48 (LTS)	July 3, 2012
Bobtail	V0.56 (LTS)	January 1, 2013
Cuttlefish	V0.61	May 7, 2013
Dumpling	V0.67 (LTS)	August 14, 2013
Emperor	V0.72	November 9, 2013
Firefly	V0.80 (LTS)	May 7, 2014
Giant	V0.87.1	Feb 26, 2015
Hammer	V0.94 (LTS)	April 7, 2015
Infernalis	V9.0.0	May 5, 2015
Jewel	V10.0.0	Nov, 2015

Ceph 的版本名称遵循字母顺序，下一个版本会是“K”系列。

术语“Ceph”是宠物章鱼的昵称，也是“Cephalopod”的简称（章鱼是一类属于软体动物门的海洋动物）。Ceph 用章鱼作为其吉祥物，代表了 Ceph 具有类似章鱼的高度并行行为。

Ceph——一个新时代的开始

数据存储需求在过去的几年中爆发性增长。研究表明，大型组织中的数据每年以 40% 到 60%的速度增长，许多公司的数据规模每年会增加一倍。IDC 分析师估计，2000 年全球共有数字数据 54.4 艾字节（Exabyte）；到 2007 年，达到 295 艾字节；到 2020 年，有望达到 44 泽字节（Zettabyte）。传统存储系统无法应对这种数据增速，我们需要像 Ceph 这样的分布式可扩展系统，而且最重要的是它经济实惠。Ceph 专门用来应对当今以及将来的数据存储需求。

SDS（软件定义存储）

SDS 可以降低你存储基础设施的 TCO （Total Cost of Ownership，总体拥有成本）。除降低存储成本外，SDS 还具有灵活性、可扩展性和可靠性。Ceph 是一个真正的 SDS 方案，它运行在无厂商锁定的商业硬件之上，并使每 GB 数据存储成本降至很低。不像传统存储系统硬件必须和软件绑定在一起，在 SDS 中，你可以自由地从任何制造商那里选择商业硬件，可随意按自己的需要设计异构的硬件解决方案。Ceph 基于这些硬件，通过软件定义存储的方法来全方位地满足你的各种需求，并在软件层中提供了所有企业级存储特性。

云存储

云基础设施的难点之一是存储。每一个云基础设施都需要可靠的、低成本、可扩展、与云其他模块相比更紧密集成的存储系统。有很多号称云就绪的传统存储解决方案已经在市场上出现了，但如今我们的存储不仅要能够与云系统结合，还有很多其他需求。我们需要能和云系统完全集成、可提供更低 TCO 且具有完全可靠性和可扩展性的存储系统。云系统是软件定义的，建立在商业硬件之上；类似地，云所需要的存储系统也必须采用同样方式，也就是基于商业硬件以及软件定义，而 Ceph 是云存储的最佳选择。

Ceph 已迅速发展，并逐步成为真正的云存储后端。它已入驻各个大型开源云平台，比如 OpenStack、CloudStack 和 OpenNebula。此外，Ceph 已成功与云计算厂商如 Red Hat、Canonical、Mirantis、SUSE 等建立互利伙伴关系。这些公司正帮助 Ceph 经历重要时刻，包括使其作为他们 Openstack 云平台的指定存储后端，这些都正逐渐使 Ceph 成为云存储技术领域中炙手可热的技术。

OpenStack 开源项目是公有云和私有云领域的最佳范例之一。它已经被证明是一个纯粹的开源云解决方案。 OpenStack 包含很多项目，如 Cinder、Glance 和 Swift，可为 OpenStack 提供存储功能。这些 OpenStack 组件需要具备像 Ceph 这样可靠、可扩展、统一集成的存储后端。出于这个原因，OpenStack 和 Ceph 社区已经在一起合作很多年，开发了完全兼容 OpenStack 的 Ceph 存储后端。

基于 Ceph 的云基础设施提供了服务供应商急需的灵活性，来建立存储即服务和基础设施即服务的解决方案。这是他们无法从其他传统企业存储解决方案中获得的，因为这些方案并不旨在满足云计算需求。通过使用 Ceph，服务提供商可以提供低成本的可靠的云存储给他们的客户。

统一的下一代存储架构

近来，统一存储的定义已经发生变化。几年前，所谓“统一存储”指的是由一个单一的系统来提供文件存储和块存储。现在，因为最近的技术进步，例如云计算、大数据、物联网，新类型的存储一直在演变，对象存储也随之出现。因此，所有不支持对象存储的存储系统都不是真正的统一存储解决方案。真正的统一存储是像 Ceph 这样的——能在一个系统中统一地提供块存储、文件存储和对象存储。

在 Ceph 中，“统一存储”这个概念比现有存储厂商所宣称的更有意义。从设计上，Ceph 已经完全为未来做好了准备，被构造为能够处理海量数据。我们强调 Ceph“为未来做好了准备”，是特指其对象存储功能，它比块存储和文件存储更适合当今的非结构化数据。Ceph 不仅支持块存储和文件存储，更重要的是可以基于对象来实现块存储和文件存储。对象通过消除元数据操作来提供更好的性能和极大的扩展。Ceph 使用算法来动态地计算对象应当被储存和获取的位置。

SAN 和 NAS 系统的传统存储架构是非常局限的。基本上，它们具有传统控制节点的高可用性，也就是说，一个存储控制节点出现故障后，将从第二个控制节点提供数据。但是，如果第二个控制节点同时出现故障呢？甚至更糟糕的情况，如果整个磁盘柜发生故障呢？在大多数情况下，最终会丢失数据。这种存储架构无法承受多次故障，因此绝对不是我们想要的。传统存储系统的另一个缺点是其数据存储和访问机制。它拥有一个中心元数据查找表，每次在客户端发送一个读写操作请求后，存储系统首先在巨大的元数据表中进行查找，在确定实际数据的位置后再执行客户端操作。对于较小的存储系统，你可能不会注意到性能问题，但对于一个大型存储集群，你一定会被这种方法的性能限制约束，它甚至会限制你的可扩展性。

Ceph 不拘泥于这样的传统存储架构；事实上，它的架构已经完全被革新了。它不再存储和处理元数据，而是引入了一个新的方法：即 CRUSH（Controlled Replication Under Scalable Hashing）算法。CRUSH 表示数据存储的分布式选择算法。CRUSH 算法取代了在元数据表中为每个客户端请求进行查找，它计算系统中数据应该被写入或读出的位置。通过计算元数据，就不再需要管理元数据表了。现代计算机速度惊人，可以非常迅速地执行 CRUSH 查找。此外，其计算量通常不大，还可以分布到集群的多个节点上。除此之外，CRUSH 还独具基础架构感知功能。它能理解基础设施各个部件之间的关系。CRUSH 保存数据的多个副本，这样即使一个故障域的几个组件都出现故障，数据依然可用。正是得益于 CRUSH 算法，Ceph 可以处理多个组件故障，以保证可靠性和持久性。

CRUSH 算法使 Ceph 实现了自我管理和自我修复。在一个故障域内某组件发生故障时，CRUSH 能感知到是哪个组件出了故障，并判断该故障对集群的影响。在没有任何管理干预情况下，CRUSH 自我管理并通过恢复因故障丢失的数据而自愈。CRUSH 从集群所维护的副本中重新产生数据。如果你已经正确配置了 Ceph CRUSH map，它就会确保你的数据至少有一个副本始终可以访问。通过使用 CRUSH，我们能设计出一个无单一故障点的高度可靠的存储基础设施。它使 Ceph 成了一个面向未来的高可扩展和高可靠的存储系统。

RAID ——一个时代的终结

RAID 技术多年来都是存储系统的基石。在过去的三十年中，它已被成功地用于存放几乎所有类型的数据。但是，每一个时代都必将会终结，而这一次，轮到 RAID 了。RAID 系统已经开始显露出局限性，它没有能力满足未来的存储需求。在过去的几年中，云基础架构已经有了强劲的发展势头，对传统 RAID 存储系统带来强大冲击和挑战。在本节中，我们会揭示 RAID 系统的限制。

RAID 重建困难重重

RAID 技术最痛苦的莫过于它超级漫长的重建过程。磁盘制造商们正在制造单个存储容量更大的磁盘。他们正在生产价格低廉而容量超大的磁盘。今天，我们不再谈论 450 GB、

600 GB，甚至 1 TB 磁盘了，因为已经有了更大容量的磁盘。新的企业磁盘规格可提供容量高达 4 TB、6 TB 甚至 10TB 并逐年持续增加的磁盘。

试想一个企业，它有一个由无数的 4TB 或 6 TB 磁盘组成的基于 RAID 的存储。不幸的是，当一个磁盘产生故障后，RAID 需要几个小时甚至多达几天来修复。而且，如果同一个 RADI 组内的另一个磁盘也产生故障了，那么将会是一个更加混乱的局面。使用 RAID 修复多个大容量磁盘是一个烦琐的过程。

RAID 备用磁盘增加 TCO

RAID 系统需要几个磁盘作为热备盘。如果没有磁盘故障，它们只是空闲盘，也不会被用于数据存储。这增加了额外的系统成本，提高了 TCO。而且，如果备份盘容量满了，此时 RAID 组中出现了磁盘故障，那么你将面临严重问题。

RAID 费用高昂且高度依赖硬件

RAID 要求在一个 RAID 组内使用完全相同的磁盘；如果更改了磁盘大小、转速或磁盘类型，你将面临惩罚，因为这么做将会严重影响存储系统的容量和性能。这使得 RAID 在硬件上非常挑剔。

此外，企业基于 RAID 的系统通常需要昂贵的硬件组件，比如 RAID 控制器，这显著增加了系统的成本。如果 RAID 控制器的数目不够，还将成为单一故障点。

日益增长的 RAID 组正面临挑战

当 RAID 组无法再增大时，RAID 将走到尽头。因为这意味着它不具备向外为的可拓展性。RAID 系统到达临界值后，即使增加投入，基于 RAID 的系统也无法增长。有的系统允许增加磁盘架，但其数量也非常有限；然而，这些新的磁盘架将会增加现有存储控制器的压力。所以，你可以增加一部分容量，但会牺牲一些性能。

不再被看好的 RAID 可靠性模型

RAID 可被配置为几种类型。最常见的类型是 RAID5 和 RAID6，它们能保证一块或者两块磁盘出现故障时系统还可用。RAID 不能确保两块磁盘故障后数据的可靠性。这是 RAID 系统最大缺点之一。

此外，在 RAID 重建操作结束前，客户端请求很有可能无法获得足够的 IO 资源。RAID

的另一个限制因素是，它只能避免磁盘故障，但不能避免网络、服务器硬件、操作系统、电源故障，或其他数据中心灾难。

讨论 RAID 的弊端之后，我们可以得出这样的结论：我们现在需要一个能够克服这些性能及成本效益弊端的系统。Ceph 存储系统是当今解决这些问题的最佳解决方案之一。让我们看看它是如何做到的吧。

为保证可靠性，Ceph 使用了数据复制方法，这意味着它不再使用 RAID，从而克服了一切在基于 RAID 的企业系统中发现的问题。Ceph 是软件定义的存储，所以我们不需要用于数据复制的专用硬件；此外，可以通过命令设置复制的数量级别，这意味着 Ceph 的存储管理员可以把复制属性值调到最小数值，也可以调到最大数值，这完全取决于底层基础架构。

在一个或多个磁盘产生故障后，Ceph 复制是一个比 RAID 要好很多的过程。一个磁盘产生故障后，该磁盘上的所有数据都可以从该磁盘的对等磁盘（peer disk）上恢复。因为 Ceph 是一个分布式系统，所以整个群集所有的数据副本都是作为对象分布在各个磁盘上的，使得在同一磁盘上不会有两个对象副本，而且副本也无须位于 CRUSH map 定义的不同故障域。其优势在于所有群集磁盘都会参与数据恢复。这使得该过程性能最好、问题最少。进一步来说，恢复操作不需要任何备用磁盘；数据被简单地复制到集群中其他磁盘上。Ceph 在磁盘存储上使用了加权机制，所以磁盘大小不一致也不会有问题。

除了数据复制方法，Ceph 还支持另一种实现数据可靠性的先进技术：使用纠删码（erasure-coding）技术。相比于复制的存储池，纠删码池需要的存储空间更少。在纠删码机制中，数据的恢复或再生是基于纠删码计算的。你可以同时使用这两种数据可用性技术，即在同一个 Ceph 集群中不同的存储池上分别使用复制和纠删码技术。我们会在随后的章节里继续深入学习有关纠删码的技术。

Ceph——架构概述

Ceph 内部架构非常直接，下图将帮助我们理解：

- **Ceph monitor（监视器，简称 MON）**：Ceph monitor 通过保存一份集群状态映射来维护整个集群的健康状态。它分别为每个组件维护映射信息，包括 OSD map、MON map、PG map（会在后面的章节中讨论）和 CRUSH map。所有群集节点都向 MON 节点汇报状态信息，并分享它们状态中的任何变化。Ceph monitor 不存储数据；这是 OSD 的任务。
- **Ceph 对象存储设备（OSD）**：只要应用程序向 Ceph 集群发出写操作，数据就会被以对象形式存储在 OSD 中。这是 Ceph 集群中唯一能存储用户数据的组件，同时用户也可以发送读命令来读取数据。通常，一个 OSD 守护进程会被捆绑到集群中的一块物理磁盘上。所以，在通常情况下，Ceph 集群中的物理磁盘的总数，与在磁盘上运行的存储用户数据的 OSD 守护进程的数量是相同的。

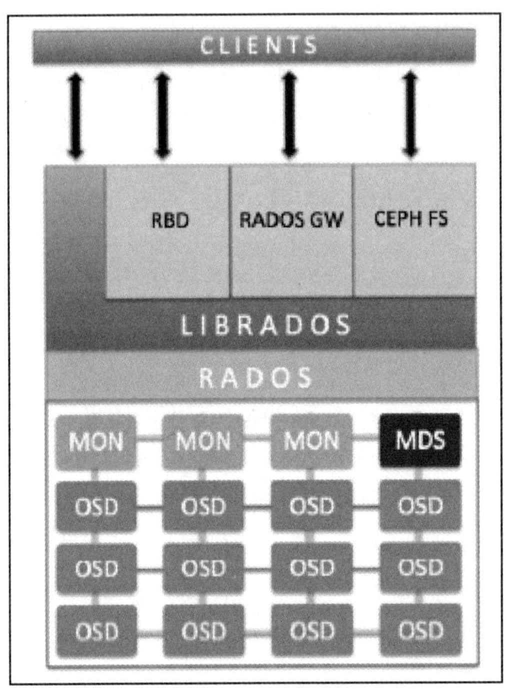

- **Ceph 元数据服务器（MDS）**：MDS 只为 CephFS 文件系统跟踪文件的层次结构和存储元数据。Ceph 块设备和 RADOS 并不需要元数据，因此也不需要 Ceph MDS 守护进程。MDS 不直接提供数据给客户端，从而消除了系统中的故障单点。
- **RADOS（Reliable Autonomic Distributed Object Store）**：RADOS 是 Ceph 存储集群的基础。在 Ceph 中，所有数据都以对象形式存储，并且无论是哪种数据类型，RADOS 对象存储都将负责保存这些对象。RADOS 层可以确保数据始终保持一致。要做到这一点，须执行数据复制、故障检测和恢复，以及数据迁移和在所有集群节点实现再平衡。
- **librados**：librados 库为 PHP、Ruby、Java、Python、C 和 C++这些编程语言提供了方便地访问 RADOS 接口的方式。同时它还为诸如 RBD、RGW 和 CephFS 这些组件提供了原生的接口。Librados 还支持直接访问 RADOS 来节省 HTTP 开销。
- **RADOS 块设备（RBD）**：众所周知，RBD 是 Ceph 块设备，提供持久块存储，它是自动精简配置并可调整大小的，而且将数据分散存储在多个 OSD 上。RBD 服务已经被封装成了基于 librados 的一个原生接口。

- **RADOS 网关接口（RGW）**：RGW 提供对象存储服务。它使用 librgw（Rados Gateway Library）和 librados，允许应用程序与 Ceph 对象存储建立连接。RGW 提供了与 Amazon S3 和 OpenStack Swift 兼容的 RESTful API。
- **CephFS**：Ceph 文件系统提供了一个使用 Ceph 存储集群存储用户数据的与 POSIX 兼容的文件系统。和 RBD、RGW 一样，CephFS 服务也基于 librados 封装了原生接口。

规划 Ceph 的部署

Ceph 存储集群建立在商业硬件之上。此商业硬件包括行业标准服务器，它们都装有提供存储容量的物理磁盘和标准网络基础设施。这些服务器运行标准 Linux 发行版及其之上的 Ceph 软件。下面的图表可以帮助你大体了解 Ceph 集群：

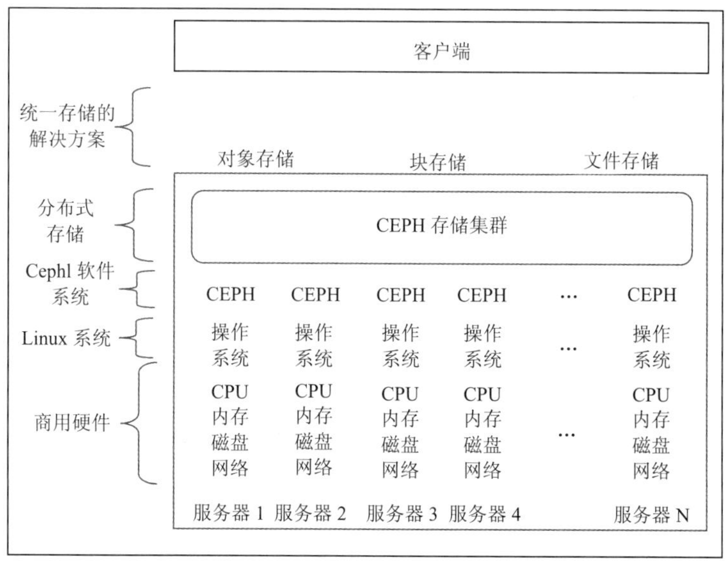

如前文所述，Ceph 并没有具体的硬件要求。用于测试和学习目的，我们可以基于虚拟机部署一个 Ceph 群集。在本节以及本书后面的章节中，我们将操作这个建立在虚拟机之上的 Ceph 集群。在虚拟环境中测试 Ceph 非常方便，因为它易于配置，可以被销毁并随时重建。我们需要注意的是，一个建立在虚拟机上的 Ceph 集群不应该用于生产环境，否则你可能会面临严重的问题。

搭建一个虚拟基础设施

要搭建一个虚拟环境设施，你需要诸如 Oracle VirtualBox、Vagrant 等开源软件来自动化地创建虚拟机。请确保你的主机上已安装以上软件，并且都已经可正常运行了。该软件的安装过程超出了本书的范围，你可以参照它们的文档，安装并使之正常工作。

准备就绪

你将需要以下软件来开始。

- Oracle VirtualBox：这是一个基于 x86 和 AMD64 / Intel64 的开源虚拟化软件包。它支持微软的 Windows、Linux 和苹果 MAC OSX 操作系统。请确保它已被安装并在正常运行。更多信息见 `https://www.virtualbox.org`。安装好 VirtualBox 后，运行以下命令以确保安装成功。

```
# VBoxManage -version
```

```
HOST:~ ksingh$
HOST:~ ksingh$ VBoxManage --version
4.3.22r98236
HOST:~ ksingh$
```

- Vagrant：此软件用于创建虚拟研发环境。它工作在虚拟化软件如 VirtualBox、VMware 和 KVM 等的上层。它支持微软 Windows、Linux 和苹果 MAC OSX 操作系统。请确保它已被安装并正常运行。更多信息见 `https://www.vagrantup.com/`。安装了 Vagrant 后，运行以下命令，以保证完成安装。

```
# vagrant -version
```

```
HOST:~ ksingh$
HOST:~ ksingh$ vagrant --version
Vagrant 1.7.2
HOST:~ ksingh$
```

- Git：这是一个分布式版本控制系统，也是软件开发最流行和最广泛采用的版本控制系统。它支持微软 Windows、Linux 和苹果 MAC OSX 操作系统。确保它已被安装并正常运行。更多信息见 `http://git-scm.com/`。安装好 Git 后，运行以下命令，以保证完成安装。

```
# git -version
```

```
HOST:~ ksingh$
HOST:~ ksingh$ git --version
git version 1.9.3 (Apple Git-50)
HOST:~ ksingh$
```

操作指南

安装好上述软件以后，我们开始创建虚拟机。

1．Git 克隆（clone）`ceph-cookbook` 库到你的 VirtualBox 主机里，详见以下网址：

```
$ git clone https://github.com/ksingh7/ceph-cookbook.git
```

```
HOST:~ ksingh$
HOST:~ ksingh$ git clone https://github.com/ksingh7/ceph-cookbook.git
Cloning into 'ceph-cookbook'...
remote: Counting objects: 18, done.
remote: Compressing objects: 100% (11/11), done.
remote: Total 18 (delta 5), reused 14 (delta 1), pack-reused 0
Unpacking objects: 100% (18/18), done.
Checking connectivity... done.
HOST:~ ksingh$
```

2．在克隆出的目录中，找到 `Vagrantfile` 文件，这是 Vagrant 配置文件，用于引导 VirtualBox 启动虚拟机，在本书的不同阶段中我们都会用到虚拟机。Vagrant 会自动启动，安装并配置虚拟机，这样就很容易地安装好了初始环境：

```
$ cd ceph-cookbook ; ls -l
```

3．接下来，我们会用 Vagrant 启动三个虚拟机，这三个虚拟机在本章中都会被用到：

```
$ vagrant up ceph-node1 ceph-node2 ceph-node3
```

```
HOST:ceph-cookbook ksingh$
HOST:ceph-cookbook ksingh$ vagrant up ceph-node1 ceph-node2 ceph-node3
Bringing machine 'ceph-node1' up with 'virtualbox' provider...
Bringing machine 'ceph-node2' up with 'virtualbox' provider...
Bringing machine 'ceph-node3' up with 'virtualbox' provider...
==> ceph-node1: Box 'centos7-standard' could not be found. Attempting to find and install...
    ceph-node1: Box Provider: virtualbox
    ceph-node1: Box Version: >= 0
```

4．检查虚拟机的状态：

```
$ vagrant status ceph-node1 ceph-node2 ceph-node3
```

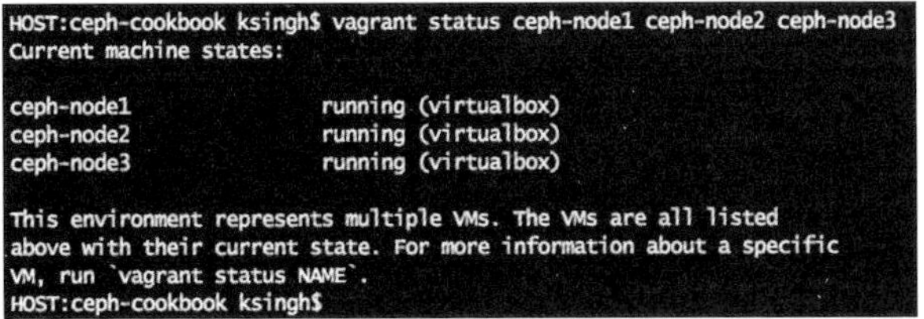

```
HOST:ceph-cookbook ksingh$ vagrant status ceph-node1 ceph-node2 ceph-node3
Current machine states:

ceph-node1                running (virtualbox)
ceph-node2                running (virtualbox)
ceph-node3                running (virtualbox)

This environment represents multiple VMs. The VMs are all listed
above with their current state. For more information about a specific
VM, run `vagrant status NAME`.
HOST:ceph-cookbook ksingh$
```

Vagrant 用来配置虚拟机的用户名和密码都是 `vagrant`，Vagrant 有 sudo 权限。默认的 root 用户密码是 `vagrant`。

5．默认情况下，Vagrant 会将每个主机的 hostname（主机名称）设置为 `ceph-node<node_number>`，IP 地址子网设置为 `192.168.1.X`，Vagrant 还会额外创建三个磁盘，这三个盘会被 Ceph 集群用作 OSD。分别登录这些机器，查看 Vagrant 设置的主机名、网络连接以及额外的磁盘是否正确。

```
$ vagrant ssh ceph-node1
$ ip addr show
$ sudo fdisk -l
$ exit
```

6．Vagrant 经配置后会去更新虚拟机上的 hosts 文件；为方便起见，你可以通过下面的操作很方便地更新你的虚拟机上的`/etc/hosts` 文件。

```
192.168.1.101 ceph-node1
192.168.1.102 ceph-node2
192.168.1.103 ceph-node3
```

```
HOST:ceph-cookbook ksingh$
HOST:ceph-cookbook ksingh$ cat /etc/hosts | grep -i ceph-node
192.168.1.101 ceph-node1
192.168.1.102 ceph-node2
192.168.1.103 ceph-node3
HOST:ceph-cookbook ksingh$
```

7．为 `ceph-node1` 生成 root SSH 密钥，并将它复制到 `ceph-node2` 和 `ceph-node3` 上。这些虚拟机的 `root` 用户的密码都是 `vagrant`。在运行 `ssh-copy-id` 命令时如果需要输入密码，请输入该密码，然后继续进行默认配置：

```
$ vagrant ssh ceph-node1
$ sudo su -
# ssh-keygen
# ssh-copy-id root@ceph-node2
# ssh-copy-id root@ceph-node3
```

```
[root@ceph-node1 ~]# ssh-copy-id root@ceph-node2
The authenticity of host 'ceph-node2 (192.168.1.102)' can't be established.
ECDSA key fingerprint is af:2a:a5:74:a7:0b:f5:5b:ef:c5:4b:2a:fe:1d:30:8e.
Are you sure you want to continue connecting (yes/no)? yes
/bin/ssh-copy-id: INFO: attempting to log in with the new key(s), to filter out any that are already installed
/bin/ssh-copy-id: INFO: 1 key(s) remain to be installed -- if you are prompted now it is to install the new keys
root@ceph-node2's password:

Number of key(s) added: 1

Now try logging into the machine, with:   "ssh 'root@ceph-node2'"
and check to make sure that only the key(s) you wanted were added.

[root@ceph-node1 ~]#
```

8．ssh 密钥复制到 `ceph-node2` 和 `ceph-node3` 后，`ceph-node1` 的 root 用户可以通

过 ssh 无密码登录到它们上面：

```
# ssh ceph-node2 hostname
# ssh ceph-node3 hostname
```

```
[root@ceph-node1 ~]# ssh ceph-node2 hostname
ceph-node2
[root@ceph-node1 ~]#
[root@ceph-node1 ~]# ssh ceph-node3 hostname
ceph-node3
[root@ceph-node1 ~]#
```

9. 在操作系统防火墙内启用 Ceph monitor、OSD 以及 MDS 所需要的端口。需在所有虚拟机上执行以下命令：

```
# firewall-cmd --zone=public --add-port=6789/tcp --permanent
# firewall-cmd --zone=public --add-port=6800-7100/tcp --permanent
# firewall-cmd --reload
# firewall-cmd --zone=public --list-all
```

```
[root@ceph-node1 ~]# firewall-cmd --zone=public --add-port=6789/tcp --permanent
success
[root@ceph-node1 ~]# firewall-cmd --zone=public --add-port=6800-7100/tcp --permanent
success
[root@ceph-node1 ~]# firewall-cmd --reload
success
[root@ceph-node1 ~]#
[root@ceph-node1 ~]# firewall-cmd --zone=public --list-all
public (default, active)
  interfaces: enp0s3 enp0s8
  sources:
  services: dhcpv6-client ssh
  ports: 6789/tcp 6800-7100/tcp
  masquerade: no
  forward-ports:
  icmp-blocks:
  rich rules:

[root@ceph-node1 ~]#
```

10. 在所有虚拟机上禁用 SELINUX：

```
# setenforce 0
# sed -i s'/SELINUX.*=.*enforcing/SELINUX=disabled'/g /etc/
selinux/config
```

```
[root@ceph-node1 ~]# setenforce 0
[root@ceph-node1 ~]# sed -i  s'/SELINUX.*=.*enforcing/SELINUX=disabled'/g /etc/selinux/config
[root@ceph-node1 ~]# cat /etc/selinux/config  | grep -i =disabled
SELINUX=disabled
[root@ceph-node1 ~]#
```

11. 在所有虚拟机上安装并配置 ntp 服务：

```
# yum install ntp ntpdate -y
# ntpdate pool.ntp.org
# systemctl restart ntpdate.service
```

```
# systemctl restart ntpd.service
# systemctl enable ntpd.service
# systemctl enable ntpdate.service
```

12．在所有 Ceph 节点上添加 Ceph Giant 版本库并更新 yum：

```
# rpm -Uhv http://ceph.com/rpm-giant/el7/noarch/ceph-release-1-0.
el7.noarch.rpm
# yum update -y
```

```
[root@ceph-node1 ~]# rpm -Uhv http://ceph.com/rpm-giant/el7/noarch/ceph-release-1-0.el7.noarch.rpm
Retrieving http://ceph.com/rpm-giant/el7/noarch/ceph-release-1-0.el7.noarch.rpm
warning: /var/tmp/rpm-tmp.y9SGTx: Header V4 RSA/SHA1 Signature, key ID 17ed316d: NOKEY
Preparing...                          ################################# [100%]
Updating / installing...
   1:ceph-release-1-0.el7             ################################# [100%]
[root@ceph-node1 ~]#
```

安装和配置 Ceph

要部署我们的第一个集群，我们须使用 Ceph-deploy 工具在三台虚拟机上安装和配置 Ceph。Ceph-deploy 是 Ceph 软件定义存储系统的一部分，用来方便地配置和管理 Ceph 存储集群。在前面部分中，我们创建了三台 CentOS7 虚拟机，它们既有基于 NAT 的英特网连接，也有主机之间的私有网络连接。

我们将配置如下图所示的 Ceph 存储集群内的这些机器：

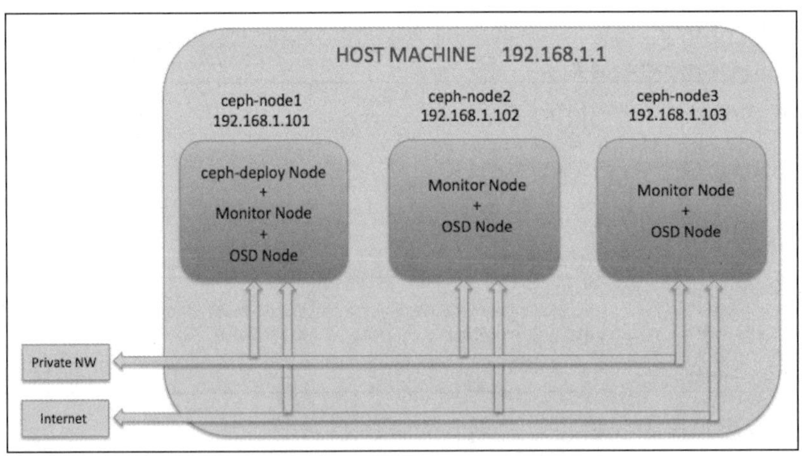

在 ceph-node1 上创建 Ceph 集群

首先，我们将在 ceph-node1 上安装 Ceph，并配置它为 Ceph monitor 和 OSD 节点。本章后面的教程将介绍 ceph-node2 和 ceph-node3 的配置过程。

操作指南

1．在 ceph-node1 上安装 ceph-deploy：

```
# yum install ceph-deploy -y
```

2．通过在 ceph-node1 上执行以下命令，用 ceph-deploy 创建一个 Ceph 集群：

```
# mkdir /etc/ceph ; cd /etc/ceph
# ceph-deploy new ceph-node1
```

ceph-deploy 的 new 子命令能够部署一个默认名称为 ceph 的新集群，并且它能生成集群配置文件和密钥文件。列出当前工作目录，你会看到 ceph.conf 和 ceph.mon.keyring 文件。

```
[root@ceph-node1 ceph]# ceph-deploy new ceph-node1
[ceph_deploy.conf][DEBUG ] found configuration file at: /root/.cephdeploy.conf
[ceph_deploy.cli][INFO  ] Invoked (1.5.22): /usr/bin/ceph-deploy new ceph-node1
[ceph_deploy.new][DEBUG ] Creating new cluster named ceph
[ceph_deploy.new][INFO  ] making sure passwordless SSH succeeds
[ceph-node1][DEBUG ] connected to host: ceph-node1
[ceph-node1][DEBUG ] detect platform information from remote host
[ceph-node1][DEBUG ] detect machine type
[ceph-node1][DEBUG ] find the location of an executable
[ceph-node1][INFO  ] Running command: /usr/sbin/ip link show
[ceph-node1][INFO  ] Running command: /usr/sbin/ip addr show
[ceph-node1][DEBUG ] IP addresses found: ['192.168.1.101', '10.0.2.15']
[ceph_deploy.new][DEBUG ] Resolving host ceph-node1
[ceph_deploy.new][DEBUG ] Monitor ceph-node1 at 192.168.1.101
[ceph_deploy.new][DEBUG ] Monitor initial members are ['ceph-node1']
[ceph_deploy.new][DEBUG ] Monitor addrs are ['192.168.1.101']
[ceph_deploy.new][DEBUG ] Creating a random mon key...
[ceph_deploy.new][DEBUG ] Writing monitor keyring to ceph.mon.keyring...
[ceph_deploy.new][DEBUG ] Writing initial config to ceph.conf...
[root@ceph-node1 ceph]#
```

3．在 ceph-node1 上执行以下命令，使用 ceph-deploy 在所有节点上安装 Ceph 二进制软件包：

```
# ceph-deploy install ceph-node1 ceph-node2 ceph-node3
```

ceph-deploy 工具包首先会安装 Ceph Giant 版本所有依赖包。命令成功完成后，检查所有节点上 Ceph 的版本和健康状态，如下所示：

```
# ceph -v
```

4．在 ceph-node1 上创建第一个 Ceph monitor：

```
# ceph-depoly mon create-initial
```

Monitor 创建成功后，检查群集的状态，这个时候你的群集并不处于健康状态。

```
# ceph -s
```

```
[root@ceph-node1 ceph]# ceph -s
    cluster 975efaaa-387e-4528-9285-3fcc664c117e
     health HEALTH_ERR 64 pgs stuck inactive; 64 pgs stuck unclean; no osds
     monmap e1: 1 mons at {ceph-node1=192.168.1.101:6789/0}, election epoch 2, quorum 0 ceph-node1
     osdmap e1: 0 osds: 0 up, 0 in
      pgmap v2: 64 pgs, 1 pools, 0 bytes data, 0 objects
            0 kB used, 0 kB / 0 kB avail
                  64 creating
[root@ceph-node1 ceph]#
```

5. 在 ceph-node1 上创建 OSD。

（1）列出 ceph-node1 上所有的可用磁盘：

```
# ceph-deploy disk list ceph-node1
```

从输出中，慎重选择若干磁盘来创建 Ceph OSD（除操作系统分区以外），并将它们分别命名为 sdb、sdc 和 sdd。

（2）disk zap 子命令会删除现有分区表和磁盘内容。运行此命令之前，确保你选择了正确的磁盘名称：

```
# ceph-deploy disk zap ceph-node1:sdb ceph-node1:sdc cephnode1:sdd
```

（3）osd create 子命令首先会准备磁盘，即默认地先用 xfs 文件系统格式化磁盘，然后会激活磁盘的第一、二个分区，分别作为数据分区和日志分区：

```
# ceph-deploy osd create ceph-node1:sdb ceph-node1:sdcceph-node1:sdd
```

（4）检查 Ceph 的状态，并注意 OSD 个数。在这个阶段，你的集群是处于不健康状态；我们需要将更多节点添加到 Ceph 集群中，使其能够在整个集群中将对象复制三次（默认），从而变为健康状态。在下一步教程中，你会得到更多相关信息：

```
# ceph -s
```

```
[root@ceph-node1 ceph]# ceph -s
    cluster aade8340-a44b-45f5-9b79-39442daea18d
     health HEALTH_WARN 64 pgs incomplete; 64 pgs stuck inactive; 64 pgs stuck unclean
     monmap e1: 1 mons at {ceph-node1=192.168.1.101:6789/0}, election epoch 2, quorum 0 ceph-node1
     osdmap e11: 3 osds: 3 up, 3 in
      pgmap v17: 64 pgs, 1 pools, 0 bytes data, 0 objects
            67344 kB used, 10152 MB / 10217 MB avail
                  64 incomplete
[root@ceph-node1 ceph]#
```

扩展你的 Ceph 集群

此时，我们已经在 ceph-node1 上运行 Ceph 集群了，它有 1 个 MON 和 3 个 OSD。现在我们将通过添加 ceph-node2 和 ceph-node3 作为 MON 和 OSD 节点来扩展这个集群。

操作指南

一个 Ceph 的存储集群至少需要一个 monitor 才能运行。为了高可用性，一个 Ceph 存储群集必须依赖于多于一个的奇数个的 monitor，例如 3 个或 5 个（来形成仲裁）。Ceph 使用 Paxos 算法来确保仲裁的一致性。既然我们在 ceph-node1 上已经有一个 monitor 在运行，现在我们再创建两个 monitor。

1．在 ceph-node1 上将公共网络地址添加到文件/etc/ceph/ceph.conf：

```
public network = 192.168.1.0/24
```

2．在 ceph-node1 上使用 ceph-deploy 在 ceph-node2 上创建一个 monitor：

```
# ceph-deploy mon create ceph-node2
```

3．重复以上步骤在 ceph-node3 上创建一个 monitor：

```
# ceph-deploy mon create ceph-node3
```

4．检查你的 Ceph 集群状态，在 MON 部分应该显示三个 monitor：

```
# ceph -s
# ceph mon stat
```

```
[root@ceph-node1 ceph]# ceph -s
    cluster aade8340-a44b-45f5-9b79-39442daea18d
     health HEALTH_WARN 64 pgs incomplete; 64 pgs stuck inactive; 64 pgs stuck unclean
     monmap e3: 3 mons at {ceph-node1=192.168.1.101:6789/0,ceph-node2=192.168.1.102:6789/0,
ceph-node3=192.168.1.103:6789/0}, election epoch 10, quorum 0,1,2 ceph-node1,ceph-node2,cep
h-node3
     osdmap e11: 3 osds: 3 up, 3 in
      pgmap v21: 64 pgs, 1 pools, 0 bytes data, 0 objects
            100792 kB used, 15228 MB / 15326 MB avail
                  64 incomplete
[root@ceph-node1 ceph]#
[root@ceph-node1 ceph]#
[root@ceph-node1 ceph]# ceph mon stat
e3: 3 mons at {ceph-node1=192.168.1.101:6789/0,ceph-node2=192.168.1.102:6789/0,ceph-node3=1
92.168.1.103:6789/0}, election epoch 10, quorum 0,1,2 ceph-node1,ceph-node2,ceph-node3
[root@ceph-node1 ceph]#
```

你会发现，你的 Ceph 集群现在呈现出 HEALTH_WARN 状态。这是因为除了 ceph-node1，我们还没有在其他节点上配置 OSD。默认情况下，数据会在一个 Ceph 集群中被复制三次，它们会被放到三个不同节点上的三个 OSD 上。接下来，我们将配置在 ceph-node2 和 ceph-node3 上的 OSD。

5．在 ceph-node1 上使用 ceph-deploy 执行 disk list 和 disk zap 命令，并在 ceph-node2 和 ceph-node3 上执行 osd create 创建 OSD：

```
# ceph-deploy disk list ceph-node2 ceph-node3
# ceph-deploy disk zap ceph-node2:sdb ceph-node2:sdc cephnode2:sdd
# ceph-deploy disk zap ceph-node3:sdb ceph-node3:sdc cephnode3:sdd
# ceph-deploy osd create ceph-node2:sdb ceph-node2:sdc cephnode2:sdd
# ceph-deploy osd create ceph-node3:sdb ceph-node3:sdc cephnode3:sdd
```

6. 添加了更多 OSD 之后，我们需要调整 rbd 存储池的 pg_num 和 pgp_num 的值，来使我们的集群达到 HEALTH_OK 状态：

```
# ceph osd pool set rbd pg_num 256
# ceph osd pool set rbd pgp_num 256
```

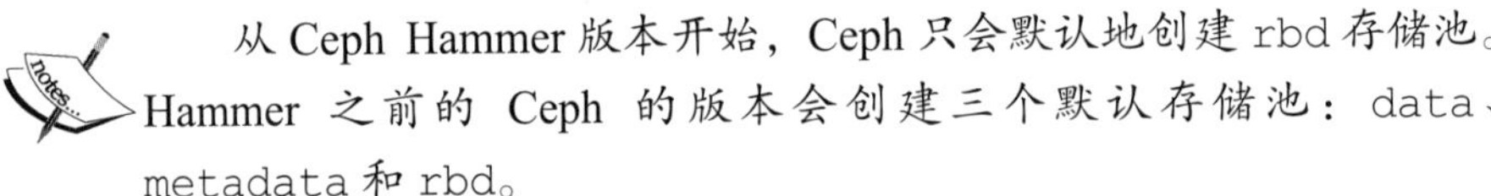

从 Ceph Hammer 版本开始，Ceph 只会默认地创建 rbd 存储池。Hammer 之前的 Ceph 的版本会创建三个默认存储池：data、metadata 和 rbd。

7. 检查 Ceph 集群的状态。此时，集群是 HEALTH_OK 状态。

```
[root@ceph-node1 ceph]# ceph -s
    cluster aade8340-a44b-45f5-9b79-39442daea18d
     health HEALTH_OK
     monmap e3: 3 mons at {ceph-node1=192.168.1.101:6789/0,ceph-node2=192.168.1.102:6789/0
,ceph-node3=192.168.1.103:6789/0}, election epoch 10, quorum 0,1,2 ceph-node1,ceph-node2,c
eph-node3
     osdmap e64: 9 osds: 9 up, 9 in
      pgmap v189: 256 pgs, 1 pools, 0 bytes data, 0 objects
            317 MB used, 45663 MB / 45980 MB avail
                 256 active+clean
[root@ceph-node1 ceph]#
```

在实践中使用 Ceph 集群

有了可运行的 Ceph 集群后，我们可以用一些简单的命令来体验 Ceph。

操作指南

1. 检查 Ceph 的安装状态：

```
# ceph -s 或者 # ceph status
```

2. 观察集群健康状况：

```
# ceph -w
```

3．检查 Ceph monitor 仲裁状态：

```
# ceph quorum_status --format json-pretty
```

4．导出 Ceph monitor 信息：

```
# ceph mon dump
```

5．检查集群使用状态：

```
# ceph df
```

6．检查 Ceph monitor、OSD 和 PG（配置组）状态：

```
# ceph mon stat
# ceph osd stat
# ceph pg stat
```

7．列表 PG：

```
# ceph pg dump
```

8．列表 Ceph 存储池：

```
# ceph osd lspools
```

9．检查 OSD 的 CRUSH map：

```
# ceph osd tree
```

10．列表群集的认证密钥：

```
# ceph auth list
```

这一部分中，我们学习了一些基本命令。下几章中，我们将学习 Ceph 集群管理的高级命令。

第 2 章 使用 Ceph 块存储

本章主要包含以下内容：

- 使用 Ceph 块存储
- 配置 Ceph 客户端
- 创建 Ceph 块设备
- 映射 Ceph 块设备
- 调整 Ceph RBD 大小
- 使用 RBD 快照
- 使用 RBD 克隆
- Openstack 简介
- Ceph——OpenStack 的最佳匹配
- 搭建 OpenStack
- 配置 Openstack 为 Ceph 客户端
- 配置 Ceph 为 Glance 后端存储
- 配置 Ceph 为 Cinder 后端存储
- 将 Ceph RBD 挂载到 Nova 上
- Nova 基于 Ceph RBD 启动实例

介绍

你安装和配置好 Ceph 存储集群后，接下来的任务就是进行存储配置了。存储配置是给物理机或虚拟机分配存储空间或容量的操作过程，无论是以块、文件还是对象形式存储。传统的 PC 机或服务器只有有限的本地存储容量，可能不足以满足你的数据存储需求。Ceph 这样的存储解决方案，通过这些服务器可以提供近乎无限的存储容量，使它们能够存储所有数据，确保你不会用尽所有的空间。采用专用存储系统而不是本地存储，为你提供了可扩展性、可靠性和性能等方面急需的灵活性。

Ceph 可以通过统一的方式提供存储容量，包括：块、文件系统、对象存储。下面的图展示了 Ceph 支持的存储格式，并且可以根据你的应用场景来使用一到多种方式。

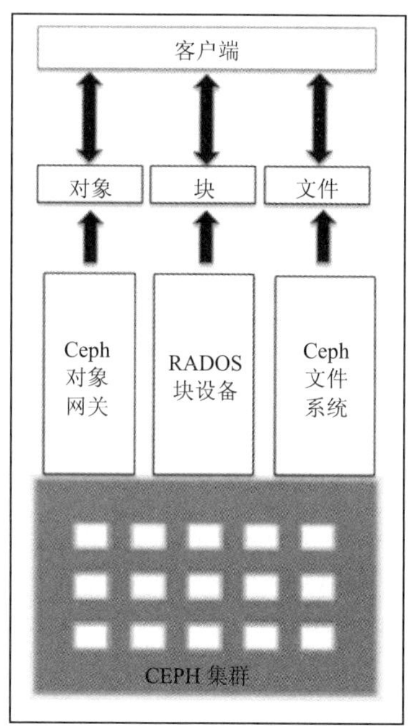

我们将在这本书中讨论这些选项的每一个细节，但在本章中，我们把重点放在 Ceph 块存储。

使用 Ceph 块存储

Ceph 块设备：原名 RADOS 块设备，提供可靠的分布式和高性能块存储磁盘给客户端。RADOS 块设备使用 `librbd` 库，把一个块数据以顺序条带化的形式存放在 Ceph 集群的多个 OSD 上。RBD 是建立在 Ceph 的 RADOS 层之上的，因此，每一个块设备都会分布在多个 Ceph 节点上，以提供高性能和出色的可靠性。RBD 原生支持 Linux 内核，这意味着在过去几年中 RBD 驱动已经完美地集成在 Linux 内核中了。除了可靠性和性能，RBD 还提供了企业特性，如完整和增量快照（full and incremental snapshot）、自动精简配置（thin provision）、写时复制克隆（copy on write clone）、动态调整大小（dynamic resizing），等等。RBD 还支持内存内缓存（In-Memory caching），从而大大提高了性能。

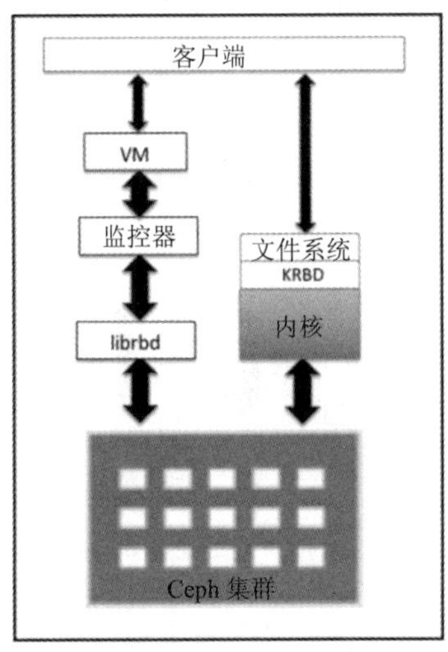

作为业界领先的开源虚拟化引擎，KVM 和 XEN 为 RBD 提供全面的支持并充分利用其虚拟机特性。其他专有的虚拟化引擎，如 VMware 和 Microsoft Hyper-V 也将很快支持。社区已经展开了大量的工作，来支持这些虚拟化引擎。Ceph 块设备能全面支持多种云平台，如 OpenStack、CloudStack 等。它在这些云平台上成功对接并提供了丰富的特性。在 OpenStack 上，Ceph 块设备可以和 Cinder（块存储）、Glance（镜像）这些组件对接。这样做，可以在很短的时间调度数千台**虚拟机**（VM），充分利用 Ceph 块存储写时复制（COW，copy on write）的特性。

所有这些特性使 RBD 成为 OpenStack、CloudStack 等云平台的理想选择。现在我们将学习如何创建和使用 Ceph 块设备。

配置 Ceph 客户端

常用 Linux 宿主机（基于 REHL 或者 Debain）都可以作为 Ceph 的客户端。客户端通过 Ceph 集群网络来相互交互以存储或者检索用户数据。Ceph RBD 已经支持 Linux 内核的

2.6.34 及其更高版本。

操作指南

正如我们之前做的那样，我们将通过 Vagrant 和 VirtualBox 来搭建 Ceph 客户端。我们将使用在前一章克隆的同样的 Vagrantfile。Vagrant 将运行 Ubuntu 14.04 虚拟机来作为我们的 Ceph 客户端。

1．在已经克隆了 ceph-cookbook git repository 库的路经下，使用 Vagrant 启动 Ceph 客户端虚拟机：

```
$ vagrant status client-node1
$ vagrant up client-node1
```

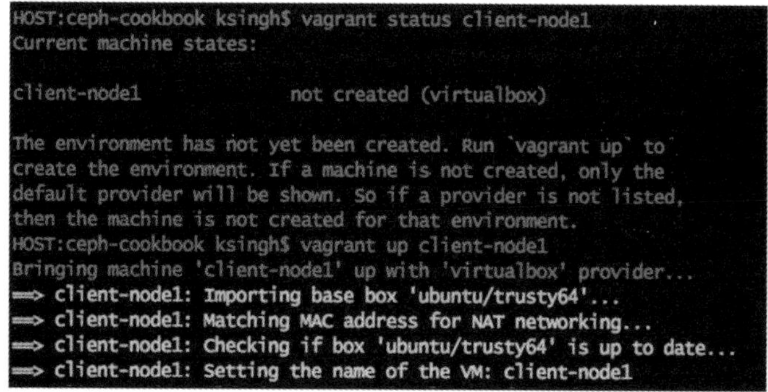

2．登录到 client-node1 节点：

```
$ vagrant ssh client-node1
```

Vagrant 配置的虚拟机使用的用户名和密码都是 vagrant，并且拥有 sudo 权限，root 用户的默认密码也是 vagrant。

3．检查 OS 和内核版本（可选）：

```
$ lsb_release -a
$ uname -r
```

4．检查内核对 RBD 的支持：

```
$ sudo modprobe rbd
```

```
vagrant@client-node1:~$ lsb_release -a
No LSB modules are available.
Distributor ID: Ubuntu
Description:    Ubuntu 14.04.2 LTS
Release:        14.04
Codename:       trusty
vagrant@client-node1:~$
vagrant@client-node1:~$ uname -r
3.13.0-46-generic
vagrant@client-node1:~$
vagrant@client-node1:~$ sudo modprobe rbd
vagrant@client-node1:~$ echo $?
0
vagrant@client-node1:~$
```

5. 允许 ceph-node1 MON 节点通过 ssh 访问 client-node1。这需要从 ceph-node1 上将 root ssh 密钥复制到 client-node1 下的 Vagrant 用户下。在 ceph-node1 上执行下列命令，直到另有提示：

```
## 登录 ceph-node1 机器
$ vagrant ssh ceph-node1
$ sudo su -
# ssh-copy-id vagrant@client-node1
```

在 client-node1 上提供一次 Vagrant 的用户名和密码 vagrant。一旦 ssh 密钥被从 ceph-node1 复制到了 client-node1 后，你就可以无密码登录到 client-node1 了。

6. 在 ceph-node1 上使用 ceph-deploy 工具把 Ceph 二进制程序安装到 client-node1 上面：

```
# cd /etc/ceph
# ceph-deploy --user-name vagrant install client-node1
```

```
[root@ceph-node1 ceph]# ceph-deploy --username vagrant install client-node1
[ceph_deploy.conf][DEBUG ] found configuration file at: /root/.cephdeploy.conf
[ceph_deploy.cli][INFO  ] Invoked (1.5.22): /bin/ceph-deploy --username vagrant install client-node1
[ceph_deploy.install][DEBUG ] Installing stable version giant on cluster ceph hosts client-node1
[ceph_deploy.install][DEBUG ] Detecting platform for host client-node1 ...
[client-node1][DEBUG ] connection detected need for sudo
[client-node1][DEBUG ] connected to host: vagrant@client-node1
[client-node1][DEBUG ] detect platform information from remote host
[client-node1][DEBUG ] detect machine type
[ceph_deploy.install][INFO  ] Distro info: Ubuntu 14.04 trusty
[client-node1][INFO  ] installing ceph on client-node1
```

7. 将 Ceph 配置文件（ceph.conf）复制到 client-node1:

```
# ceph-deploy --username vagrant config push client-node1
```

8. 客户机需要 Ceph 密钥去访问 Ceph 集群。Ceph 创建了一个默认用户 client.admin，它有足够的权限去访问 Ceph 集群。不建议把 client.admin 共享到所有其他客户端节点。更好的做法是用分开的密钥创建一个新的 Ceph 用户去访问特定的存储池。

在本例中，我们创建了一个 Ceph 用户 client.rbd，它拥有访问 rbd 存储池的权限。Ceph 的块设备默认在 rbd 存储池中创建：

```
# ceph auth get-or-create clien.rbd mon 'allow r' osd 'allow class-read object_prefix rbd_children, allow rwx pool=rbd'
```

```
[root@ceph-node1 ceph]# ceph auth get-or-create client.rbd mon 'allow r' osd 'allow class-read
 object_prefix rbd_children, allow rwx pool=rbd'
[client.rbd]
        key = AQCLEg5VeAbGARAAE4ULXC7M5Fwd3BGFDiHRTw==
[root@ceph-node1 ceph]#
```

9. 为 client-node1 上的 client.rbd 用户添加密钥：

```
# ceph auth get-or-create client-rbd | ssh vagrant@client-node1 sudo tee /etc/ceph/ceph.client.rbd.keyring
```

```
[root@ceph-node1 ceph]# ceph auth get-or-create client.rbd | ssh vagrant@client-node1 sudo tee
 /etc/ceph/ceph.client.rbd.keyring
[client.rbd]
        key = AQCLEg5VeAbGARAAE4ULXC7M5Fwd3BGFDiHRTw==
[root@ceph-node1 ceph]#
```

10. 通过这一步，client-node1 应该准备好充当 Ceph 客户端了。通过提供用户名和密钥在 client-node1 上检查 Ceph 集群的状态：

```
$ vagrant ssh client-node1
$ sudo su -
# cat /etc/ceph/ceph.client.rbd.keyring >> /etc/ceph/keyring
### 由于我们没有用默认用户 client.admin，我们必须提供用户名来连接 Ceph 集群
# ceph -s --name client.rbd
```

```
root@client-node1:~# ceph -s --name client.rbd
    cluster 9609b429-eee2-4e23-af31-28a24fcf5cbc
     health HEALTH_OK
     monmap e3: 3 mons at {ceph-node1=192.168.1.101:6789/0,ceph-node2=192.168.1.102:6789/0,
ceph-node3=192.168.1.103:6789/0}, election epoch 82, quorum 0,1,2 ceph-node1,ceph-node2,cep
h-node3
     osdmap e142: 9 osds: 9 up, 9 in
      pgmap v378: 180 pgs, 1 pools, 0 bytes data, 0 objects
            322 MB used, 134 GB / 134 GB avail
                 180 active+clean
root@client-node1:~#
```

创建 Ceph 块设备

到现在为止，我们已经配置好了 Ceph 客户端，现在我们将演示在 client-node1 上创建 Ceph 块设备。

操作指南

1. 创建一个 10240 MB 大小的 RADOS 块设备，取名为 rbd1:

```
# rbd create rbd1 --size 10240 --name client.rbd
```

2. 这里有多种选项帮助你列出 RBD 镜像：

```
## 保存块设备镜像的默认存储池是“rbd”，你也可以通过 rbd 命令的-p 选项指定一个存储池：
# rbd ls --name client.rbd
# rbd ls -p rbd --name client.rbd
# rbd list --name client.rbd
```

3. 检查 rbd 镜像的细节：

```
# rbd --image rbd1 info --name client.rbd
```

```
root@client-node1:~# rbd create rbd1 --size 10240 --name client.rbd
root@client-node1:~# rbd ls --name client.rbd
rbd1
root@client-node1:~# rbd --image rbd1 info --name client.rbd
rbd image 'rbd1':
        size 10240 MB in 2560 objects
        order 22 (4096 kB objects)
        block_name_prefix: rb.0.14f1.238e1f29
        format: 1
root@client-node1:~#
```

映射 Ceph 块设备

现在我们已经在 Ceph 集群上创建了一个块设备，要使用它，我们要将它映射到客户机。要做到这一点，我们要在 client-node1 执行下面的命令。

操作指南

1. 映射块设备到 client-node1:

```
# rbd map --image rbd1 --name client.rbd
```

2. 检查被映射的块设备：

```
# rbd showmapped --name client.rbd
```

```
root@client-node1:~# rbd map --image rbd1 --name client.rbd
/dev/rbd1
root@client-node1:~# rbd showmapped --name client.rbd
id pool image snap device
1  rbd  rbd1  -    /dev/rbd1
root@client-node1:~#
```

3. 要使用这个块设备，我们需要创建并挂载一个文件系统：

```
# fdisk -l /dev/rbd1
# mkfs.xfs /dev/rbd1
# mkdir /mnt/ceph-disk1
# mount /dev/rbd1 /mnt/ceph-disk1
# df -h /mnt/ceph-disk1
```

```
root@client-node1:~# df -h /mnt/ceph-disk1
Filesystem      Size  Used Avail Use% Mounted on
/dev/rbd1        10G   33M   10G   1% /mnt/ceph-disk1
root@client-node1:~#
```

4. 通过将数据写入块设备来进行检测：

```
# dd if=/dev/zero of=/mnt/ceph-disk1/file1 count=100 bs=1M
```

```
root@client-node1:~# dd if=/dev/zero of=/mnt/ceph-disk1/file1 count=100 bs=1M
100+0 records in
100+0 records out
104857600 bytes (105 MB) copied, 7.16309 s, 14.6 MB/s
root@client-node1:~# df -h /mnt/ceph-disk1
Filesystem      Size  Used Avail Use% Mounted on
/dev/rbd1        10G  133M  9.9G   2% /mnt/ceph-disk1
root@client-node1:~#
```

5. 要在机器重启后映射该块设备，你需要在系统启动中添加 `init-rbdmap` 脚本，并且将 Ceph 用户和 keyring 详细信息添加到`/etc/ceph/rbdmap`，最后再更新`/etc/fstab` 文件：

```
# wget https://raw.githubusercontent.com/ksingh7/ceph-cookbook/master/
rbdmap -O /etc/init.d/rbdmap
# chmod +x /etc/init.d/rbdmap
# update-rc.d rbdmap defaults
## 确保你在/etc/ceph/rbdmap 文件中使用了正确的 keyring，在一个环境当中它通常是唯一的
# echo "rbd/rbd1 id=rbd, keyring=AQCLEg5VeAbGARAAE4ULXC7M5Fwd3BGFDiHRTw=="
>>/etc/ceph/rbdmap
# echo "/dev/rbd1 /mnt/ceph-disk1 xfs defaults, _netdev0 0 " >> /etc/fstab
# mkdir /mnt/ceph-disk1
# /etc/init.d/rbdmap start
```

调整 Ceph RBD 大小

Ceph 支持精简配置的块设备，这意味着，直到你开始在块设备上存储数据前，物理存储空间都不会被占用。Ceph 块设备非常灵活，你可以在 Ceph 存储端增加或减少 RBD 的大

小。然而，底层的文件系统应支持调整大小。高级文件系统，如 XFS、Btrfs、EXT、ZFS 和其他文件系统都在一定程度上支持大小调整。请参考对应文件系统的文档，以了解更多关于调整大小的细节。

操作指南

要增加或减小 Ceph RBD 镜像大小，使用 rbd resize 命令的--size<New_Size_in_MB> 选项，它会设置 RDB 镜像新的大小。

1．我们之前创建的 RBD 镜像的大小为 10GB，现在我们把它增加到 20GB：

```
# rbd resize --image rbd1 --size 20480 --name client.rbd
# rbd info --image rbd1 --name client.rbd
```

```
root@client-node1:~# rbd resize --image rbd1 --size 20480 --name client.rbd
Resizing image: 100% complete...done.
root@client-node1:~# rbd info --image rbd1 --name client.rbd
rbd image 'rbd1':
        size 20480 MB in 5120 objects
        order 22 (4096 kB objects)
        block_name_prefix: rb.0.14f1.238e1f29
        format: 1
root@client-node1:~#
```

2．我们要扩展文件系统来利用增加了的存储空间。你需要知晓的是，修改文件系统的大小是操作系统和设备文件系统的一个特性。调整分区大小之前，请阅读文件系统文档。XFS 文件系统支持在线调整大小。根据系统信息观察文件系统大小变化：

```
# dmesg | grep -i capacity
# xfs_growfs -d /mnt/ceph-disk1
```

```
root@client-node1:~# xfs_growfs -d /mnt/ceph-disk1
meta-data=/dev/rbd1              isize=256    agcount=17, agsize=162816 blks
         =                       sectsz=512   attr=2
data     =                       bsize=4096   blocks=2621440, imaxpct=25
         =                       sunit=1024   swidth=1024 blks
naming   =version 2              bsize=4096   ascii-ci=0
log      =internal               bsize=4096   blocks=2560, version=2
         =                       sectsz=512   sunit=8 blks, lazy-count=1
realtime =none                   extsz=4096   blocks=0, rtextents=0
data blocks changed from 2621440 to 5242880
root@client-node1:~# df -h /mnt/ceph-disk1
Filesystem      Size  Used Avail Use% Mounted on
/dev/rbd1        20G  134M   20G   1% /mnt/ceph-disk1
root@client-node1:~#
```

使用 RBD 快照

Ceph 全面支持快照，这些快照是在某时间点上生成的只读的 RBD 镜像副本。你可以通过创建和恢复（restore）快照来保持 Ceph RBD 镜像的状态以及从快照恢复原始数据。

操作指南

我们来看看 Ceph 快照是如何工作的。

1. 为了测试 Ceph 快照功能，在我们之前创建好的块设备上创建一个文件：

```
# echo "Hello Ceph This is snapshot test" > /mnt/ceph-disk1/snapshot_test_file
```

```
root@client-node1:~# echo "Hello Ceph This is snapshot test" > /mnt/ceph-disk1/snapshot_test_file
root@client-node1:~# ls -l /mnt/ceph-disk1
total 102404
-rw-r--r-- 1 root root 104857600 Mar 22 16:07 file1
-rw-r--r-- 1 root root        33 Mar 22 21:45 snapshot_test_file
root@client-node1:~#
root@client-node1:~# cat /mnt/ceph-disk1/snapshot_test_file
Hello Ceph This is snapshot test
root@client-node1:~#
```

2. 为 Ceph 块设备创建快照。

语法： `rbd snap create <pool-name>/<image-name>@<snap-name>`

```
# rbd snap create rbd/rbd1@snapshot1 --name client.rbd
```

3. 列出镜像快照的命令如下。

语法： `rbd snap ls <pool-name>/<image-name>`

```
# rbd snap ls rbd/rbd1 --name client.rbd
```

```
root@client-node1:~# rbd snap create rbd/rbd1@snapshot1 --name client.rbd
root@client-node1:~# rbd snap ls rbd/rbd1 --name client.rbd
SNAPID NAME          SIZE
     2 snapshot1 20480 MB
root@client-node1:~#
```

4. 为了测试 Ceph RBD 快照的恢复功能，我们在文件系统中删除一些文件：

```
# rm -f /mnt/ceph-disk1/*
```

5. 现在我们将恢复 Ceph RBD 快照来找回我们之前删除的文件。请注意，回滚操作会使用快照版本来覆盖我们当前版本的 RBD 镜像和它里面的数据，应该谨慎操作。

语法： `rbd snap rollback <pool-name>/<image-name>@<snap-name>`

```
# rbd snap rollback rbd/rbd1@snapshot1 --name client.rbd
```

6．快照回滚操作完成后，重挂载 Ceph RBD 文件系统并刷新其状态。你会发现之前删除的文件都被恢复了：

```
# umount /mnt/ceph-disk1
# mount /dev/rbd1 /mnt/ceph-disk1
# ls -l /mnt/ceph-disk1
```

```
root@client-node1:~# rbd snap rollback rbd/rbd1@snapshot1 --name client.rbd
Rolling back to snapshot: 100% complete...done.
root@client-node1:~# umount /mnt/ceph-disk1
root@client-node1:~# mount /dev/rbd1 /mnt/ceph-disk1
root@client-node1:~# ls -l /mnt/ceph-disk1
total 102404
-rw-r--r-- 1 root root 104857600 Mar 22 16:07 file1
-rw-r--r-- 1 root root        33 Mar 22 21:45 snapshot_test_file
root@client-node1:~#
```

7．当你不再需要快照时，可以用下面的语法删除指定的快照。删除快照不会影响当前 Ceph RBD 镜像上的数据：

语法：`rbd snap rm <pool-name>/<image-name>@<snap-name>`

```
# rbd snap rm rbd/rbd1@snapshot1 --name client.rbd
```

8．如果你的 RBD 镜像有多个快照，并且你希望用一条命令删除所有的快照，可以使用 `purge` 这个子命令：

语法：`rbd snap purge <pool-name>/<image-name>`

```
# rbd snap purge rbd/rbd1 --name client.rbd
```

使用 RBD 克隆

Ceph 支持一个非常好的特性，即以 COW（**写时复制**）的方式从 RDB 快照创建克隆（clone），在 Ceph 中这也被称为**快照分层**（Snapshot Layering）。分层特性允许客户端创建多个 Ceph RBD 克隆实例。这个特性对 OpenStack、CloudsStack、Qemu/KVM 等云平台和虚拟化平台都提供了非常有用的帮助。这些平台通常以快照的形式来保护 Ceph RBD 镜像。然后，这些快照被多次用来孵化实例。快照是只读的，但 COW 克隆是完全可写的；Ceph 的这一特性提供了更强大的灵活性，这对云平台来说非常有用。在后面的章节中，我们将继续探索通过 COW 克隆来孵化 OpenStack 中的实例。

每一个被克隆的镜像（子镜像）都保存了与父镜像之间的关系。因此，在父快照被克隆之前它必须被保护好。同时当向 COW 克隆镜像写入数据时，它会将新的数据关联到自身。COW 克隆镜像和 RBD 一样好用，像 RBD 一样灵活。这意味它们是可写、可调整大小的，并支持在快照的基础上继续克隆。

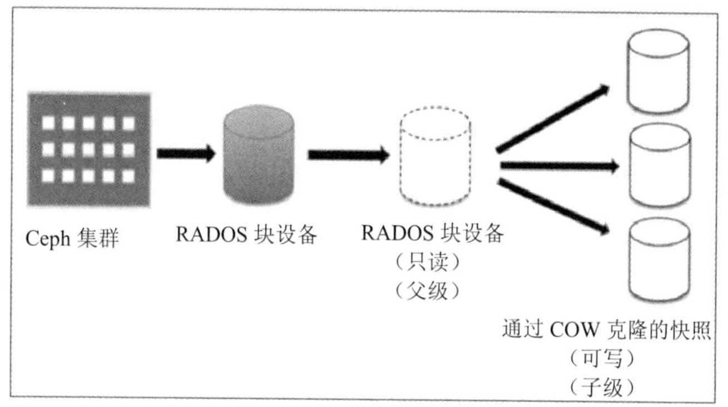

Ceph RBD 镜像有两种类型：format-1 和 format-2。RBD 快照支持这两种类型，即 format-1 镜像和 format-2 镜像。然而，分层特性（COW 克隆特性）只支持 format-2 类型的 RBD 镜像。默认的 RBD 镜像类型为 format-1。

操作指南

为了演示 RBD 克隆，我们将特意创建一个 format-2 类型的 RBD 镜像，然后创建一个快照并保护它。最后，再通过快照创建一个 COW 克隆。

1．创建 format-2 类型的 RBD 镜像，并检查它的细节：

```
# rbd create rbd2 --size 10240 --image-format 2 --name client.rbd
# rbd info --image rbd2 --name client.rbd
```

```
root@client-node1:/# rbd create rbd2 --size 10240 --image-format 2 --name client.rbd
root@client-node1:/#
root@client-node1:/# rbd info --image rbd2 --name client.rbd
rbd image 'rbd2':
        size 10240 MB in 2560 objects
        order 22 (4096 kB objects)
        block_name_prefix: rbd_data.20f42ae8944a
        format: 2
        features: layering
root@client-node1:/#
```

2．创建这个 RBD 镜像的快照：

```
# rbd snap create rbd/rbd2@snapshot_for_cloning --name client.rbd
```

3．要创建 COW 克隆，首先要保护这个快照，这是非常重要的一步。我们应当保护这个快照，因为一旦它被删除了，所有附着在其上的 COW 克隆都会被摧毁：

```
# rbd snap protect rbd/rbd2@snapshot_for_cloning --name client.rbd
```

4．接下来，我们将通过快照创建一个克隆的 RBD 镜像：

语法： rbd clone <pool-name>/<parent-image>@<snap-name><pool-name>/

<child-image- name>

```
# rbd clone rbd/rbd2@snapshot_for_cloning rbd/clone_rbd2 --nameclient.rbd
```

5. 创建克隆是一个很快的过程。一旦完成，则可检查新镜像的信息。你会注意到它的父存储池、镜像和快照信息如下：

```
# rbd info rbd/clone_rbd2 --name client.rbd
```

```
root@client-node1:/# rbd snap create rbd/rbd2@snapshot_for_cloning --name client.rbd
root@client-node1:/# rbd snap protect rbd/rbd2@snapshot_for_cloning --name client.rbd
root@client-node1:/# rbd clone rbd/rbd2@snapshot_for_cloning rbd/clone_rbd2 --name client.rbd
root@client-node1:/# rbd info rbd/clone_rbd2 --name client.rbd
rbd image 'clone_rbd2':
        size 10240 MB in 2560 objects
        order 22 (4096 kB objects)
        block_name_prefix: rbd_data.220b3d1b58ba
        format: 2
        features: layering
        parent: rbd/rbd2@snapshot_for_cloning
        overlap: 10240 MB
root@client-node1:/#
```

现在我们已经克隆了一个依赖于父镜像快照的 RBD 镜像。为了让这个克隆的 RBD 镜像独立于它的父镜像，我们需要将父镜像的信息合并（flattern）到子镜像。这个操作过程的时间长短取决于父镜像快照当前的数据量大小。一旦合并完成，RBD 镜像和它的父镜像之间将不会存在任何依赖关系。

6. 使用以下命令，开始合并的操作过程：

```
# rbd flatten rbd/clone_rbd2 --name client.rbd
# rbd info --image clone_rbd2 --name client.rbd
```

当合并操作完成后，如果你检查这些镜像的信息，会发现父镜像/快照的名字不存在了，并且克隆是独立的。

```
root@client-node1:/# rbd flatten rbd/clone_rbd2 --name client.rbd
Image flatten: 100% complete...done.
root@client-node1:/# rbd info --image clone_rbd2 --name client.rbd
rbd image 'clone_rbd2':
        size 10240 MB in 2560 objects
        order 22 (4096 kB objects)
        block_name_prefix: rbd_data.220b3d1b58ba
        format: 2
        features: layering
root@client-node1:/#
```

7. 如果你不再使用父镜像快照，可以移除它。在移除之前，你首先要解除它的保护状态：

```
# rbd snap unprotect rbd/rbd2@snapshot_for_cloning --name client.rbd
```

8. 一旦快照解除保护状态，你就可以移除它了：

```
# rbd snap rm rbd/rbd2@snapshot_for_cloning --name client.rbd
```

Openstack 简介

OpenStack 是一个用于建设和管理公有云和私有云的基础架构开源软件平台。它被一个独立的非盈利的 OpenStack 基金会所管理。它拥有最大和最活跃的社区，由科技巨头如惠普、红帽、戴尔、思科、IBM 和 Rackspace 公司，以及更多其他的公司提供支持。OpenStack 秉持的理念是，云应该是实施简单和可大规模扩展的。

OpenStack 被认为是用户可以以自动化的方式快速部署数百个虚拟机的云平台操作系统。它同时提供了一种轻松管理这些虚拟机的有效方法。OpenStack 以动态规模、横向扩展和分布式体系结构著称，可使你的云环境非常健壮且能面向未来。OpenStack 提供了企业级的**基础架构即服务**（Infrastructure-as-a-Service，IaaS），以满足你所有的云需求。

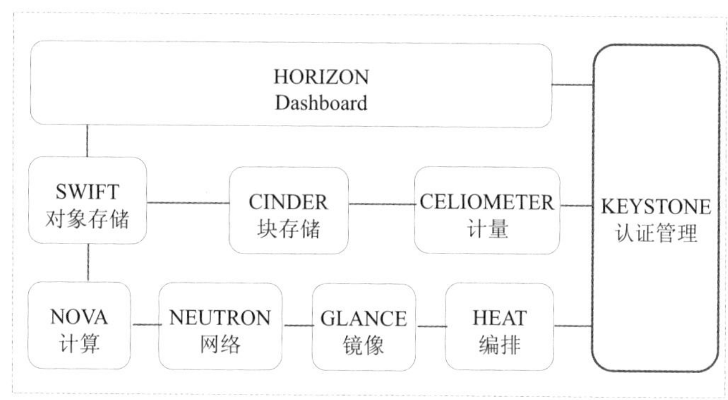

如上图所示，OpenStack 是由几个不同的软件模块共同配合工作来提供云服务的。在所有这些组件中，我们在这章中将重点关注 Cinder 和 Glance，它们分别提供了块存储和镜像服务。想了解 OpenStack 的更多信息，请访问：`http://www.openstack.org/`。

Ceph——OpenStack 的最佳匹配

在过去的几年中，OpenStack 越来越受到青睐，因为它通过软件定义了计算、网络甚至存储。当你谈论起 OpenStack 的存储时就会注意到 Ceph。一项 OpenStack 2015 年 9 月进行的用户调查显示，Ceph 雄踞块存储驱动市场高达 62%的使用率。

Ceph 提供了 OpenStack 一直在寻找的稳健、可靠的存储后端。它与 OpenStack 的 Cinder、Glance、Nova 和 Keystone 等模块无缝集成，提供了一个完整的云存储后端。下面是使 Ceph 成为 OpenStack 的最佳匹配的一些主要优点：

- Ceph 提供了企业级的功能丰富的存储后端，而且每 GB 成本非常低，这有助于保持 OpenStack 云部署的较低成本。
- Ceph 为 OpenStack 提供了一个统一的包含块、文件或者对象存储的解决方案，让应用程序各取所需。
- Ceph 为 OpenStack 云提供了先进的块存储功能，包含轻松和快速地孵化实例，以及对**虚拟机**进行备份和克隆。
- 它为 OpenStack 实例提供了默认的持久卷，使其可以像传统的服务器那样工作，实例中的数据将不会因为重新启动**虚拟机**而丢失。
- Ceph 支持**虚拟机**迁移，这使得 OpenStack 实例能做到独立于宿主机；而且扩展存储组件也不会影响**虚拟机**。
- 它为 OpenStack 卷提供的快照功能，也可以用作备份的一种手段。
- Ceph 的 COW 克隆功能为 OpenStack 提供了同时孵化多个实例的能力，这有助于提供快速的**虚拟机**创建机制。
- Ceph 支持为 Swift 和 S3 对象存储提供丰富的 API 接口。

Ceph 和 OpenStack 社区已经在过去的几年里密切合作，使整合更加无缝，并能充分利用各自的新功能。未来我们可以预期 OpenStack 和 Ceph 的联系将更加密切，这是因为红帽收购了 Inktank，该公司后端使用 Ceph，而且红帽是 OpenStack 项目的主要贡献者之一。

OpenStack 是一个多组件构成的模块化系统，并且每个组件都有其自身明确的任务。有多个组件需要像 Ceph 一样可靠的存储后端，以便将这些组件集成起来，如下图所示。每个组件通过自身的方式去调用 Ceph 来存储块设备和对象。主流的基于 OpenStack 和 Ceph 搭建的云平台，使用了 Cinder、Glance 和 Swift 等模块来与 Ceph 集成。只有当你需要与 S3 兼容的对象存储和 Ceph 对接的时候，Keystone 才被使用。Nova 的集成允许你从 Ceph 卷上启动 OpenStack 实例。

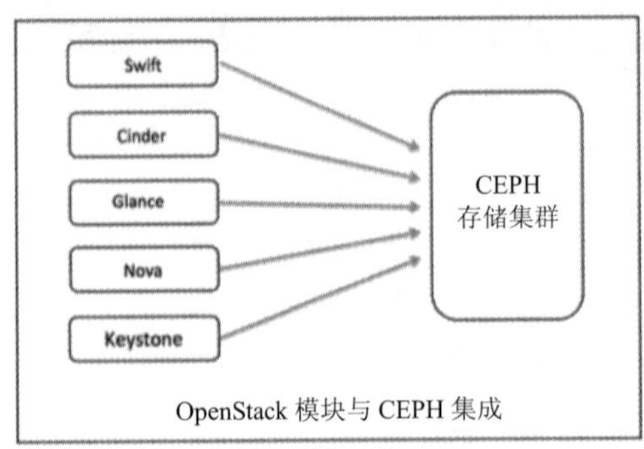

OpenStack 模块与 CEPH 集成

搭建 OpenStack

OpenStack 的安装和配置已经超出了本书的范围，但是，为了便于演示，我们将使用 OpenStack RDO Juno 版本中预装好的一个虚拟机。如果你愿意，也可以使用自己的 OpenStack 环境和 Ceph 进行整合。

操作指南

本节中，我们将展示使用 Vagrant 搭建一个预先配置好了的 OpenStack 环境，并使用 CLI 和 GUI 访问它。

1．像上一章节中启动 Ceph 节点一样，使用 Vagrantfile 启动 openstack-node1。在此之前，确保你已经登录主机并且位于 ceph-cookbook 库目录下：

```
# cd ceph-cookbook
# vagrant up openstack-node1
```

```
HOST:ceph-cookbook ksingh$ vagrant up openstack-node1
Bringing machine 'openstack-node1' up with 'virtualbox' provider...
==> openstack-node1: Clearing any previously set forwarded ports...
==> openstack-node1: Clearing any previously set network interfaces...
==> openstack-node1: Preparing network interfaces based on configuration...
    openstack-node1: Adapter 1: nat
    openstack-node1: Adapter 2: hostonly
==> openstack-node1: Forwarding ports...
    openstack-node1: 22 => 2222 (adapter 1)
==> openstack-node1: Running 'pre-boot' VM customizations...
==> openstack-node1: Booting VM...
==> openstack-node1: Waiting for machine to boot. This may take a few minutes...
```

2．openstack-node1 启动后，检查 Vagrant 状态，并且登录到该节点：

```
$ vagrant status openstack-node1
$ vagrant ssh openstack-node1
```

```
HOST:ceph-cookbook ksingh$ vagrant status openstack-node1
Current machine states:

openstack-node1           running (virtualbox)

The VM is running. To stop this VM, you can run `vagrant halt` to
shut it down forcefully, or you can run `vagrant suspend` to simply
suspend the virtual machine. In either case, to restart it again,
simply run `vagrant up`.
HOST:ceph-cookbook ksingh$
HOST:ceph-cookbook ksingh$
HOST:ceph-cookbook ksingh$ vagrant ssh openstack-node1
Last login: Sat Mar 28 21:38:07 2015 from 10.0.2.2
[vagrant@os-node1 ~]$
```

3．我们假定你对 OpenStack 有一定的了解并知道其操作常识。我们将 source 置于

/root 目录下的 keystone_admin 文件，为此我们要先切换到 root 用户：

```
$ sudo su -
$ source keystone_admin
```

现在我们将运行一些原生的 OpenStack 命令来确保它被正确配置了。请注意由于新的 OpenStack 环境没有创建任何实例和卷，有一些命令没有显示任何信息。

```
# nova list
# cinder list
# glance image-list
```

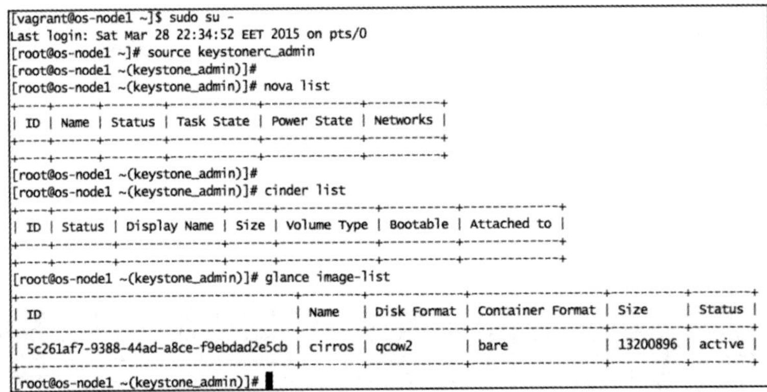

4．你也可以使用用户名 admin，密码 vagrant 登录 OpenStack Horizon 网站：https://192.168.1.111/dashboard。

5. 登录之后，首先打开的是概览（Overview）界面。

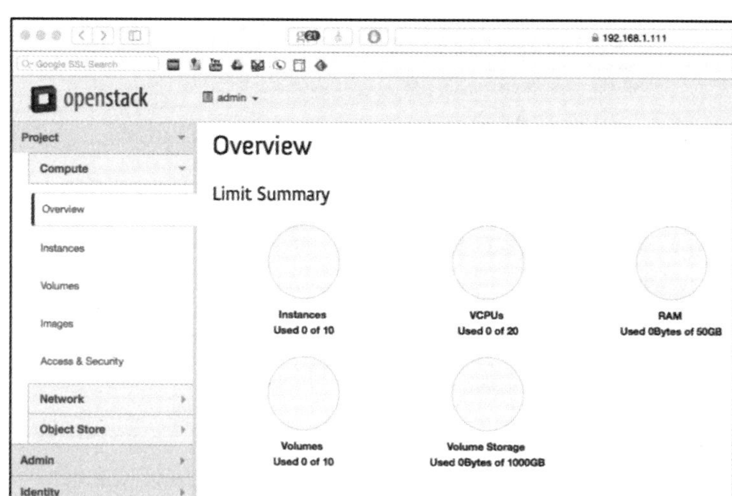

配置 Openstack 为 Ceph 客户端

OpenStack 节点应该配置为 Ceph 的客户端，以便于访问 Ceph 集群。为此，在 OpenStack 节点上安装 Ceph 的包，确保其可以访问 Ceph 集群。

操作指南

这里我们将把 OpenStack 配置成 Ceph 客户端，随后再配置 Cinder、Glance 和 Nova。

1. 我们将在 `ceph-node1` 上通过 `ceph-deploy` 来在 `os-noSde1` 上安装 Ceph 二进制程序，就像我们已经在第一章，Ceph 介绍及其他中所做的那样。要做到这一点，我们需要将 ssh 设置为无密码登录 os-node1。root 密码同样是 `vagrant`：

```
$ vagrant ssh ceph-node1
$ sudo su -
# ping os-node1 -c 1
# ssh-copy-id root@os-node1
```

```
HOST:ceph-cookbook ksingh$ vagrant ssh ceph-node1
Last login: Sun Mar 29 11:27:53 2015 from 10.0.2.2
[vagrant@ceph-node1 ~]$ sudo su -
Last login: Sun Mar 29 11:27:57 EEST 2015 on pts/1
[root@ceph-node1 ~]# ping os-node1 -c 1
PING os-node1.cephcookbook.com (192.168.1.111) 56(84) bytes of data.
64 bytes from os-node1.cephcookbook.com (192.168.1.111): icmp_seq=1 ttl=64 time=0.568 ms

--- os-node1.cephcookbook.com ping statistics ---
1 packets transmitted, 1 received, 0% packet loss, time 0ms
rtt min/avg/max/mdev = 0.568/0.568/0.568/0.000 ms
[root@ceph-node1 ~]# ssh-copy-id root@os-node1
/bin/ssh-copy-id: INFO: attempting to log in with the new key(s), to filter out any that are already i
nstalled
/bin/ssh-copy-id: INFO: 1 key(s) remain to be installed -- if you are prompted now it is to install th
e new keys
root@os-node1's password:

Number of key(s) added: 1

Now try logging into the machine, with:   "ssh 'root@os-node1'"
and check to make sure that only the key(s) you wanted were added.

[root@ceph-node1 ~]#
```

2．接下来，我们将通过 ceph-deploy 在 os-node1 上安装 Ceph：

```
# cd /etc/ceph
# ceph-deploy install os-node1
```

```
[root@ceph-node1 ~]# cd /etc/ceph
[root@ceph-node1 ceph]# ceph-deploy install os-node1
[ceph_deploy.conf][DEBUG ] found configuration file at: /root/.cephdeploy.conf
[ceph_deploy.cli][INFO  ] Invoked (1.5.22): /bin/ceph-deploy install os-node1
[ceph_deploy.install][DEBUG ] Installing stable version giant on cluster ceph hosts os-node1
[ceph_deploy.install][DEBUG ] Detecting platform for host os-node1 ...
[os-node1][DEBUG ] connected to host: os-node1
[os-node1][DEBUG ] detect platform information from remote host
[os-node1][DEBUG ] detect machine type
[ceph_deploy.install][INFO  ] Distro info: CentOS Linux 7.0.1406 Core
[os-node1][INFO  ] installing ceph on os-node1
```

3．将 Ceph 配置文件 ceph.conf 从 ceph-node1 推送到 os-node1。这个配置文件会帮助客户端访问 Ceph monitor 和 OSD 设备。请注意，你也可以手动将 ceph.conf 复制到 os-node1：

```
# ceph-deploy config push os-node1
```

确保我们推送到 os-node1 的 ceph.conf 文件的权限是 644。

```
[root@ceph-node1 ceph]# ceph-deploy config push os-node1
[ceph_deploy.conf][DEBUG ] found configuration file at: /root/.cephdeploy.conf
[ceph_deploy.cli][INFO  ] Invoked (1.5.22): /bin/ceph-deploy config push os-node1
[ceph_deploy.config][DEBUG ] Pushing config to os-node1
[os-node1][DEBUG ] connected to host: os-node1
[os-node1][DEBUG ] detect platform information from remote host
[os-node1][DEBUG ] detect machine type
[os-node1][DEBUG ] write cluster configuration to /etc/ceph/{cluster}.conf
[root@ceph-node1 ceph]#
```

4．为 Cinder、Glance、Nova 创建 Ceph 存储池。你也可以使用任何可用的存储池，但是建议为不同的 OpenStack 组件分别创建不同的存储池。

```
# ceph osd pool create images 128
# ceph osd pool create volumes 128
# ceph osd pool create vms 128
```

```
[root@ceph-node1 ceph]# ceph osd pool create images 128
pool 'images' created
[root@ceph-node1 ceph]# ceph osd pool create volumes 128
pool 'volumes' created
[root@ceph-node1 ceph]# ceph osd pool create vms 128
pool 'vms' created
[root@ceph-node1 ceph]# ceph osd lspools
0 rbd,1 images,2 volumes,3 vms,
[root@ceph-node1 ceph]# _
```

5．通过为 Cinder 和 Glance 创建新用户来搭建用户验证：

```
# ceph auth get-or-create client.cinder mon 'allow r' osd 'allow class-read
object_prefix rbd_children, allow rwx pool=volumes, allow rwx pool=vms, allow
rx pool=images'
# ceph auth get-or-create client.glance mon 'allow r' osd 'allow class-read
object_prefix rbd_children, allow rwx pool=images'
```

```
[root@ceph-node1 ceph]# ceph auth get-or-create client.cinder mon 'allow r' osd 'allow class-read
object_prefix rbd_children, allow rwx pool=volumes, allow rwx pool=vms, allow rx pool=images'
[client.cinder]
        key = AQByVBhVMK2nLxAArOf1yalhbc23N2kyZv0EXw==
[root@ceph-node1 ceph]# ceph auth get-or-create client.glance mon 'allow r' osd 'allow class-read
object_prefix rbd_children, allow rwx pool=images'
[client.glance]
        key = AQCBVBhVYJEEKBAAhXHTe9Z12O2YyhM0jpga2A==
[root@ceph-node1 ceph]#
```

6．为 os-node1 添加 keyring 并改变它们的所属权限：

```
# ceph auth get-or-create client.glance | ssh os-node1 sudo tee /etc/ceph/
ceph.client.glance.keyring
# ssh os-node1 sudo chown glance:glance /etc/ceph/ceph.client.glance.keyring
# ceph auth get-or-create client.cinder | ssh os-node1 sudo tee /etc/ceph
/ceph.client.cinder.keyring
# ssh os-node1 sudo chown cinder:cinder /etc/ceph/ceph.client.cinder.keyring
```

```
[root@ceph-node1 ceph]# ceph auth get-or-create client.glance | ssh os-node1 sudo tee /etc/ceph/ceph.client.glance.keyring
[client.glance]
        key = AQCBVBhVYJEEKBAAhXHTe9Z12O2YyhM0jpga2A==
[root@ceph-node1 ceph]# ssh os-node1 sudo chown glance:glance /etc/ceph/ceph.client.glance.keyring
[root@ceph-node1 ceph]# ceph auth get-or-create client.cinder | ssh os-node1 sudo tee /etc/ceph/ceph.client.cinder.keyring
[client.cinder]
        key = AQByVBhVMK2nLxAArOf1yalhbc23N2kyZv0EXw==
[root@ceph-node1 ceph]# ssh os-node1 sudo chown cinder:cinder /etc/ceph/ceph.client.cinder.keyring
[root@ceph-node1 ceph]#
```

7. 当从 Cinder 挂载或者卸载块设备时，libvirt 进程需要有访问 Ceph 集群的权限。我们需要创建一个临时的 client.cinder 密钥副本，用于本章后面的 Cinder 和 Nova 配置。

```
# ceph auth get-key client.cinder | ssh os-node1 tee /etc/ceph/temp.client.
cinder.key
```

8. 现在，你可以在 os-node1 上使用 client.glance 和 client.cinder Ceph 用户来访问 Ceph 集群了。登录到 os-node1 并执行下列命令：

```
$ vagrant ssh openstack-node1
$ sudo su -
# cd /etc/ceph
# ceph -s --name client.glance --keyring ceph.client.glance.keyring
# ceph -s --name client.cinder --keyring ceph.client.cinder.keyring
```

```
HOST:ceph-cookbook ksingh$ vagrant ssh openstack-node1
Last login: Sun Mar 29 22:55:20 2015 from 10.0.2.2
[vagrant@os-node1 ~]$ sudo su -
Last login: Sun Mar 29 22:55:35 EEST 2015 on pts/0
[root@os-node1 ~]# cd /etc/ceph
[root@os-node1 ceph]# ceph -s --name client.glance --keyring ceph.client.glance.keyring
    cluster 9609b429-eee2-4e23-af31-28a24fcf5cbc
     health HEALTH_OK
     monmap e3: 3 mons at {ceph-node1=192.168.1.101:6789/0,ceph-node2=192.168.1.102:6789/0,ceph-node3=192.1
68.1.103:6789/0}, election epoch 134, quorum 0,1,2 ceph-node1,ceph-node2,ceph-node3
     osdmap e248: 9 osds: 9 up, 9 in
      pgmap v1189: 564 pgs, 4 pools, 114 MB data, 2629 objects
            745 MB used, 134 GB / 134 GB avail
                 564 active+clean
[root@os-node1 ceph]#
[root@os-node1 ceph]# ceph -s --name client.cinder --keyring ceph.client.cinder.keyring
    cluster 9609b429-eee2-4e23-af31-28a24fcf5cbc
     health HEALTH_OK
     monmap e3: 3 mons at {ceph-node1=192.168.1.101:6789/0,ceph-node2=192.168.1.102:6789/0,ceph-node3=192.1
68.1.103:6789/0}, election epoch 134, quorum 0,1,2 ceph-node1,ceph-node2,ceph-node3
     osdmap e248: 9 osds: 9 up, 9 in
      pgmap v1189: 564 pgs, 4 pools, 114 MB data, 2629 objects
            745 MB used, 134 GB / 134 GB avail
                 564 active+clean
[root@os-node1 ceph]#
```

9. 最后，生成 uuid，然后创建、定义和设置密钥给 libvirt，并且移除掉临时生成的密钥副本。

（1）使用如下命令生成 uuid：

```
# cd /etc/ceph
# uuidgen
```

（2）创建密钥文件，并将 uuid 设置给它：

```
cat > secret.xml <<EOF
<secret ephemeral='no' private='no'>
    <uuid>bb90381e-a4c5-4db7-b410-3154c4af486e</uuid>
    <usage type='ceph'>
```

```
      <name>client.cinder secret</name>
    </usage>
  </secret>
EOF
```

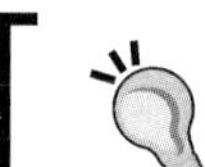

请确保使用的是为你的环境生成的自己的 wwid。

（3）定义（define）密钥文件，并保证我们生成的保密字符串值是安全的。我们在接下来的步骤将需要使用这个保密的字符串值：

```
# virsh secret-define --file secret.xml
```

```
[root@os-node1 ~]# cd /etc/ceph
[root@os-node1 ceph]# uuidgen
bb90381e-a4c5-4db7-b410-3154c4af486e
[root@os-node1 ceph]# cat > secret.xml <<EOF
> <secret ephemeral='no' private='no'>
>   <uuid>bb90381e-a4c5-4db7-b410-3154c4af486e</uuid>
>   <usage type='ceph'>
>     <name>client.cinder secret</name>
>   </usage>
> </secret>
> EOF
[root@os-node1 ceph]# virsh secret-define --file secret.xml
Secret bb90381e-a4c5-4db7-b410-3154c4af486e created

[root@os-node1 ceph]#
```

（4）在 vrish 里设置好我们最后一步生成的保密字符串值，并删除临时文件。删除临时文件是可选的；这样做只是为了保持系统整洁：

```
# virsh secret-set-value --secret bb90381e-a4c5-4db7-b410-3154c4af486e
--base64 $(cat temp.client.cinder.key) && rmtemp.client.cinder.key
secret.xml
# virsh secret-list
```

```
[root@os-node1 ceph]# virsh secret-set-value --secret bb90381e-a4c5-4db7-b410-3154c4af486e
--base64 $(cat temp.client.cinder.key) && rm temp.client.cinder.key secret.xml
Secret value set

rm: remove regular file 'temp.client.cinder.key'? y
rm: remove regular file 'secret.xml'? y
[root@os-node1 ceph]#
[root@os-node1 ceph]# virsh secret-list
 UUID                                  Usage
-----------------------------------------------------------------------------
 bb90381e-a4c5-4db7-b410-3154c4af486e  ceph client.cinder secret

[root@os-node1 ceph]#
```

配置 Ceph 作为 Glance 后端存储

我们已经完成了 Ceph 侧所需的配置。在本节中，我们将通过配置 OpenStack Glance 来将 Ceph 用作后端存储。

操作指南

本节我们将介绍：配置 OpenStack Glance 模块来将其虚拟机镜像存储在 Ceph RBD 中。

1．登录到 os-node1，也就是我们的 Glance 节点，然后编辑/etc/glance/glance-api.conf 文件并做如下修改。

（1）在[DEFAULT]部分，请确保已添加以下代码行：

```
default_store=rbd
show_image_direct_url=True
```

（2）执行以下命令来验证配置项：

```
# cat /etc/glance/glance-api.conf | egrep -i "default_
store|image_direct"
```

```
[root@os-node1 ceph]# cat /etc/glance/glance-api.conf | egrep -i "default_store|image_direct"
default_store=rbd
show_image_direct_url=True
[root@os-node1 ceph]# _
```

（3）在[glance_store]部分，请确保在 RBD Store 配置部分有以下行：

```
stores = rbd
rbd_store_ceph_conf=/etc/ceph/ceph.conf
rbd_store_user=glance
rbd_store_pool=images
rbd_store_chunk_size=8
```

（4）执行以下命令来验证之前的配置项：

```
# cat /etc/glance/glance-api.conf | egrep -v "#|default" |
grep -i rbd
```

```
[root@os-node1 ceph]# cat /etc/glance/glance-api.conf | egrep -v "#|default" | grep -i rbd
stores = rbd
rbd_store_ceph_conf=/etc/ceph/ceph.conf
rbd_store_user=glance
rbd_store_pool=images
rbd_store_chunk_size=8
[root@os-node1 ceph]#
```

2．重新启动 OpenStack Glance 服务：

```
# service openstack-glance-api restart
```

3．执行 source keystone_admin 文件命令，并列出 Glance 中的虚拟机镜像：

```
# source /root/keystonerc_admin
# glance image-list
```

```
[root@os-node1 ~]# source keystonerc_admin
[root@os-node1 ~(keystone_admin)]#
[root@os-node1 ~(keystone_admin)]# glance image-list
+--------------------------------------+--------+-------------+------------------+----------+--------+
| ID                                   | Name   | Disk Format | Container Format | Size     | Status |
+--------------------------------------+--------+-------------+------------------+----------+--------+
| 5c261af7-9388-44ad-a8ce-f9ebdad2e5cb | cirros | qcow2       | bare             | 13200896 | active |
+--------------------------------------+--------+-------------+------------------+----------+--------+
[root@os-node1 ~(keystone_admin)]#
```

4．从网上下载 cirros 镜像，稍后它将被存储在 Ceph 中：

```
# wget http://download.cirros-cloud.net/0.3.1/cirros-0.3.1-x86_64-
disk.img
```

5．使用以下命令创建一个新的 Glance 镜像：

```
# glance image-create --name cirros_image --is-public=true --diskformat=
qcow2 --container-format=bare < cirros-0.3.1-x86_64-disk.
Img
```

```
[root@os-node1 ~(keystone_admin)]# glance image-create --name cirros_image --is-public=true --disk-format=qcow2
--container-format=bare < cirros-0.3.1-x86_64-disk.img
+------------------+--------------------------------------+
| Property         | Value                                |
+------------------+--------------------------------------+
| checksum         | d972013792949d0d3ba628fbe8685bce     |
| container_format | bare                                 |
| created_at       | 2015-03-30T10:17:58                  |
| deleted          | False                                |
| deleted_at       | None                                 |
| disk_format      | qcow2                                |
| id               | b2d15e34-7712-4f1d-b48d-48b924e79b0c |
| is_public        | True                                 |
| min_disk         | 0                                    |
| min_ram          | 0                                    |
| name             | cirros_image                         |
| owner            | c9f87abe43ea49239313565ca74ebaa0     |
| protected        | False                                |
| size             | 13147648                             |
| status           | active                               |
| updated_at       | 2015-03-30T10:18:01                  |
| virtual_size     | None                                 |
+------------------+--------------------------------------+
```

6．使用下列命令列出 Glance 镜像；你会发现现在有两个 Glance 镜像：

```
# glance image-list
```

```
[root@os-node1 ~(keystone_admin)]# glance image-list
+--------------------------------------+--------------+-------------+------------------+----------+--------+
| ID                                   | Name         | Disk Format | Container Format | Size     | Status |
+--------------------------------------+--------------+-------------+------------------+----------+--------+
| 5c261af7-9388-44ad-a8ce-f9ebdad2e5cb | cirros       | qcow2       | bare             | 13200896 | active |
| b2d15e34-7712-4f1d-b48d-48b924e79b0c | cirros_image | qcow2       | bare             | 13147648 | active |
+--------------------------------------+--------------+-------------+------------------+----------+--------+
[root@os-node1 ~(keystone_admin)]#
```

7. 你可以通过在 Ceph 的镜像池中查询镜像的 ID 来验证我们新添加的镜像：

```
# rados -p images ls --name client.glance --keyring /etc/ceph/
ceph.client.glance.keyring | grep -i id
```

```
[root@os-node1 ~]# rados -p images ls --name client.glance --keyring /etc/ceph/ceph.client.glance.keyring | grep -i id
rbd_id.b2d15e34-7712-4f1d-b48d-48b924e79b0c
[root@os-node1 ~]#
```

8. 既然我们已经将 Glance 的默认存储后端配置为 Ceph，现在所有的 Glance 镜像都将存储在 Ceph 中。你也可以尝试从 OpenStack 的 Horizon Dashborad 下新建镜像。

9. 最后，我们将尝试使用我们先前创建的镜像启动一个实例：

```
# nova boot --flavor 1 --image b2d15e34-7712-4f1d-b48d-
48b924e79b0c vm1
```

当你添加新的 glance 镜像或者使用存储在 Ceph 中的 glance 镜像启动虚拟机时，你可以用# watch ceph -s 指令监测 Ceph 集群的 IO。

配置 Ceph 为 Cinder 后端存储

OpenStack 的 Cinder 程序为虚拟机提供了块存储。在本节中，我们将配置 Ceph 作为 OpenStack Cinder 的后端存储。OpenStack Cinder 需要一个驱动程序与 Ceph 的块设备进行交互。在 OpenStack 节点，编辑/etc/cinder/cinder.conf 配置文件，并加入以下部分给出的代码片段。

操作指南

在上一节中，我们学会了配置 Ceph 作为 Glance 的后端存储。在本节，我们将学习如何整合 Ceph RBD 与 Cinder。

1. 由于在这个演示操作指南中，我们没有使用多个 Cinder 后端存储配置项，编辑/etc/cinder/cinder.conf 文件，将其中的 enabled_backends 项注释掉。

2. 在 /etc/ cinder/cinder.conf 文件中的 cinder.volume.drivers.rbd 选项部分中，添加如下配置选项（将保密的 uuid 替换为你自身环境下的值）：

```
volume_driver = cinder.volume.drivers.rbd.RBDDriver
rbd_pool = volumes
rbd_user = cinder
```

```
rbd_secret_uuid = bb90381e-a4c5-4db7-b410-3154c4af486e
rbd_ceph_conf = /etc/ceph/ceph.conf
rbd_flatten_volume_from_snapshot = false
rbd_max_clone_depth = 5
rbd_store_chunk_size = 4
rados_connect_timeout = -1
glance_api_version = 2
```

3. 执行以下命令来验证以上配置项：

```
# cat /etc/cinder/cinder.conf | egrep "rbd|rados|version" | grep -v "#"
```

```
[root@os-node1 ~]# cat /etc/cinder/cinder.conf | egrep  "rbd|rados|version" | grep -v "#"
volume_driver = cinder.volume.drivers.rbd.RBDDriver
rbd_pool = volumes
rbd_user = cinder
rbd_secret_uuid = bb90381e-a4c5-4db7-b410-3154c4af486e
rbd_ceph_conf = /etc/ceph/ceph.conf
rbd_flatten_volume_from_snapshot = false
rbd_max_clone_depth = 5
rbd_store_chunk_size = 4
rados_connect_timeout = -1
glance_api_version = 2
[root@os-node1 ~]#
```

4. 重新启动 OpenStack Cinder 服务：

```
# service openstack-cinder-volume restart
```

5. 执行 source keystone_admin：

```
# source /root/keystonerc_admin
# cinder list
```

6. 为了测试以上配置，在 Ceph 集群上创建你的 2GB 大小的第一个 Cinder 卷，它将会被创建在你的 Ceph 集群中：

```
# cinder create --display-name ceph-volume01 --display-description "Cinder volume on CEPH storage" 2
```

7. 列出 Cinder 和 Ceph 的存储卷池来检查这个刚刚被创建的卷：

```
# cinder list
# rados -p volumes --name client.cinder --keyring ceph.client.cinder.keyring ls | grep -i id
```

```
[root@os-node1 ceph(keystone_admin)]# cinder list
+--------------------------------------+-----------+---------------+------+-------------+----------+-------------+
|                  ID                  |  Status   |  Display Name | Size | Volume Type | Bootable | Attached to |
+--------------------------------------+-----------+---------------+------+-------------+----------+-------------+
| 1337c866-6ff7-4a56-bfe5-b0b80abcb281 | available | ceph-volume01 |  2   |    None     |  false   |             |
+--------------------------------------+-----------+---------------+------+-------------+----------+-------------+
[root@os-node1 ceph(keystone_admin)]#
[root@os-node1 ceph(keystone_admin)]# rados -p volumes --name client.cinder --keyring ceph.client.cinder.keyring ls | grep -i id
rbd_id.volume-1337c866-6ff7-4a56-bfe5-b0b80abcb281
[root@os-node1 ceph(keystone_admin)]#
```

8．同样，尝试使用 OpenStack Horizon Dashboard 创建另外一个新的卷。

将 Ceph RBD 挂载到 Nova 上

要挂载 Ceph RDB 到 OpenStack 实例，我们需要配置 OpenStack Nova 模块，添加它访问 Ceph 集群所需的 rbd 用户和 uuid 信息。要做到这一点，须在 OpenStack 节点上编辑 /etc/nova/nova.conf，并执行以下更改。

操作指南

我们在上节中配置的 Cinder 服务会将卷创建在 Ceph 中。然而，要将这些卷挂载到 OpenStack 虚拟机，我们还需要配置 Nova。

1．找到 **nova.virt.libvirt.volume 选项**部分，添加以下代码行（将 secret uuid 替换成你环境中的值）：

```
rbd_user=cinder
rbd_secret_uuid= bb90381e-a4c5-4db7-b410-3154c4af486e
```

2．重新启动 OpenStack Nova 服务：

```
# service openstack-nova-compute restart
```

3．为了测试这个配置，下面我们将把 Cinder 卷挂载到 OpenStack 的实例上。列出实例和卷，以获取它们的 ID：

```
# nova list
# cinder list
```

```
[root@os-node1 ~(keystone_admin)]# nova list
+--------------------------------------+------+--------+------------+-------------+---------------------+
| ID                                   | Name | Status | Task State | Power State | Networks            |
+--------------------------------------+------+--------+------------+-------------+---------------------+
| 1cadffc0-58b0-43fd-acc4-33764a02a0a6 | vm1  | ACTIVE | -          | Running     | public=172.24.4.229 |
+--------------------------------------+------+--------+------------+-------------+---------------------+
[root@os-node1 ~(keystone_admin)]# cinder list
+--------------------------------------+-----------+---------------+------+-------------+----------+-------------+
|                  ID                  |   Status  |  Display Name | Size | Volume Type | Bootable | Attached to |
+--------------------------------------+-----------+---------------+------+-------------+----------+-------------+
| 1337c866-6ff7-4a56-bfe5-b0b80abcb281 | available | ceph-volume01 |  2   |     None    |  false   |             |
| 67d76db0-f808-40d8-819b-0f0302df74a0 | available | ceph-volume02 |  1   |     None    |  false   |             |
+--------------------------------------+-----------+---------------+------+-------------+----------+-------------+
```

4．将卷挂载到实例上：

```
# nova volume-attach 1cadffc0-58b0-43fd-acc4-33764a02a0a6 1337c866-6ff7-4a56-bfe5-b0b80abcb281
# cinder list
```

```
[root@os-node1 ~(keystone_admin)]# nova volume-attach 1cadffc0-58b0-43fd-acc4-33764a02a0a6 1337c866-6ff7-4a56-bfe5-b0b80abcb281
+----------+--------------------------------------+
| Property | Value                                |
+----------+--------------------------------------+
| device   | /dev/vdb                             |
| id       | 1337c866-6ff7-4a56-bfe5-b0b80abcb281 |
| serverId | 1cadffc0-58b0-43fd-acc4-33764a02a0a6 |
| volumeId | 1337c866-6ff7-4a56-bfe5-b0b80abcb281 |
+----------+--------------------------------------+
[root@os-node1 ~(keystone_admin)]# cinder list
+--------------------------------------+-----------+----------------+------+-------------+----------+--------------------------------------+
|                  ID                  |   Status  |  Display Name  | Size | Volume Type | Bootable |             Attached to              |
+--------------------------------------+-----------+----------------+------+-------------+----------+--------------------------------------+
| 1337c866-6ff7-4a56-bfe5-b0b80abcb281 |   in-use  | ceph-volume01  |  2   |     None    |  false   | 1cadffc0-58b0-43fd-acc4-33764a02a0a6 |
| 67d76db0-f808-40d8-819b-0f0302df74a0 | available | ceph-volume02  |  1   |     None    |  false   |                                      |
+--------------------------------------+-----------+----------------+------+-------------+----------+--------------------------------------+
[root@os-node1 ~(keystone_admin)]#
```

5．现在你可以在 OpenStack 的实例中像平常的硬盘一样使用该卷了。

Nova 基于 Ceph RBD 启动实例

为了将所有 OpenStack 实例放进 Ceph——这也符合 boot-from-volume（从卷启动）特性，我们需要为 Nova 配置一个临时性后端。要做到这一点，须在 OpenStack 节点上编辑 `/etc/nova/nova.conf`，并执行以下更改。

操作指南

本节将介绍如何配置 Nova 来将整个虚拟机放进 Ceph RBD。

1．浏览`[libvirt]`部分并添加以下内容：

```
inject_partition=-2
images_type=rbd
images_rbd_pool=vms
images_rbd_ceph_conf=/etc/ceph/ceph.conf
```

2．验证你的更改：

```
# cat /etc/nova/nova.conf|egrep "rbd|partition" | grep -v "#"
```

```
[root@os-node1 ~(keystone_admin)]# cat /etc/nova/nova.conf|egrep "rbd|partition" | grep -v "#"
inject_partition=-2
images_type=rbd
images_rbd_pool=vms
images_rbd_ceph_conf=/etc/ceph/ceph.conf
rbd_user=cinder
rbd_secret_uuid=bb90381e-a4c5-4db7-b410-3154c4af486e
[root@os-node1 ~(keystone_admin)]#
```

3．重新启动 OpenStack Nova 服务：

```
# service openstack-nova-compute restart
```

4．要在 Ceph 中启动虚拟机，Glance 镜像的格式必须为 RAW。我们将利用我们在本章前面的小节中下载的 cirros 镜像，将这个镜像从 QCOW 转换为 RAW 格式（这很重要）。你也可以使用任何 RAW 格式的其他镜像：

```
# qemu-img convert -f qcow2 -O raw cirros-0.3.1-x86_64-disk.img cirros-0.3.1
-x86_64-disk.raw
```

```
[root@os-node1 ~(keystone_admin)]# qemu-img convert -f qcow2 -O raw cirros-0.3.1-x86_64-disk.img cirros-0.3.1-x86_64-disk.raw
[root@os-node1 ~(keystone_admin)]#
[root@os-node1 ~(keystone_admin)]# ls -la cirros-0.3.1-x86_64-disk.raw
-rw-r--r-- 1 root root 41126400 Apr  3 22:19 cirros-0.3.1-x86_64-disk.raw
[root@os-node1 ~(keystone_admin)]# file cirros-0.3.1-x86_64-disk.raw
cirros-0.3.1-x86_64-disk.raw: x86 boot sector; GRand Unified Bootloader, stage1 version 0x3, stage2 address 0x2000, stage2 segment
0x200; partition 1: ID=0x83, active, starthead 0, startsector 16065, 64260 sectors, code offset 0x48
[root@os-node1 ~(keystone_admin)]#
```

5. 使用 RAW 镜像创建 Glance 镜像：

```
# glance image-create --name cirros_raw_image --is-public=true --disk-format
=raw --container-format=bare < cirros-0.3.1-x86_64-disk.raw
```

6. 创建一个可引导的卷来测试从 Ceph 卷启动虚拟机：

```
# nova image-list
# cinder create --image-id ff8d9729-5505-4d2a-94ad-7154c6085c97 --display-
name cirros-ceph-boot-volume 1
```

```
[root@os-node1 ~(keystone_admin)]# nova image-list
+--------------------------------------+------------------+--------+--------+
| ID                                   | Name             | Status | Server |
+--------------------------------------+------------------+--------+--------+
| 5c261af7-9388-44ad-a8ce-f9ebdad2e5cb | cirros           | ACTIVE |        |
| b2d15e34-7712-4f1d-b48d-48b924e79b0c | cirros_image     | ACTIVE |        |
| ff8d9729-5505-4d2a-94ad-7154c6085c97 | cirros_raw_image | ACTIVE |        |
+--------------------------------------+------------------+--------+--------+
[root@os-node1 ~(keystone_admin)]#
[root@os-node1 ~(keystone_admin)]# cinder create --image-id ff8d9729-5505-4d2a-94ad-7154c6085c97 --display-name cirros-ceph-boot-volume 1
+---------------------+--------------------------------------+
|       Property      |                Value                 |
+---------------------+--------------------------------------+
|     attachments     |                  []                  |
|  availability_zone  |                 nova                 |
|       bootable      |                false                 |
|      created_at     |      2015-04-03T22:47:52.638434      |
| display_description |                 None                 |
|     display_name    |       cirros-ceph-boot-volume        |
|      encrypted      |                False                 |
|          id         | 3a0da68c-d00c-459f-8b52-88c45d6e3bfe |
|       image_id      | ff8d9729-5505-4d2a-94ad-7154c6085c97 |
|       metadata      |                  {}                  |
|         size        |                  1                   |
|     snapshot_id     |                 None                 |
|      source_volid   |                 None                 |
|        status       |               creating               |
|     volume_type     |                 None                 |
+---------------------+--------------------------------------+
[root@os-node1 ~(keystone_admin)]#
```

7. 列出 Cinder 卷，检查可引导字段是否为 True：

```
# cinder list
```

```
[root@os-node1 ~(keystone_admin)]# cinder list
+--------------------------------------+-----------+-------------------------+------+-------------+----------+--------------------------------------+
|                  ID                  |   Status  |       Display Name      | Size | Volume Type | Bootable |             Attached to              |
+--------------------------------------+-----------+-------------------------+------+-------------+----------+--------------------------------------+
| 1337c866-6ff7-4a56-bfe5-b0b80abcb281 |   in-use  |       ceph-volume01     |  2   |     None    |  false   | 1cadffc0-58b0-43fd-acc4-33764a02a0a6 |
| 3a0da68c-d00c-459f-8b52-88c45d6e3bfe | available | cirros-ceph-boot-volume |  1   |     None    |   true   |                                      |
| 67d76db0-f808-40d8-819b-0f0302df74a0 | available |       ceph-volume02     |  1   |     None    |  false   |                                      |
+--------------------------------------+-----------+-------------------------+------+-------------+----------+--------------------------------------+
[root@os-node1 ~(keystone_admin)]#
```

8．现在，我们有了一个存储在 Ceph 上的可启动卷，我们来从这个卷上启动一个实例：

```
# nova boot --flavor 1 --block_device_mapping vda=fd56314be19b-4129-af77-e6adf229c536::0 --image 964bd077-7b43-46eb-8fe1-cd979a3370df vm2_on_ceph
--block_device_mapping vda = <cinder bootable volume id > --image = <Glance image associated with the bootable volume>
```

9．最后，检查实例状态：

```
# nova list
```

```
[root@os-node1 ~(keystone_admin)]# nova list
+--------------------------------------+-------------+---------+------------+-------------+--------------------+
| ID                                   | Name        | Status  | Task State | Power State | Networks           |
+--------------------------------------+-------------+---------+------------+-------------+--------------------+
| 1cadffc0-58b0-43fd-acc4-33764a02a0a6 | vm1         | SHUTOFF | -          | Shutdown    | public=172.24.4.229 |
| 2b35870e-9f7e-4e5f-bd12-9a625797355d | vm2_on_ceph | ACTIVE  | -          | Running     | public=172.24.4.233 |
+--------------------------------------+-------------+---------+------------+-------------+--------------------+
[root@os-node1 ~(keystone_admin)]#
```

10．到这里，我们就完成了基于 Ceph 卷启动实例了。尝试从 Horizon Dashboard 登录实例。

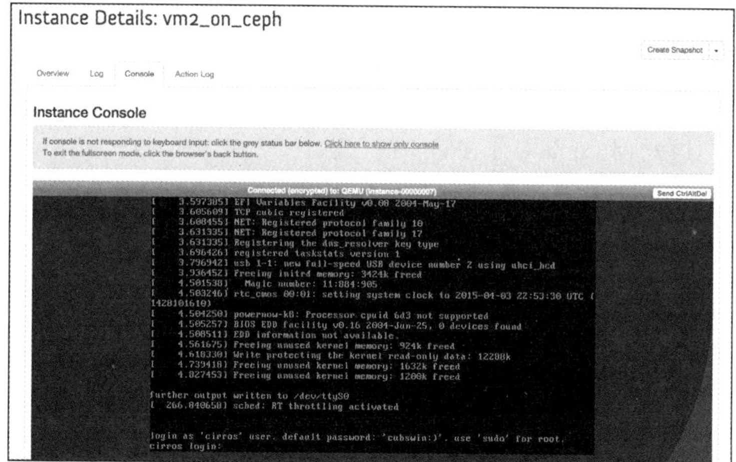

第 3 章 使用 Ceph 对象存储

本章主要包含以下内容：

- 理解 Ceph 对象存储
- RADOS 网关标准设置、安装和配置
- 创建 radosgw 用户
- 通过 S3 API 访问 Ceph 对象存储
- 通过 Swift API 访问 Ceph 对象存储
- RADOS 网关和 OpenStack Keystone 的集成
- 配置 Ceph 多区域网关
- 测试 radosgw 多区域网关
- 使用 RGW 创建文件同步和共享服务

介绍

基于对象的存储已经得到了那些正在为其海量数据寻找弹性存储方式的很多业内人士和组织的关注，对象存储将数据以对象形式存储，而不是以传统的文件和数据块的形式存储，每个对象都要存储数据、元数据和一个唯一的标识符。在本章中，我们将理解 Ceph 的对象存储部分并通过配置 Ceph RADOS 网关来学习实际的知识。

理解 Ceph 对象存储

对象存储不能像文件系统的磁盘那样被操作系统直接访问，相反，它只能通过 API 在应用层面被访问。Ceph 是一个分布式对象存储系统，该系统通过建立在 Ceph RADOS 层之上的 Ceph 对象网关（也被称为 RADOS 网关（RGW）接口）提供对象存储接口，RGW 使用 librgw（RADOS 网关库）和 librados，允许应用程序与 Ceph 对象存储建立连接。该 RGW 为应用提供了与 RESTful S3 /Swift 兼容的 API 接口，以在 Ceph 集群中存储对象格式的数据。Ceph 还支持多租户对象存储，通过 RESTful API 存取。除此之外，RGW 还支持 Ceph Admin API，它们用于通过原生 API 调用来管理 Ceph 存储集群。

librados 软件库非常灵活，允许用户应用程序通过 C、C++、Java、Python 和 PHP 绑定（bindings）直接访问 Ceph 存储集群。Ceph 对象存储还具有多站点功能，也就是说，它提供了灾难恢复解决方案。

下图展示了 Ceph 对象存储：

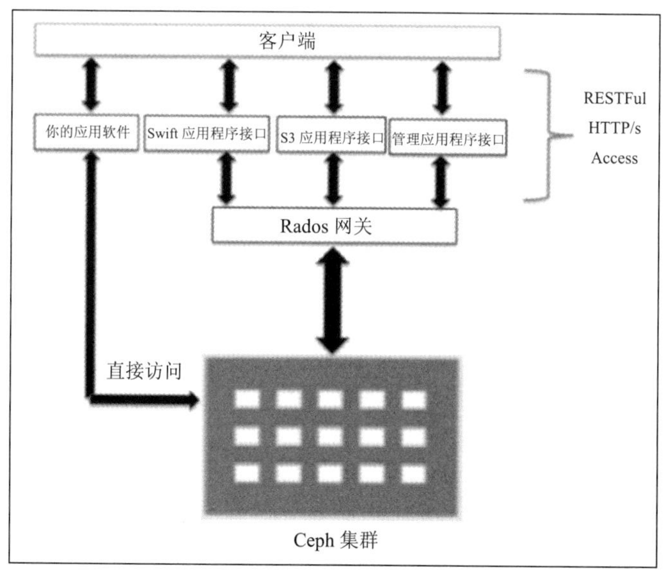

RADOS 网关标准设置、安装和配置

在生产环境中，建议你在物理专用服务器上配置 RGW。不过，如果你的对象存储工作负载不是太大，可以考虑使用任意一台 MON 作为 RGW 节点。RGW 是一个从外面连接到

Ceph 集群的独立服务，向它的客户端提供对象访问。在生产环境中，我们建议在负载均衡器后面运行多个 RGW 实例，如下图所示：

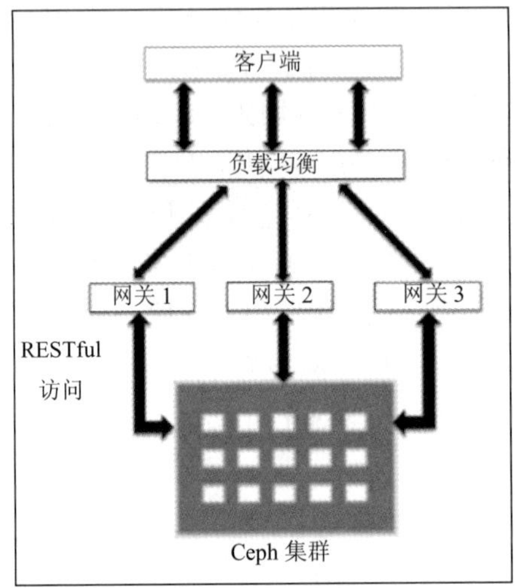

从 Ceph 的 Firely 版本开始，新的 RGW 前端 Civetweb 就已经引入了，它是一个轻量级的独立 Web 服务器。Civetweb 已被直接嵌入到 ceph-radosgw 服务，使得 Ceph 对象存储服务的部署更快，更容易。

在下面的章节中，我们将演示在一个虚拟机上使用 Civetwe 配置 RGW，该虚拟机会与我们在第 1 章中已经创建的那个 Ceph 集群互联。

搭建 RADOS 网关节点

要运行 Ceph 对象存储服务，我们需要有一个正在运行的 Ceph 集群，并且 RGW 节点必须能够访问 Ceph 网络。

操作指南

正如在前面的章节中所展示的那样，我们将使用 Vagrant 来启动一台虚拟机，并将其配置为 RGW 节点，具体步骤如下。

1. 我们根据第 1 章中的步骤来使用 `Vagrantfile` 启动虚拟机 `rgw-node1`。在启动虚拟机之前，请确保你已经登录宿主机，并在 `ceph-cookbook` 目录下：

```
# cd ceph-cookbook
# vagrant up rgw-node1
```

```
teeri:ceph-cookbook ksingh$ vagrant up rgw-node1
Bringing machine 'rgw-node1' up with 'virtualbox' provider...
==> rgw-node1: Importing base box 'centos7-standard'...
==> rgw-node1: Matching MAC address for NAT networking...
==> rgw-node1: Setting the name of the VM: rgw-node1
==> rgw-node1: Fixed port collision for 22 => 2222. Now on port 2202.
==> rgw-node1: Clearing any previously set network interfaces...
==> rgw-node1: Preparing network interfaces based on configuration...
    rgw-node1: Adapter 1: nat
    rgw-node1: Adapter 2: hostonly
==> rgw-node1: Forwarding ports...
    rgw-node1: 22 => 2202 (adapter 1)
==> rgw-node1: Running 'pre-boot' VM customizations...
==> rgw-node1: Booting VM...
```

2．rgw-node1 启动后，检查 Vagrant 的状态并登录到节点：

```
$ vagrant status rgw-node1
$ vagrant ssh rgw-node1
```

```
teeri:ceph-cookbook ksingh$ vagrant status rgw-node1
Current machine states:

rgw-node1                 running (virtualbox)

The VM is running. To stop this VM, you can run `vagrant halt` to
shut it down forcefully, or you can run `vagrant suspend` to simply
suspend the virtual machine. In either case, to restart it again,
simply run `vagrant up`.
teeri:ceph-cookbook ksingh$ vagrant ssh rgw-node1
Last login: Sun Apr  5 19:31:52 2015
[vagrant@rgw-node1 ~]$
```

3．检查 rgw-node1 是否可以 ping 通 Ceph 集群节点：

```
# ping ceph-node1 -c 3
# ping ceph-node2 -c 3
# ping ceph-node3 -c 3
```

4．验证 rgw-node1 的 hosts 文件内容、主机名和 FQDN：

```
# cat /etc/hosts | grep -i rgw
# hostname
# hostname -f
```

```
[root@rgw-node1 ~]# cat /etc/hosts | grep -i rgw
127.0.0.1   rgw-node1.cephcookbook.com rgw-node1 localhost localhost.localdomain localhost4 localhost4.localdomain4
192.168.1.106 rgw-node1.cephcookbook.com rgw-node1
[root@rgw-node1 ~]#
[root@rgw-node1 ~]# hostname
rgw-node1.cephcookbook.com
[root@rgw-node1 ~]#
[root@rgw-node1 ~]# hostname -f
rgw-node1.cephcookbook.com
[root@rgw-node1 ~]#
```

安装 RADOS 网关

前面介绍了如何为 RGW 创建一个虚拟机，接下来，我们将学习如何在这个节点上搭建 ceph-radosgw 服务。

操作指南

1．首先，我们需要在 rgw-node1 上安装 Ceph 软件包，安装将通过 ceph-node1 上的 ceph-deploy 工具来完成，这也是我们的 Ceph monitor 节点。登录 ceph-node1 节点并执行如下命令。

（1）使用如下命令来确保 ceph-node1 能够 ping 通 rgw-node1：

```
# ping rgw-node1 -c 1
```

（2）允许 ceph-node1 能够以无密码 ssh 方式登录 rgw-node1 并测试连通性。

rgw-node1 的 root 用户密码和以前的一样，都是 vagrant：

```
# ssh-copy-id rgw-node1
# ssh rgw-node1 hostname
```

```
[root@ceph-node1 ceph]# ping rgw-node1 -c 1
PING rgw-node1.cephcookbook.com (192.168.1.106) 56(84) bytes of data.
64 bytes from rgw-node1.cephcookbook.com (192.168.1.106): icmp_seq=1 ttl=64 time=0.745 ms

--- rgw-node1.cephcookbook.com ping statistics ---
1 packets transmitted, 1 received, 0% packet loss, time 0ms
rtt min/avg/max/mdev = 0.745/0.745/0.745/0.000 ms
[root@ceph-node1 ceph]#
[root@ceph-node1 ceph]# ssh-copy-id rgw-node1
The authenticity of host 'rgw-node1 (192.168.1.106)' can't be established.
ECDSA key fingerprint is af:2a:a5:74:a7:0b:f5:5b:ef:c5:4b:2a:fe:1d:30:8e.
Are you sure you want to continue connecting (yes/no)? yes
/usr/bin/ssh-copy-id: INFO: attempting to log in with the new key(s), to filter out any that are already installed
/usr/bin/ssh-copy-id: INFO: 1 key(s) remain to be installed -- if you are prompted now it is to install the new keys
root@rgw-node1's password:

Number of key(s) added: 1

Now try logging into the machine, with:   "ssh 'rgw-node1'"
and check to make sure that only the key(s) you wanted were added.

[root@ceph-node1 ceph]# ssh rgw-node1 hostname
rgw-node1.cephcookbook.com
[root@ceph-node1 ceph]#
```

（3）在 ceph-node1 上安装 Ceph 软件包，并将 ceph.conf 文件复制到 rgw- node1 上：

```
# cd /etc/ceph
# ceph-deploy install rgw-node1
```

```
# ceph-deploy config push rgw-node1
```

2．最后，登录 rgw-node1 并安装 ceph-radosgw 软件包：

```
# yum install ceph-radosgw
```

配置 RADOS 网关

由于我们为 RGW 使用了 Civetweb 内嵌的 Web 服务器，这样 RGW 的大部分配置在安装和配置 ceph-radosgw 服务时就已经完成了。接下来，我们将为 Ceph RGW 用户创建 Ceph 认证密钥并更新 ceph.conf 文件。

操作指南

1．要创建 RGW 用户和 keyring，从 ceph-node1 上执行以下命令。

（1）使用如下命令创建 keyring：

```
# cd /etc/ceph
# ceph-authtool --create-keyring /etc/ceph/ceph.client.radosgw.keyring
# chmod +r /etc/ceph/ceph.client.radosgw.keyring
```

（2）为 RGW 实例生成网关用户和密钥，我们的 RGW 实例名是 gateway：

```
# ceph-authtool /etc/ceph/ceph.client.radosgw.keyring \
 -n client.radosgw. gateway --gen-key
```

（3）给密钥添加权限：

```
# ceph-authtool -n client.radosgw.gateway --cap osd 'allow rwx' \
 --cap mon 'allow rwx' /etc/ceph/ceph.client.radosgw.keyring
```

（4）将密钥添加到 Ceph 集群：

```
# ceph auth add client.radosgw.gateway \
 -i /etc/ceph/ceph.client.radosgw.keyring
```

（5）将密钥分配给 Ceph RGW 节点：

```
# scp /etc/ceph/ceph.client.radosgw.keyring \
 rgw-node1:/etc/ceph/ceph. client.radosgw.keyring
```

2．在 rgw-node1 的 ceph.conf 文件中添加 client.radosgw.gateway 部分，确保主机名与#hostname -s 命令输出的主机名一致：

```
[root@ceph-node1 ceph]# ceph-authtool --create-keyring /etc/ceph/ceph.client.radosgw.keyring
creating /etc/ceph/ceph.client.radosgw.keyring
[root@ceph-node1 ceph]#
[root@ceph-node1 ceph]# chmod +r /etc/ceph/ceph.client.radosgw.keyring
[root@ceph-node1 ceph]# ceph-authtool /etc/ceph/ceph.client.radosgw.keyring -n client.radosgw.gateway --gen-key
[root@ceph-node1 ceph]# ceph-authtool -n client.radosgw.gateway --cap osd 'allow rwx' --cap mon 'allow rwx' /etc/ceph ceph.client.radosgw.keyring
[root@ceph-node1 ceph]# ceph auth add client.radosgw.gateway -i /etc/ceph/ceph.client.radosgw.keyring
added key for client.radosgw.gateway
[root@ceph-node1 ceph]#
[root@ceph-node1 ceph]# scp /etc/ceph/ceph.client.radosgw.keyring rgw-node1:/etc/ceph/ceph.client.radosgw.keyring
ceph.client.radosgw.keyring                                                     100%  121     0.1KB/s   00:00
[root@ceph-node1 ceph]#
```

```
[client.radosgw.gateway]
host = rgw-node1
keyring = /etc/ceph/ceph.client.radosgw.keyring
rgw socket path = /var/run/ceph/ceph.radosgw.gateway.fastcgi.sock
log file = /var/log/ceph/client.radosgw.gateway.log
rgw dns name = rgw-node1.cephcookbook.com
rgw print continue = false
```

```
[root@rgw-node1 ceph]# tail -7 ceph.conf
[client.radosgw.gateway]
host = rgw-node1
keyring = /etc/ceph/ceph.client.radosgw.keyring
rgw socket path = /var/run/ceph/ceph.radosgw.gateway.fastcgi.sock
log file = /var/log/ceph/client.radosgw.gateway.log
rgw dns name = rgw-node1.cephcookbook.com
rgw print continue = false
[root@rgw-node1 ceph]#
```

3．默认情况下，ceph-radosgw 启动脚本是使用默认用户 apache 执行的。我们把默认用户从 apache 改为 root：

```
# sed -i s"/DEFAULT_USER.*=.*'apache'/DEFAULT_USER='root'"/g /etc/ rc.d/
init.d/ceph-radosgw
```

在生产环境，不要使用 root 用户来运行 ceph-radosgw，相反，可使用 apache 或其他任意的非 root 用户。

4．启动 Ceph radosgw 服务并检查其状态：

```
# service ceph-radosgw start
# service ceph-radosgw status
```

5．嵌入到 ceph-radosgw 守护进程的 Civetweb Webserver 将会运行在默认端口 7480 上：

```
# netstat -nlp | grep -i 7480
```

```
[root@rgw-node1 ceph]# netstat -nlp | grep -i 7480
tcp        0      0 0.0.0.0:7480            0.0.0.0:*               LISTEN      3635/radosgw
[root@rgw-node1 ceph]#
```

创建 radosgw 用户

要使用 Ceph 对象存储，我们需要为 S3 接口创建初始 Ceph 对象网关用户，然后再为 Swift 接口创建子用户。

操作指南

1．确保 rgw-node1 可以访问 Ceph 集群：

```
# ceph -s -k /etc/ceph/ceph.client.radosgw.keyring --name client. radosgw.
gateway
```

2．为 S3 访问创建 RADOS 网关用户：

```
# radosgw-admin user create --uid=mona --display-name="Monika Singh"
--email=mona@cephcookbook.com -k /etc/ceph/ceph.client. radosgw.keyring
--name client.radosgw.gateway
```

```
[root@rgw-node1 ceph]# radosgw-admin user create --uid=mona --display-name="Monika Singh" --email=mona@cephcookbook.com -k
/etc/ceph/ceph.client.radosgw.keyring --name client.radosgw.gateway
{ "user_id": "mona",
  "display_name": "Monika Singh",
  "email": "mona@cephcookbook.com",
  "suspended": 0,
  "max_buckets": 1000,
  "auid": 0,
  "subusers": [],
  "keys": [
        { "user": "mona",
          "access_key": "C162E2F8WZ98A0M3KK99",
          "secret_key": "J21mow6EPs6Sz4xtT7h+piDmhQBvlgWqVeicSRMg"}],
  "swift_keys": [],
  "caps": [],
  "op_mask": "read, write, delete",
  "default_placement": "",
  "placement_tags": [],
  "bucket_quota": { "enabled": false,
      "max_size_kb": -1,
      "max_objects": -1},
  "user_quota": { "enabled": false,
      "max_size_kb": -1,
      "max_objects": -1},
  "temp_url_keys": []}
[root@rgw-node1 ceph]#
```

3．在本章后面的访问验证环节将需要这里的 access_key 和 secret_key。

4．要通过 Swift API 来使用 Ceph 对象存储，我们还需在 Cepg RGW 上创建 Swift 子用户：

```
# radosgw-admin subuser create --uid=mona --subuser=mona:swift --access=full
-k /etc/ceph/ceph.client.radosgw.keyring --name client.radosgw.gateway
```

```
[root@rgw-node1 ceph]# radosgw-admin subuser create --uid=mona --subuser=mona:swift --access=full -k
/etc/ceph/ceph.client.radosgw.keyring --name client.radosgw.gateway
{ "user_id": "mona",
  "display_name": "Monika Singh",
  "email": "mona@cephcookbook.com",
  "suspended": 0,
  "max_buckets": 1000,
  "auid": 0,
  "subusers": [
        { "id": "mona:swift",
          "permissions": "full-control"}],
  "keys": [
        { "user": "mona:swift",
          "access_key": "58OV73F5AXX3CGNEZ9HV",
          "secret_key": ""},
        { "user": "mona",
          "access_key": "C162E2F8WZ98AOM3KK99",
          "secret_key": "J21mow6EPs6Sz4xtT7h+piDmhQBvlgWqVeicSRMg"}],
  "swift_keys": [],
  "caps": [],
  "op_mask": "read, write, delete",
  "default_placement": "",
  "placement_tags": [],
  "bucket_quota": { "enabled": false,
      "max_size_kb": -1,
      "max_objects": -1},
  "user_quota": { "enabled": false,
      "max_size_kb": -1,
      "max_objects": -1},
  "temp_url_keys": []}
[root@rgw-node1 ceph]#
```

5. 为 mona:swift 子用户创建密钥，这会在本章后续部分使用：

```
# radosgw-admin key create --subuser=mona:swift --key-type=swift --gen- secret
-k /etc/ceph/ceph.client.radosgw.keyring --name client.radosgw. gateway
```

```
[root@rgw-node1 ceph]# radosgw-admin key create --subuser=mona:swift --key-type=swift --gen-secret
-k /etc/ceph/ceph.client.radosgw.keyring --name client.radosgw.gateway
{ "user_id": "mona",
  "display_name": "Monika Singh",
  "email": "mona@cephcookbook.com",
  "suspended": 0,
  "max_buckets": 1000,
  "auid": 0,
  "subusers": [
        { "id": "mona:swift",
          "permissions": "full-control"}],
  "keys": [
        { "user": "mona:swift",
          "access_key": "58OV73F5AXX3CGNEZ9HV",
          "secret_key": ""},
        { "user": "mona",
          "access_key": "C162E2F8WZ98AOM3KK99",
          "secret_key": "J21mow6EPs6Sz4xtT7h+piDmhQBvlgWqVeicSRMg"}],
  "swift_keys": [
        { "user": "mona:swift",
          "secret_key": "6vxGDhuEBsPSyX1E7VYVFrTXLVqoJByMHT+jnXPV"}],
  "caps": [],
  "op_mask": "read, write, delete",
  "default_placement": "",
  "placement_tags": [],
  "bucket_quota": { "enabled": false,
      "max_size_kb": -1,
      "max_objects": -1},
  "user_quota": { "enabled": false,
      "max_size_kb": -1,
      "max_objects": -1},
  "temp_url_keys": []}
[root@rgw-node1 ceph]#
```

参见

- 使用 Swift API 访问 Ceph 对象存储一节。

通过 S3 API 访问 Ceph 对象存储

亚马逊网络服务（AWS）提供通过网络接口（比如 REST）访问的**简单存储服务（S3）**。Ceph 通过 RESTful API 扩展了与 S3 的兼容性，S3 客户端应用程序可以基于访问和密钥方式访问 Ceph 对象存储。

S3 同时也需要 DNS 服务，因为它使用虚拟主机 bucket 命名约定，也就是 `<object_name>.<RGW_Fqdn>`。例如，假如你有一个名为 `jupiter` 的 bucket，那么通过 HTTP 的 URL 就可以访问 `http://jupiter.rgw-node1. cephcookbook.com`。

操作指南

按以下步骤在 rgw-node1 节点上配置 DNS。如果你已经有配置好的 DNS 服务器，则可以跳过这一环节，直接使用你的 DNS 服务器。

配置 DNS

1. 在 `ceph-rgw` 节点上安装 bind 软件包：

```
# yum install bind* -y
```

2. 编辑`/etc/named.conf` 文件，增加 IP 地址、IP 地址范围和下面提及的 Zone：

```
listen-on port 53 { 127.0.0.1;192.168.1.106; }; ### 添加 DNS IP ###
allow-query { localhost;192.168.1.0/24; }; ### 添加 IP 区间 ###
```

```
options {
        listen-on port 53 { 127.0.0.1;192.168.1.106; };  ### 添加 DNS IP ###
        listen-on-v6 port 53 { ::1; };
        directory       "/var/named";
        dump-file       "/var/named/data/cache_dump.db";
        statistics-file "/var/named/data/named_stats.txt";
        memstatistics-file "/var/named/data/named_mem_stats.txt";
        allow-query     { localhost;192.168.1.0/24; };     ### 添加 IP 区间 ###
```

```
### Add new zone for domain cephcookbook.com before EOF ###
zone "cephcookbook.com" IN {
type master;
```

```
file "db.cephcookbook.com";
allow-update { none; };
};
```

```
### Add new zone for domain cephcookbook.com before EOF  ###
zone "cephcookbook.com" IN {
type master;
file "db.cephcookbook.com";
allow-update { none; };
};
include "/etc/named.rfc1912.zones";
include "/etc/named.root.key";
```

3．使用以下内容创建 Zone 文件 /var/named/db.cephcookbook.com:

```
@ 86400 IN SOA cephcookbook.com. root.cephcookbook.com. (
        20091028 ; serial yyyy-mm-dd
        10800 ; refresh every 15 min
        3600 ; retry every hour
        3600000 ; expire after 1 month +
        86400 ); min ttl of 1 day
@ 86400 IN NS cephbookbook.com.
@ 86400 IN A 192.168.1.106
* 86400 IN CNAME @
```

```
[root@rgw-node1 ~]# cat /etc/db.cephcookbook.com
@ 86400 IN SOA cephcookbook.com. root.cephcookbook.com. (
        20091028 ; serial yyyy-mm-dd
        10800 ; refresh every 15 min
        3600 ; retry every hour
        3600000 ; expire after 1 month +
        86400 ); min ttl of 1 day
@ 86400 IN NS cephbookbook.com.
@ 86400 IN A 192.168.1.106
* 86400 IN CNAME @
[root@rgw-node1 ~]#
```

4．编辑/etc/resolve.conf 文件并添加如下内容：

```
search cephcookbook.com
nameserver 192.168.1.106
```

5．启动 named 服务：

```
# service named start
```

6．测试 DNS 配置文件以确认是否有语法错误：

```
# named-checkconf /etc/named.conf
# named-checkzone cephcookbook.com /var/named/db.cephcookbook.com
```

```
[root@rgw-node1 ~]# service named start
Redirecting to /bin/systemctl start  named.service
[root@rgw-node1 ~]#
[root@rgw-node1 ~]# named-checkconf /etc/named.conf
[root@rgw-node1 ~]# named-checkzone cephcookbook.com /var/named/db.cephcookbook.com
zone cephcookbook.com/IN: loaded serial 20091028
OK
[root@rgw-node1 ~]#
```

7．测试 DNS 服务器：

```
# dig rgw-node1.cephcookbook.com
# nslookup rgw-node1.cephcookbook.com
```

配置 s3cmd 客户端

要通过 S3 API 访问 Ceph 对象存储，就需要使用 s3cmd 来配置客户端，还需要配置 DNS 客户端。执行如下步骤来配置 s3cmd 客户端。

1．使用 Vagrant 来启动 client-node1 虚拟机，作为访问 S3 对象存储的客户端：

```
$ vagrant up client-node1
```

2．在节点 client-node1 上，使用 DNS 服务器条目来更新 /etc/resolve.conf 文件：

```
search cephcookbook.com
nameserver 192.168.1.106
```

3．在 client-node1 上面测试 DNS 配置：

```
# dig rgw-node1.cephcookbook.com
# nslookup rgw-node1.cephcookbook.com
```

4．client-node1 需要能够解析 rgw-node1.cephcookbook.com 的所有子域名：

```
# ping mj.rgw-node1.cephcookbook.com -c 1
# ping anything.rgw-node1.cephcookbook.com -c 1
```

```
root@client-node1:~# ping mj.rgw-node1.cephcookbook.com -c 1
PING cephcookbook.com (192.168.1.106) 56(84) bytes of data.
64 bytes from 192.168.1.106: icmp_seq=1 ttl=64 time=0.475 ms

--- cephcookbook.com ping statistics ---
1 packets transmitted, 1 received, 0% packet loss, time 0ms
rtt min/avg/max/mdev = 0.475/0.475/0.475/0.000 ms
root@client-node1:~#
root@client-node1:~# ping anything.rgw-node1.cephcookbook.com -c 1
PING cephcookbook.com (192.168.1.106) 56(84) bytes of data.
64 bytes from 192.168.1.106: icmp_seq=1 ttl=64 time=0.413 ms

--- cephcookbook.com ping statistics ---
1 packets transmitted, 1 received, 0% packet loss, time 0ms
rtt min/avg/max/mdev = 0.413/0.413/0.413/0.000 ms
root@client-node1:~#
```

5．在 client-node1 上配置 S3 客户端（s3cmd）。

（1）使用如下命令安装 s3cmd：

```
# apt-get install -y s3cmd
```

（2）使用在本章前面创建用户 mona 时获得的 access_key 和 secret_key 来配置 s3cmd。执行如下命令并遵照下面的提示：

```
# s3cmd --configure
```

```
root@client-node1:~# s3cmd --configure

Enter new values or accept defaults in brackets with Enter.
Refer to user manual for detailed description of all options.

Access key and Secret key are your identifiers for Amazon S3
Access Key: C162E2F8WZ98A0M3KK99
Secret Key: J21mow6EPs6Sz4xtT7h+piDmhQBvlgWqVeicSRMg

Encryption password is used to protect your files from reading
by unauthorized persons while in transfer to S3
Encryption password:
Path to GPG program [/usr/bin/gpg]:

When using secure HTTPS protocol all communication with Amazon S3
servers is protected from 3rd party eavesdropping. This method is
slower than plain HTTP and can't be used if you're behind a proxy
Use HTTPS protocol [No]:

On some networks all internet access must go through a HTTP proxy.
Try setting it here if you can't conect to S3 directly
HTTP Proxy server name:

New settings:
  Access Key: C162E2F8WZ98A0M3KK99
  Secret Key: J21mow6EPs6Sz4xtT7h+piDmhQBvlgWqVeicSRMg
  Encryption password:
  Path to GPG program: /usr/bin/gpg
  Use HTTPS protocol: False
  HTTP Proxy server name:
  HTTP Proxy server port: 0

Test access with supplied credentials? [Y/n] n

Save settings? [y/N] y
Configuration saved to '/root/.s3cfg'
root@client-node1:~#
```

（3）命令 #s3cmd--configure 会创建/root/.s3cfg 文件，编辑此文件中的 RGW 主机详细信息。按如下内容修改 host_base 和 host_bucket，确保这些行的末尾没有尾随空格：

```
host_base = rgw-node1.cephcookbook.com:7480
host_bucket = %(bucket)s.rgw-node1.cephcookbook.com:7480
```

可以参考随书提供的作者版本的代码：

```
root@client-node1:~# cat /root/.s3cfg
[default]
access_key = C162E2F8WZ98A0M3KK99
bucket_location = US
cloudfront_host = cloudfront.amazonaws.com
default_mime_type = binary/octet-stream
delete_removed = False
dry_run = False
enable_multipart = True
encoding = UTF-8
encrypt = False
follow_symlinks = False
force = False
get_continue = False
gpg_command = /usr/bin/gpg
gpg_decrypt = %(gpg_command)s -d --verbose --no-use-agent --batch --yes --passphrase-fd %(passphrase_fd)s -o %(output_file)s %(input_file)s
gpg_encrypt = %(gpg_command)s -c --verbose --no-use-agent --batch --yes --passphrase-fd %(passphrase_fd)s -o %(output_file)s %(input_file)s
gpg_passphrase =
guess_mime_type = True
host_base = rgw-node1.cephcookbook.com:7480
host_bucket = %(bucket)s.rgw-node1.cephcookbook.com:7480
human_readable_sizes = False
invalidate_on_cf = False
list_md5 = False
log_target_prefix =
mime_type =
multipart_chunk_size_mb = 15
preserve_attrs = True
progress_meter = True
proxy_host =
proxy_port = 0
recursive = False
recv_chunk = 4096
reduced_redundancy = False
secret_key = J21mow6EPs6Sz4xtT7h+piDmhQBvlgwqveicSRMg
send_chunk = 4096
simpledb_host = sdb.amazonaws.com
skip_existing = False
socket_timeout = 300
urlencoding_mode = normal
use_https = False
verbosity = WARNING
website_endpoint = http://%(bucket)s.s3-website-%(location)s.amazonaws.com/
website_error =
website_index = index.html
```

6．最后，我们将会创建一个 bucket，然后把对象放进去：

```
# s3cmd mb s3://first-bucket
# s3cmd ls
# s3cmd put /etc/hosts s3://first-bucket
# s3cmd ls s3://first-bucket
```

```
root@client-node1:~# s3cmd mb s3://first-bucket
Bucket 's3://first-bucket/' created
root@client-node1:~#
root@client-node1:~# s3cmd ls
2015-04-11 23:55  s3://first-bucket
root@client-node1:~#
root@client-node1:~# s3cmd put /etc/hosts s3://first-bucket
WARNING: Module python-magic is not available. Guessing MIME types based on file extensions.
/etc/hosts -> s3://first-bucket/hosts  [1 of 1]
 601 of 601   100% in    1s   436.06 B/s  done
root@client-node1:~#
root@client-node1:~#
root@client-node1:~# s3cmd ls s3://first-bucket
2015-04-11 23:55       601   s3://first-bucket/hosts
root@client-node1:~#
```

通过 Swift API 访问 Ceph 对象存储

Ceph 支持 RESTful API，它兼容 Swift API 的基本数据访问模型。在上一节中，我们讨论了使用 S3 API 访问 Ceph 集群，在本节中，我们将学习使用 Swift API 来访问它。

操作指南

要使用 Swift API 来访问 Ceph 对象存储，我们需要使用在本章前面创建的 Swift 子用户和密钥，这些用户信息将通过 Swift CLI 工具传送过去。

1．在安装了 python Swift 客户端软件的虚拟机 `client-node1` 上运行如下命令：

```
# apt-get install python-setuptools
# easy_install pip
# pip install --upgrade setuptools
# pip install --upgrade python-swiftclient
```

2．获取 swift 子用户和密钥：

```
# radosgw-admin user info --uid mona
```

3．访问 Ceph 对象存储，列出默认 bucket：

```
# swift -A http://192.168.1.106:7480/auth/1.0 -U mona:swift -K 6vx GdhuEB
sPSyX1E7vYvFrTXLVqoJByMHT+jnXPV list
```

4．添加一个名为 `second-bucket` 的新 bucket:

```
# swift -A http://192.168.1.106:7480/auth/1.0 -U mona:swift -K 6vx GdhuEB
sPSyX1E7vYvFrTXLVqoJByMHT+jnXPV post second-bucket
```

5．列出所有 bucket，此时 `second-bucket` 会被列出来：

```
# swift -A http://192.168.1.106:7480/auth/1.0 -U mona:swift -K 6vx GdhuEB
sPSyX1E7vYvFrTXLVqoJByMHT+jnXPV list
```

```
root@client-node1:~# swift -A http://192.168.1.106:7480/auth/1.0 -U mona:swift -K
6vxGDhuEBsPSyX1E7vYvFrTXLVqoJByMHT+jnXPV list
first-bucket
root@client-node1:~#
root@client-node1:~# swift -A http://192.168.1.106:7480/auth/1.0 -U mona:swift -K
6vxGDhuEBsPSyX1E7vYvFrTXLVqoJByMHT+jnXPV post second-bucket
root@client-node1:~# swift -A http://192.168.1.106:7480/auth/1.0 -U mona:swift -K
6vxGDhuEBsPSyX1E7vYvFrTXLVqoJByMHT+jnXPV list
first-bucket
second-bucket
root@client-node1:~#
```

参见

- 创建 RADOS 网关用户 一节。

RADOS 网关和 OpenStack Keystone 的集成

Ceph 可以与 OpenStack 的身份管理服务“Keystone”集成。通过该集成，Ceph RGW 将被配置，以接受 Keystone token（令牌）。因此，任何被 Keystone 验证通过的用户都将获得 RGW 的访问权限。

操作指南

除非另有说明，在 openstack-node1 上执行如下命令。

1. 通过创建 OpenStack 服务及端点（endpoint）来使 OpenStack 指向 Ceph RGW：

```
# keystone service-create --name swift --type object-store --description
"ceph object store"
# keystone endpoint-create -service-id 6614554878344bbeaa7fec0d5dccca7f
--publicurl
http://192.168.1.106:7480/swift/v1 --internalurl
http://192.168.1.106:7480/swift/v1 --adminurl
http://192.168.1.106:7480/swift/v1 --region RegionOne
```

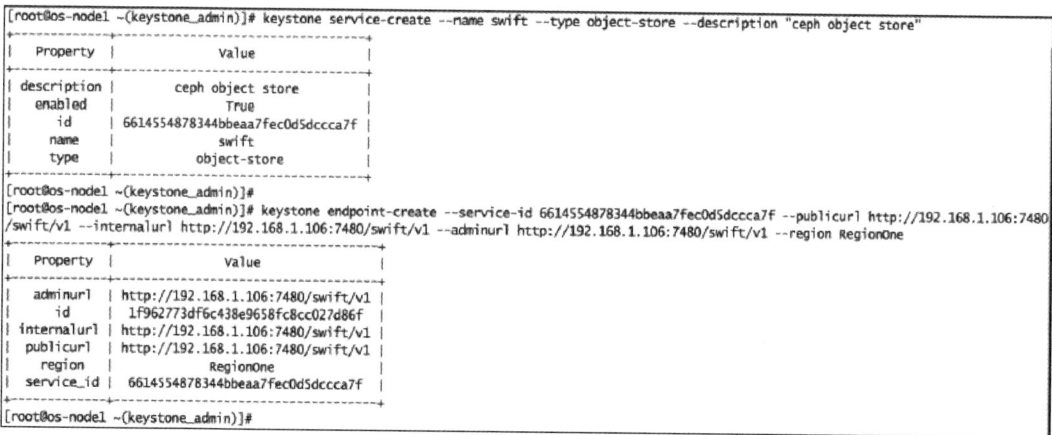

```
[root@os-node1 ~(keystone_admin)]# keystone service-create --name swift --type object-store --description "ceph object store"
+-------------+----------------------------------+
|   Property  |              Value               |
+-------------+----------------------------------+
| description |        ceph object store         |
|   enabled   |               True               |
|      id     | 6614554878344bbeaa7fec0d5dccca7f |
|     name    |              swift               |
|     type    |           object-store           |
+-------------+----------------------------------+
[root@os-node1 ~(keystone_admin)]#
[root@os-node1 ~(keystone_admin)]# keystone endpoint-create --service-id 6614554878344bbeaa7fec0d5dccca7f --publicurl http://192.168.1.106:7480
/swift/v1 --internalurl http://192.168.1.106:7480/swift/v1 --adminurl http://192.168.1.106:7480/swift/v1 --region RegionOne
+-------------+------------------------------------+
|   Property  |               Value                |
+-------------+------------------------------------+
|   adminurl  | http://192.168.1.106:7480/swift/v1 |
|      id     |  1f962773df6c438e9658fc8cc027d86f  |
| internalurl | http://192.168.1.106:7480/swift/v1 |
|  publicurl  | http://192.168.1.106:7480/swift/v1 |
|    region   |             RegionOne              |
|  service_id |  6614554878344bbeaa7fec0d5dccca7f  |
+-------------+------------------------------------+
[root@os-node1 ~(keystone_admin)]#
```

2. 获取 Keystone amdin token，它会被用于 RGW 配置：

```
# cat /etc/keystone/keystone.conf | grep -i admin_token
```

3. 为证书创建一个目录：

```
# mkdir -p /var/ceph/nss
```

4. 生成 openssl 证书：

```
# openssl x509 -in /etc/keystone/ssl/certs/ca.pem -pubkey|certutil -d /var/ceph/nss -A -n ca -t "TCu,Cu,Tuw"
# openssl x509 -in /etc/keystone/ssl/certs/signing_cert.pem -pubkey | certutil -A -d /var/ceph/nss -n signing_cert -t "P,P,P"
```

```
[root@os-node1 ~(keystone_admin)]# mkdir -p /var/ceph/nss
[root@os-node1 ~(keystone_admin)]# openssl x509 -in /etc/keystone/ssl/certs/ca.pem -pubkey|certutil -d /var/ceph/nss
 -A -n ca -t "TCu,Cu,Tuw"
Notice: Trust flag u is set automatically if the private key is present.
[root@os-node1 ~(keystone_admin)]#
[root@os-node1 ~(keystone_admin)]# openssl x509 -in /etc/keystone/ssl/certs/signing_cert.pem -pubkey|certutil -A -d
/var/ceph/nss -n signing_cert -t "P,P,P"
[root@os-node1 ~(keystone_admin)]# ls -l /var/ceph/nss/
total 76
-rw------- 1 root root 65536 Apr 17 00:40 cert8.db
-rw------- 1 root root 16384 Apr 17 00:40 key3.db
-rw------- 1 root root 16384 Apr 17 00:38 secmod.db
[root@os-node1 ~(keystone_admin)]#
```

5. 在 rgw-node1 上创建目录/var/ceph/nss：

```
# mkdir -p /var/ceph/nss
```

6. 将 openssl 证书从 openstack-node1 上复制到 rgw-node1。如果这是你第一次登录，你将会得到一个 SSH 确认，输入 yes 然后输入 root 密码，所有机器的 root 密码均为 vagrant：

```
# scp /var/ceph/nss/* rgw-node1:/var/ceph/nss
```

7. 在 rgw-node1 上创建 ceph 目录并将其所有者（owner）修改为 apache 用户：

```
# mkdir /var/run/ceph
# chown apache:apache /var/run/ceph
# chown -R apache:apache /var/ceph/nss
```

8. 在 rgw-node1 上使用如下条目来更新/etc/ceph/ceph.conf 文件中的 [client. radosgw.gateway] 部分：

```
rgw keystone url = http://192.168.1.111:5000
rgw keystone admin token = f72adb0238d74bb885005744ce526148
rgw keystone accepted roles = admin, Member, swiftoperator
      rgw keystone token cache size = 500
      rgw keystone revocation interval = 60
      rgw s3 auth use keystone = true
nss db path = /var/ceph/nss
```

rgw keystone url 必须是 Keystone Admin URL，你可以从# keystone endpoint-list 命令的输出获得；rgw keystone admin token 的值是在本节中步骤 2 中所获得的 token 值。

9．最后，重启 ceph-radosgw 服务：

```
# systemctl restart ceph-radosgw
```

10．现在，要测试 Keystone 和 Ceph 的集成功能，切换至 openstack-node1 并执行基本的 Swift 命令，此时应该不会要求输入任何用户密码：

```
# swift list
# swift post swift-test-bucket
# swift list
```

```
[root@os-node1 ~(keystone_admin)]# swift list
[root@os-node1 ~(keystone_admin)]# swift post swift-test-bucket
[root@os-node1 ~(keystone_admin)]# swift list
swift-test-bucket
[root@os-node1 ~(keystone_admin)]#
```

11．你现在应该能够使用 swift CLI，并在 OpenStack Horizon 界面（Dashboard）中的**对象存储**（**Object Storage**）部分执行各种各样的 bucket 操作了，而且不会被要求为 Ceph RGW 输入用户凭据，这是因为配置更改后，被 Keystone 验证了的 token 能被 Ceph RGW 接受了。

配置 Ceph 多区域网关

当有多个 Region 或者在一个 Region 中有多个 Zone 时，Ceph RGW 能够以联合配置（federated configuration）的方式进行部署。正如下图显示，多个 Ceph radosgw 实例能够以地理上分开的形式被部署。配置 Ceph 对象网关 Region 和元数据同步代理（metadata synchronization agent）有助于维护一个单一的 namespace（命令空间），无论这些 Ceph radosgw 实例是运行在不同的地理位置还是在不同的 Ceph 存储集群上。

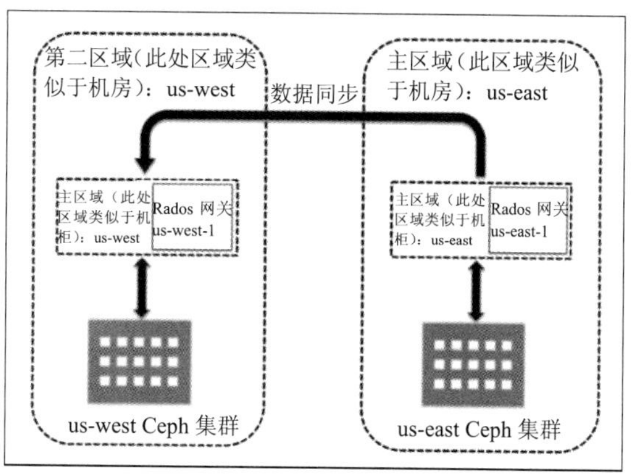

另一种方法是部署一个或多个地理位置上分开但在一个 Region 内多个 Zone 内的 `ceph radosgw` 实例。此时，数据同步代理能够在该 Region 的不同 Zone 内保留主 Zone 内数据的一个或多个副本。这些额外的数据副本对备份或灾难恢复是非常重要的，如下图所示。

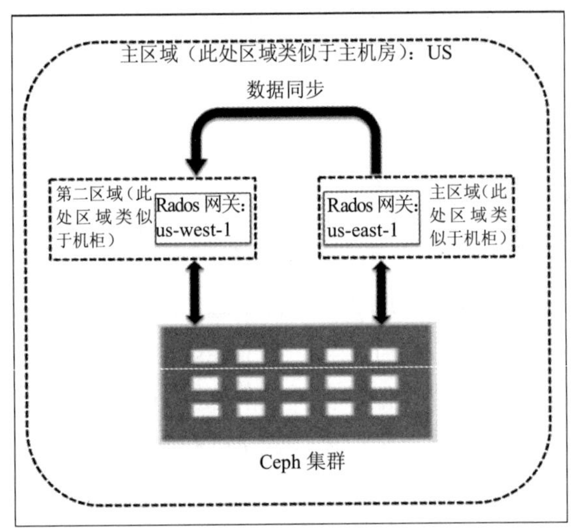

在下一节中，我们将学习部署 Ceph `radosgw` 联合的第二种方法。我们将会创建一个名为 `US` 的 `master region`，该 master region 拥有两个 zone：一个是名为 `us-east` 的 `master zone`，它包含 RGW 实例 `us-east-1`；另一个是名为 `us-west` 的 `secondary zone`，它包含 RGW 实例 `us-wets-1`。以下是它们将会用到的各参数和值。

- Master Region→United States: `us`
- Master Zone →United States region-East zone: `us-east`
- Secondary Zone→United States region-West zone: `us-west`
- Radosgw Instance-1→United States region-East zone - Instance1: `us-east-1`
- Radosgw Instance-2→United States region-West zone - Instance1: `us-west-1`

操作指南

1. 在主机上使用 Vagrant 启用虚拟机 `us-east-1` 和 `us-west-1`：

```
$ cd ceph-cookbook
$ vagrant status us-east-1 us-west-1
$ vagrant up us-east-1 us-west-1
$ vagrant status us-east-1 us-west-1
```

```
teeri:ceph-cookbook ksingh$ vagrant status us-east-1 us-west-1
Current machine states:

us-east-1                 running (virtualbox)
us-west-1                 running (virtualbox)

This environment represents multiple VMs. The VMs are all listed
above with their current state. For more information about a specific
VM, run `vagrant status NAME`.
teeri:ceph-cookbook ksingh$
```

从现在开始，除非另有说明，我们将会从任意一台 Ceph monitor 上执行所有命令。在此案例中，我们将使用 ceph-node1。接下来，我们将创建一些存储池，它们将用来存储有关对象存储数据的一些关键信息，例如 bucket、bucket index、global catalog、日志（logs）、S3 用户 ID、Swift 用户账号、e-mail 等。

2．为 us-east zone 创建 Ceph 存储池：

```
# ceph osd pool create .us-east.rgw.root 32 32
# ceph osd pool create .us-east.rgw.control 32 32
# ceph osd pool create .us-east.rgw.gc 32 32
# ceph osd pool create .us-east.rgw.buckets 32 32
# ceph osd pool create .us-east.rgw.buckets.index 32 32
# ceph osd pool create .us-east.rgw.buckets.extra 32 32
# ceph osd pool create .us-east.log 32 32
# ceph osd pool create .us-east.intent-log 32 32
# ceph osd pool create .us-east.usage 32 32
# ceph osd pool create .us-east.users 32 32
# ceph osd pool create .us-east.users.email 32 32
# ceph osd pool create .us-east.users.swift 32 32
# ceph osd pool create .us-east.users.uid 32 32
```

3．为 us-west zone 创建 Ceph 存储池：

```
# ceph osd pool create .us-west.rgw.root 32 32
# ceph osd pool create .us-west.rgw.control 32 32
# ceph osd pool create .us-west.rgw.gc 32 32
# ceph osd pool create .us-west.rgw.buckets 32 32
# ceph osd pool create .us-west.rgw.buckets.index 32 32
# ceph osd pool create .us-west.rgw.buckets.extra 32 32
# ceph osd pool create .us-west.log 32 32
# ceph osd pool create .us-west.intent-log 32 32
# ceph osd pool create .us-west.usage 32 32
# ceph osd pool create .us-west.users 32 32
# ceph osd pool create .us-west.users.email 32 32
# ceph osd pool create .us-west.users.swift 32 32
# ceph osd pool create .us-west.users.uid 32 32
```

4．验证新创建的 Ceph 存储池：

```
# ceph osd lspools
```

```
[root@ceph-node1 ~]# ceph osd lspools
0 rbd,1 images,2 volumes,3 vms,4 .rgw.root,5 .rgw.control,6 .rgw,7 .rgw.gc,8 .users.uid,9 .users.email,10 .users,11
.users.swift,12 .rgw.buckets.index,13 .rgw.buckets,14 .us-east.rgw.root,15 .us-east.rgw.control,16 .us-east.rgw.gc,1
7 .us-east.rgw.buckets,18 .us-east.rgw.buckets.index,19 .us-east.rgw.buckets.extra,20 .us-east.log,21 .us-east.inten
t-log,22 .us-east.usage,23 .us-east.users,24 .us-east.users.email,25 .us-east.users.swift,26 .us-east.users.uid,27 .
us-west.rgw.root,28 .us-west.rgw.control,29 .us-west.rgw.gc,30 .us-west.rgw.buckets,31 .us-west.rgw.buckets.index,32
 .us-west.rgw.buckets.extra,33 .us-west.log,34 .us-west.intent-log,35 .us-west.usage,36 .us-west.users,37 .us-west.u
sers.email,38 .us-west.users.swift,39 .us-west.users.uid,
[root@ceph-node1 ~]#
```

5．RGW 实例需要一个用户名和密钥去和 Ceph 存储集群通信。

（1）使用如下命令创建一个 keyring：

```
# ceph-authtool --create-keyring /etc/ceph/ceph.client.radosgw.keyring
# chmod +r /etc/ceph/ceph.client.radosgw.keyring
```

（2）对每一个实例生成一个网关用户名和密钥：

```
# ceph-authtool /etc/ceph/ceph.client.radosgw.keyring -n client.radosgw.
us-east-1 --gen-key
# ceph-authtool /etc/ceph/ceph.client.radosgw.keyring -n client.radosgw.
us-west-1 --gen-key
```

（3）添加权限：

```
# ceph-authtool -n client.radosgw.us-east-1 --cap osd 'allow rwx' --cap mon
'allow rwx' /etc/ceph/ceph.client. radosgw.keyring
# ceph-authtool -n client.radosgw.us-west-1 --cap osd 'allow rwx' --cap mon
'allow rwx' /etc/ceph/ceph.client. radosgw.keyring
```

（4）把密钥添加到 Ceph 存储集群：

```
# ceph -k /etc/ceph/ceph.client.admin.keyring auth add client.radosgw.
us-east-1 -i /etc/ceph/ceph.client.radosgw. keyring
# ceph -k /etc/ceph/ceph.client.admin.keyring auth addclient.radosgw.
us-west-1 -i /etc/ceph/ceph.client.radosgw. keyring
```

```
[root@ceph-node1 ~]# ceph-authtool --create-keyring /etc/ceph/ceph.client.radosgw.keyring
creating /etc/ceph/ceph.client.radosgw.keyring
[root@ceph-node1 ~]# chmod +r /etc/ceph/ceph.client.radosgw.keyring
[root@ceph-node1 ~]# ceph-authtool /etc/ceph/ceph.client.radosgw.keyring -n client.radosgw.us-east-1 --gen-key
[root@ceph-node1 ~]# ceph-authtool /etc/ceph/ceph.client.radosgw.keyring -n client.radosgw.us-west-1 --gen-key
[root@ceph-node1 ~]# ceph-authtool -n client.radosgw.us-east-1 --cap osd 'allow rwx' --cap mon 'allow rwx' /etc/ceph
/ceph.client.radosgw.keyring
[root@ceph-node1 ~]# ceph-authtool -n client.radosgw.us-west-1 --cap osd 'allow rwx' --cap mon 'allow rwx' /etc/ceph
/ceph.client.radosgw.keyring
[root@ceph-node1 ~]#
[root@ceph-node1 ~]# ceph -k /etc/ceph/ceph.client.admin.keyring auth add client.radosgw.us-east-1 -i /etc/ceph/ceph
.client.radosgw.keyring
added key for client.radosgw.us-east-1
[root@ceph-node1 ~]#
[root@ceph-node1 ~]# ceph -k /etc/ceph/ceph.client.admin.keyring auth add client.radosgw.us-west-1 -i /etc/ceph/ceph
.client.radosgw.keyring
added key for client.radosgw.us-west-1
[root@ceph-node1 ~]#
```

6．将 RGW 实例添加到 Ceph 配置文件/etc/ceph/ceph.conf：

```
[client.radosgw.us-east-1]
host = us-east-1
rgw region = us
rgw region root pool = .us.rgw.root
rgw zone = us-east
rgw zone root pool = .us-east.rgw.root
keyring = /etc/ceph/ceph.client.radosgw.keyring
rgw dns name = rgw-node1
rgw socket path = /var/run/ceph/client.radosgw.us-east-1.sock
log file = /var/log/ceph/client.radosgw.us-east-1.log

[client.radosgw.us-west-1]
host = us-west-1
rgw region = us
rgw region root pool = .us.rgw.root
rgw zone = us-west
rgw zone root pool = .us-west.rgw.root
keyring = /etc/ceph/ceph.client.radosgw.keyring
rgw dns name = rgw-ndoe1
rgw socket path = /var/run/ceph/client.radosgw.us-west-1.sock
log file = /var/log/ceph/client.radosgw.us-west-1.log
```

```
[root@ceph-node1 ceph]# tail -22 ceph.conf

[client.radosgw.us-east-1]
host = us-east-1
rgw region = us
rgw region root pool = .us.rgw.root
rgw zone = us-east
rgw zone root pool = .us-east.rgw.root
keyring = /etc/ceph/ceph.client.radosgw.keyring
rgw dns name = rgw-node1
rgw socket path = /var/run/ceph/client.radosgw.us-east-1.sock
log file = /var/log/ceph/client.radosgw.us-east-1.log


 [client.radosgw.us-west-1]
 host = us-west-1
 rgw region = us
 rgw region root pool = .us.rgw.root
 rgw zone = us-west
 rgw zone root pool = .us-west.rgw.root
 keyring = /etc/ceph/ceph.client.radosgw.keyring
 rgw dns name = rgw-ndoe1
 rgw socket path = /var/run/ceph/client.radosgw.us-west-1.sock
 log file = /var/log/ceph/client.radosgw.us-west-1.log
 [root@ceph-node1 ceph]#
```

7. 接下来，我们将使用来自 ceph-node1 机器的 ceph-deploy，为 us-east-1 和 us-west-1 安装 Ceph 软件包。最后，我们将会为这些节点添加配置文件。

（1）允许 ceph-node1 以无 SSH 密码方式登录 RGW 节点，默认 root 密码是 vagrant：

```
# ssh-copy-id us-east-1
# ssh-copy-id us-west-1
```

（2）在 RGW 节点上安装 Ceph 软件包：

```
# ceph-deploy install us-east-1 us-west-1
```

（3）在 RGW 节点上安装好 Ceph 软件包后，向它们推送 Ceph 配置文件：

```
# ceph-deploy --overwrite-conf config push us-east-1 uswest-1
```

（4）从 ceph-node 上复制 RGW keyring 到网关节点：

```
# scp ceph.client.radosgw.keyring us-east-1:/etc/ceph
# scp ceph.client.radosgw.keyring us-west-1:/etc/ceph
```

（5）接下来，在 us-east-1 和 us-west-1 radosgw 节点上安装 ceph-radosgw 和 radosgw-agent 软件包：

```
# ssh us-east-1 yum install -y ceph-radosgw radosgw-agent
# ssh us-west-1 yum install -y ceph-radosgw radosgw-agent
```

（6）为简单起见，我们将在所有节点上禁用防火墙：

```
# ssh us-east-1 systemctl disable firewalld
# ssh us-east-1 systemctl stop firewalld
# ssh us-west-1 systemctl disable firewalld
# ssh us-west-1 systemctl stop firewalld
```

8. 创建 us Region。登录 us-east-1 并执行如下命令。

（1）使用如下内容在 /etc/ceph 目录下创建一个名为 us.json 的 Region infile。关于 us.json 文件，你可以参考随书提供的作者版本的内容：

```
{ "name": "us",
  "api_name": "us",
  "is_master": "true",
  "endpoints": [
    "http:\/\/us-east-1.cephcookbook.com:7480\/"],
  "master_zone": "us-east",
  "zones": [
{ "name": "us-east",
     "endpoints": [
```

```
      "http:\/\/us-east-1.cephcookbook.com:7480\/"],
      "log_meta": "true",
      "log_data": "true"},
      { "name": "us-west",
        "endpoints": [
          "http:\/\/us-west-1.cephcookbook. com:7480\/"],
        "log_meta": "true",
        "log_data": "true"}],
 "placement_targets": [
  {
    "name": "default-placement",
    "tags": []
  }
 ],
"default_placement": "default-placement"}
```

```
[root@us-east-1 ceph]# cat us.json
{ "name": "us",
  "api_name": "us",
  "is_master": "true",
  "endpoints": [
        "http:\/\/us-east-1.cephcookbook.com:7480\/"],
  "master_zone": "us-east",
  "zones": [
        { "name": "us-east",
          "endpoints": [
                "http:\/\/us-east-1.cephcookbook.com:7480\/"],
          "log_meta": "true",
          "log_data": "true"},
        { "name": "us-west",
          "endpoints": [
                "http:\/\/us-west-1.cephcookbook.com:7480\/"],
          "log_meta": "true",
          "log_data": "true"}],
  "placement_targets": [
   {
     "name": "default-placement",
     "tags": []
   }
  ],
  "default_placement": "default-placement"}
[root@us-east-1 ceph]#
```

（2）使用刚才创建的 us.json infile 来创建 us Region：

```
# cd /etc/ceph
# radosgw-admin region set -infile\
 us.json --name client.radosgw.us-east-1
```

（3）如果存在默认 Region，就删除它：

```
# rados -p .us.rgw.root rm region_info.default --name client.radosgw.
us-east-1
```

（4）设置 us Region 为默认 Region：

```
# radosgw-admin region default --rgw-region=us --name client.radosgw.
us-east-1
```

（5）最后更新 Region map：

```
# radosgw-admin regionmap update --name client.radosgw. us-east-1
```

9. 为 us-east 和 us-west Zone 生成 access_keys 和 secret_keys。

（1）为 us-east Zone 生成 access_key：

```
# < /dev/urandom tr -dc A-Z-0-9 | head -c${1:-20};echo;
```

（2）为 us-east Zone 生成 secret_key：

```
# < /dev/urandom tr -dc A-Z-0-9-a-z | head -c${1:40};echo;
```

```
[root@us-east-1 ceph]# < /dev/urandom tr -dc A-Z-0-9 | head -c${1:-20};echo;
XNK0ST8WXTMWZGN29NF9
[root@us-east-1 ceph]#
[root@us-east-1 ceph]# < /dev/urandom tr -dc A-Z-0-9-a-z | head -c${1:-40};echo;
7VJm8uAp71xKQZkjoPZmHu4sACA1SY8jTjay9dP5
[root@us-east-1 ceph]#
```

（3）为 us-west Zone 生成 access_key：

```
# < /dev/urandom tr -dc A-Z-0-9 | head -c${1:-20};echo;
```

（4）为 us-west Zone 生成 secret_key：

```
# < /dev/urandom tr -dc A-Z-0-9-a-z | head -c${1:40};echo;
```

```
[root@us-east-1 ceph]# < /dev/urandom tr -dc A-Z-0-9 | head -c${1:-20};echo;
AAK0ST8WXTMWZGN29NF9
[root@us-east-1 ceph]# < /dev/urandom tr -dc A-Z-0-9-a-z | head -c${1:-40};echo;
AAJm8uAp71xKQZkjoPZmHu4sACA1SY8jTjay9dP5
[root@us-east-1 ceph]#
```

10. 为 us-east Zone 创建一个名为 us-east.json 的 Zone infile。关于 us-east.json 文件，你可以参考随书提供的作者版本的内容：

```
{ "domain_root": ".us-east.domain.rgw",
 "control_pool": ".us-east.rgw.control",
 "gc_pool": ".us-east.rgw.gc",
 "log_pool": ".us-east.log",
 "intent_log_pool": ".us-east.intent-log",
 "usage_log_pool": ".us-east.usage",
```

```
"user_keys_pool": ".us-east.users",
"user_email_pool": ".us-east.users.email",
"user_swift_pool": ".us-east.users.swift",
"user_uid_pool": ".us-east.users.uid",
"system_key": { "access_key": " XNK0ST8WXTMWZGN29NF9", "secret_ key":
"7VJm8uAp71xKQZkjoPZmHu4sACA1SY8jTjay9dP5"},
"placement_pools": [
{ "key": "default-placement",
"val": { "index_pool": ".us-east.rgw.buckets.index",
"data_pool": ".us-east.rgw.buckets"}
}
]
}
```

```
[root@us-east-1 ceph]# cat us-east.json
{ "domain_root": ".us-east.domain.rgw",
  "control_pool": ".us-east.rgw.control",
  "gc_pool": ".us-east.rgw.gc",
  "log_pool": ".us-east.log",
  "intent_log_pool": ".us-east.intent-log",
  "usage_log_pool": ".us-east.usage",
  "user_keys_pool": ".us-east.users",
  "user_email_pool": ".us-east.users.email",
  "user_swift_pool": ".us-east.users.swift",
  "user_uid_pool": ".us-east.users.uid",
  "system_key": { "access_key": "XNK0ST8WXTMWZGN29NF9", "secret_key":
"7VJm8uAp71xKQZkjoPZmHu4sACA1SY8jTjay9dP5"},
  "placement_pools": [
    { "key": "default-placement",
      "val": { "index_pool": ".us-east.rgw.buckets.index",
               "data_pool": ".us-east.rgw.buckets"}
    }
  ]
}
[root@us-east-1 ceph]#
```

11. 使用 east 和 west 池的 infile 来添加 `us-east` Zone:

```
# radosgw-admin zone set --rgw-zone=us-east --infile us-east.json --name
client.radosgw.us-east-1
```

```
[root@us-east-1 ceph]# radosgw-admin zone set --rgw-zone=us-east --infile us-east.json
 --name client.radosgw.us-east-1
2015-05-03 21:56:38.878117 7fc365bd5880  0 couldn't find old data placement pools conf
ig, setting up new ones for the zone
{ "domain_root": ".us-east.domain.rgw",
  "control_pool": ".us-east.rgw.control",
  "gc_pool": ".us-east.rgw.gc",
  "log_pool": ".us-east.log",
  "intent_log_pool": ".us-east.intent-log",
  "usage_log_pool": ".us-east.usage",
  "user_keys_pool": ".us-east.users",
  "user_email_pool": ".us-east.users.email",
  "user_swift_pool": ".us-east.users.swift",
  "user_uid_pool": ".us-east.users.uid",
  "system_key": { "access_key": "XNK0ST8WXTMWZGN29NF9",
      "secret_key": "7VJm8uAp71xKQZkjoPZmHu4sACA1SY8jTjay9dP5"},
  "placement_pools": [
        { "key": "default-placement",
          "val": { "index_pool": ".us-east.rgw.buckets.index",
              "data_pool": ".us-east.rgw.buckets",
              "data_extra_pool": ""}}]}[root@us-east-1 ceph]#
[root@us-east-1 ceph]#
```

现在，执行如下命令：

```
# radosgw-admin zone set --rgw-zone=us-east --infile us-east.json --name client.radosgw.us-west-1
```

```
[root@us-east-1 ceph]# radosgw-admin zone set --rgw-zone=us-east --infile us-east.json
 --name client.radosgw.us-west-1
2015-05-03 21:58:58.982509 7f4b14f47880  0 couldn't find old data placement pools conf
ig, setting up new ones for the zone
{ "domain_root": ".us-east.domain.rgw",
  "control_pool": ".us-east.rgw.control",
  "gc_pool": ".us-east.rgw.gc",
  "log_pool": ".us-east.log",
  "intent_log_pool": ".us-east.intent-log",
  "usage_log_pool": ".us-east.usage",
  "user_keys_pool": ".us-east.users",
  "user_email_pool": ".us-east.users.email",
  "user_swift_pool": ".us-east.users.swift",
  "user_uid_pool": ".us-east.users.uid",
  "system_key": { "access_key": "XNK0ST8WXTMWZGN29NF9",
      "secret_key": "7VJm8uAp71xKQZkjoPZmHu4sACA1SY8jTjay9dP5"},
  "placement_pools": [
        { "key": "default-placement",
          "val": { "index_pool": ".us-east.rgw.buckets.index",
              "data_pool": ".us-east.rgw.buckets",
              "data_extra_pool": ""}}]}[root@us-east-1 ceph]#
[root@us-east-1 ceph]#
```

12．同样地，使用如下内容来为 us-east Zone 创建 us-west.json infile. 关于 us-west.json 文件，你可以参考随书提供的作者版本的内容：

```
{ "domain_root": ".us-west.domain.rgw",
  "control_pool": ".us-west.rgw.control",
  "gc_pool": ".us-west.rgw.gc",
  "log_pool": ".us-west.log",
  "intent_log_pool": ".us-west.intent-log",
  "usage_log_pool": ".us-west.usage",
  "user_keys_pool": ".us-west.users",
  "user_email_pool": ".us-west.users.email",
  "user_swift_pool": ".us-west.users.swift",
  "user_uid_pool": ".us-west.users.uid",
  "system_key": { "access_key": " AAK0ST8WXTMWZGN29NF9", "secret_ key": " AAJm8uAp71xKQZkjoPZmHu4sACA1SY8jTjay9dP5"},
  "placement_pools": [
     {  "key": "default-placement",
        "val": { "index_pool": ".us-west.rgw.buckets.index", "data_pool":
                 ".us-west.rgw.buckets"}
     }
  ]
}
```

```
[root@us-east-1 ceph]# cat us-west.json
{ "domain_root": ".us-west.domain.rgw",
  "control_pool": ".us-west.rgw.control",
  "gc_pool": ".us-west.rgw.gc",
  "log_pool": ".us-west.log",
  "intent_log_pool": ".us-west.intent-log",
  "usage_log_pool": ".us-west.usage",
  "user_keys_pool": ".us-west.users",
  "user_email_pool": ".us-west.users.email",
  "user_swift_pool": ".us-west.users.swift",
  "user_uid_pool": ".us-west.users.uid",
  "system_key": { "access_key": "AAKOST8WXTMWZGN29NF9", "secret_key": "AAJm8uAp71xKQZk
joPZmHu4sACA1SY8jTjay9dP5"},
  "placement_pools": [
    { "key": "default-placement",
      "val": { "index_pool": ".us-west.rgw.buckets.index",
               "data_pool": ".us-west.rgw.buckets"}
    }
  ]
}
[root@us-east-1 ceph]#
```

13．使用 east 和 west 中的 infile 来添加 `us-west` Zone：

```
# radosgw-admin zone set --rgw-zone=us-west --infile us-west.json --name
client.radosgw.us-east-1
```

```
[root@us-east-1 ceph]# radosgw-admin zone set --rgw-zone=us-west --infile us-west.json
 --name client.radosgw.us-east-1
2015-05-03 22:03:16.279758 7f4ac6bd4880  0 couldn't find old data placement pools conf
ig, setting up new ones for the zone
{ "domain_root": ".us-west.domain.rgw",
  "control_pool": ".us-west.rgw.control",
  "gc_pool": ".us-west.rgw.gc",
  "log_pool": ".us-west.log",
  "intent_log_pool": ".us-west.intent-log",
  "usage_log_pool": ".us-west.usage",
  "user_keys_pool": ".us-west.users",
  "user_email_pool": ".us-west.users.email",
  "user_swift_pool": ".us-west.users.swift",
  "user_uid_pool": ".us-west.users.uid",
  "system_key": { "access_key": "AAKOST8WXTMWZGN29NF9",
      "secret_key": "AAJm8uAp71xKQZkjoPZmHu4sACA1SY8jTjay9dP5"},
  "placement_pools": [
        { "key": "default-placement",
          "val": { "index_pool": ".us-west.rgw.buckets.index",
              "data_pool": ".us-west.rgw.buckets",
              "data_extra_pool": ""}}]}[root@us-east-1 ceph]#
[root@us-east-1 ceph]#
```

```
# radosgw-admin zone set --rgw-zone=us-west --infile us-west.json --name
client.radosgw.us-west-1
```

```
[root@us-east-1 ceph]# radosgw-admin zone set --rgw-zone=us-west --infile us-west.json
 --name    client.radosgw.us-west-1
2015-05-03 22:04:48.050644 7f74fd327880  0 couldn't find old data placement pools conf
ig, setting up new ones for the zone
{ "domain_root": ".us-west.domain.rgw",
  "control_pool": ".us-west.rgw.control",
  "gc_pool": ".us-west.rgw.gc",
  "log_pool": ".us-west.log",
  "intent_log_pool": ".us-west.intent-log",
  "usage_log_pool": ".us-west.usage",
  "user_keys_pool": ".us-west.users",
  "user_email_pool": ".us-west.users.email",
  "user_swift_pool": ".us-west.users.swift",
  "user_uid_pool": ".us-west.users.uid",
  "system_key": { "access_key": "AAK0ST8WXTMWZGN29NF9",
      "secret_key": "AAJm8uAp71xKQZkjoPZmHu4sACA1SY8jTjay9dP5"},
  "placement_pools": [
        { "key": "default-placement",
          "val": { "index_pool": ".us-west.rgw.buckets.index",
              "data_pool": ".us-west.rgw.buckets",
              "data_extra_pool": ""}}]}[root@us-east-1 ceph]#
[root@us-east-1 ceph]#
```

14．如果存在默认 Zone 就删除它：

```
# rados -p .rgw.root rm zone_info.default --name client.radosgw.us-east-1
```

15．更新 Region map：

```
# radosgw-admin regionmap update --name client.radosgw.us-east-1
```

16．Zone 配置完成后，开始创建 Zone 用户。

（1）为 us-east-1 网关实例创建 us-east Zone 用户。使用前面为 us-east Zone 创建的 access_key 和 secret_key：

```
# radosgw-admin user create --uid="us-east" --displayname="Region-US
Zone-East" --name client.radosgw.useast-1 --access_key="XNK0ST8WXTMWZGN29NF9"
--secret="7VJm 8uAp71xKQZkjoPZmHu4sACA1SY8jTjay9dP5" -system
```

```
[root@us-east-1 ceph]# radosgw-admin user create --uid="us-east" --display-name="Region-US Zone-East" --name client.radosgw.us-east-1
 --access_key="XNK0ST8WXTMWZGN29NF9" --secret="7VJm8uAp71xKQZkjoPZmHu4sACA1SY8jTjay9dP5" --system
{ "user_id": "us-east",
  "display_name": "Region-US Zone-East",
  "email": "",
  "suspended": 0,
  "max_buckets": 1000,
  "auid": 0,
  "subusers": [],
  "keys": [
        { "user": "us-east",
          "access_key": "XNK0ST8WXTMWZGN29NF9",
          "secret_key": "7VJm8uAp71xKQZkjoPZmHu4sACA1SY8jTjay9dP5"}],
  "swift_keys": [],
  "caps": [],
  "op_mask": "read, write, delete",
  "system": "true",
  "default_placement": "",
  "placement_tags": [],
  "bucket_quota": { "enabled": false,
      "max_size_kb": -1,
      "max_objects": -1},
  "user_quota": { "enabled": false,
      "max_size_kb": -1,
      "max_objects": -1},
  "temp_url_keys": []}
[root@us-east-1 ceph]#
```

（2）为 us-west-1 网关实例创建 us-west Zone 用户。使用前面为 us-west Zone 创建的 access_key 和 secret_key：

```
# radosgw-admin user create --uid="us-west" --displayname="Region-US
Zone-West" --name client.radosgw.uswest-1 --access_key="AAK0ST8WXTMWZ
GN29NF9" --secret="AAJm 8uAp71xKQZkjoPZmHu4sACA1SY8jTjay9dP5" -system
```

```
[root@us-east-1 ceph]# radosgw-admin user create --uid="us-west" --display-name="Region-US Zone-West" --name client.radosgw.us-west-1
 --access_key="AAK0ST8WXTMWZGN29NF9" --secret="AAJm8uAp71xKQZkjoPZmHu4sACA1SY8jTjay9dP5" --system
{ "user_id": "us-west",
  "display_name": "Region-US Zone-West",
  "email": "",
  "suspended": 0,
  "max_buckets": 1000,
  "auid": 0,
  "subusers": [],
  "keys": [
        { "user": "us-west",
          "access_key": "AAK0ST8WXTMWZGN29NF9",
          "secret_key": "AAJm8uAp71xKQZkjoPZmHu4sACA1SY8jTjay9dP5"}],
  "swift_keys": [],
  "caps": [],
  "op_mask": "read, write, delete",
  "system": "true",
  "default_placement": "",
  "placement_tags": [],
  "bucket_quota": { "enabled": false,
      "max_size_kb": -1,
      "max_objects": -1},
  "user_quota": { "enabled": false,
      "max_size_kb": -1,
      "max_objects": -1},
  "temp_url_keys": []}
[root@us-east-1 ceph]#
```

（3）为 us-west-1 网关实例创建 us-east Zone 用户。使用前面为 us-east Zone 创建的 access_key 和 secret_key：

```
# radosgw-admin user create --uid="us-east" --displayname="Region-US
Zone-East" --name client.radosgw.uswest-1 --access_key="XNK0ST8WXTMWZGN29NF9"
--secret="7VJm 8uAp71xKQZkjoPZmHu4sACA1SY8jTjay9dP5" -system
```

```
[root@us-east-1 ceph]# radosgw-admin user create --uid="us-east" --display-name="Region-US Zone-East" --name client.radosgw.us-west-1
 --access_key="XNK0ST8WXTMWZGN29NF9" --secret="7VJm8uAp71xKQZkjoPZmHu4sACA1SY8jTjay9dP5" --system
{ "user_id": "us-east",
  "display_name": "Region-US Zone-East",
  "email": "",
  "suspended": 0,
  "max_buckets": 1000,
  "auid": 0,
  "subusers": [],
  "keys": [
        { "user": "us-east",
          "access_key": "XNK0ST8WXTMWZGN29NF9",
          "secret_key": "7VJm8uAp71xKQZkjoPZmHu4sACA1SY8jTjay9dP5"}],
  "swift_keys": [],
  "caps": [],
  "op_mask": "read, write, delete",
  "system": "true",
  "default_placement": "",
  "placement_tags": [],
  "bucket_quota": { "enabled": false,
      "max_size_kb": -1,
      "max_objects": -1},
  "user_quota": { "enabled": false,
      "max_size_kb": -1,
      "max_objects": -1},
  "temp_url_keys": []}
[root@us-east-1 ceph]#
```

（4）为 us-east-1 网关实例创建 us-west Zone 用户。使用前面为 us-west Zone 创建的 access_key 和 secret_key：

```
# radosgw-admin user create --uid="us-west" --displayname="Region-US
Zone-West" --name client.radosgw.useast-1 --access_key="AAK0ST8WXTMW
ZGN29NF9" --secret="AAJm 8uAp71xKQZkjoPZmHu4sACA1SY8jTjay9dP5" -system
```

```
[root@us-east-1 ceph]# radosgw-admin user create --uid="us-west" --display-name="Region-US Zone-West" --name client.radosgw.us-east-1
 --access_key="AAK0ST8WXTMWZGN29NF9" --secret="AAJm8uAp71xKQZkjoPZmHu4sACA1SY8jTjay9dP5" --system
{ "user_id": "us-west",
  "display_name": "Region-US Zone-West",
  "email": "",
  "suspended": 0,
  "max_buckets": 1000,
  "auid": 0,
  "subusers": [],
  "keys": [
        { "user": "us-west",
          "access_key": "AAK0ST8WXTMWZGN29NF9",
          "secret_key": "AAJm8uAp71xKQZkjoPZmHu4sACA1SY8jTjay9dP5"}],
  "swift_keys": [],
  "caps": [],
  "op_mask": "read, write, delete",
  "system": "true",
  "default_placement": "",
  "placement_tags": [],
  "bucket_quota": { "enabled": false,
      "max_size_kb": -1,
      "max_objects": -1},
  "user_quota": { "enabled": false,
      "max_size_kb": -1,
      "max_objects": -1},
  "temp_url_keys": []}
[root@us-east-1 ceph]#
```

17. 更新 ceph-radosgw 的初始脚本并将默认用户设置为 root。默认情况下，ceph-radosgw 使用 apache 用户运行，如果 apache 用户不存在，将会显示错误：

```
# sed -i s"/DEFAULT_USER.*=.*'apache'/DEFAULT_USER='root'"/g /etc/ rc.d/
init.d/ceph-radosgw
```

```
[root@us-east-1 ceph]# cat /etc/rc.d/init.d/ceph-radosgw | grep -i root
DEFAULT_USER='root'
[root@us-east-1 ceph]#
```

18. 登录到 us-east-1 和 us-west-1 节点，重启 ceph-radosgw 服务：

```
# systemctl restart ceph-radosgw
```

19. 从 us-east-1 节点上执行如下命令来验证 Region、Zone 和 radosgw 配置的正确性：

```
# radosgw-admin regions list --name client.radosgw.us-east-1
# radosgw-admin regions list --name client.radosgw.us-west-1
# radosgw-admin zone list --name client.radosgw.us-east-1
# radosgw-admin zone list --name client.radosgw.us-west-1
# curl http://us-east-1.cephcookbook.com:7480
```

```
# curl http://us-west-1.cephcookbook.com:7480
```

```
[root@us-east-1 ceph]# radosgw-admin regions list --name client.radosgw.us-east-1
{ "default_info": { "default_region": "us"},
  "regions": [
        "us"]}
[root@us-east-1 ceph]# radosgw-admin regions list --name client.radosgw.us-west-1
{ "default_info": { "default_region": "us"},
  "regions": [
        "us"]}
[root@us-east-1 ceph]# radosgw-admin zone list --name client.radosgw.us-east-1
{ "zones": [
        "us-west",
        "us-east"]}
[root@us-east-1 ceph]# radosgw-admin zone list --name client.radosgw.us-west-1
{ "zones": [
        "us-west",
        "us-east"]}
[root@us-east-1 ceph]# curl http://us-east-1.cephcookbook.com:7480
<?xml version="1.0" encoding="UTF-8"?><ListAllMyBucketsResult xmlns="http://s3.amazona
ws.com/doc/2006-03-01/"><Owner><ID>anonymous</ID><DisplayName></DisplayName></Owner><B
uckets></Buckets></ListAllMyBucketsResult>[root@us-east-1 ceph]#
[root@us-east-1 ceph]# curl http://us-west-1.cephcookbook.com:7480
<?xml version="1.0" encoding="UTF-8"?><ListAllMyBucketsResult xmlns="http://s3.amazona
ws.com/doc/2006-03-01/"><Owner><ID>anonymous</ID><DisplayName></DisplayName></Owner><B
uckets></Buckets></ListAllMyBucketsResult>[root@us-east-1 ceph]#
[root@us-east-1 ceph]# _
```

20. 使用如下内容来创建 cluster-data-sync.conf 文件，以配置多站点数据复制：

```
src_zone: us-east
source: http://us-east-1.cephcookbook.com:7480
src_access_key: XNK0ST8WXTMWZGN29NF9
src_secret_key: 7VJm8uAp71xKQZkjoPZmHu4sACA1SY8jTjay9dP5
dest_zone: us-west
destination: http://us-west-1.cephcookbook.com:7480
dest_access_key: AAK0ST8WXTMWZGN29NF9
dest_secret_key: AAJm8uAp71xKQZkjoPZmHu4sACA1SY8jTjay9dP5
log_file: /var/log/radosgw/radosgw-sync-us-east-west.log
```

```
[root@us-east-1 ceph]# cat cluster-data-sync.conf
src_zone: us-east
source: http://us-east-1.cephcookbook.com:7480
src_access_key: XNK0ST8WXTMWZGN29NF9
src_secret_key: 7VJm8uAp71xKQZkjoPZmHu4sACA1SY8jTjay9dP5
dest_zone: us-west
destination: http://us-west-1.cephcookbook.com:7480
dest_access_key: AAK0ST8WXTMWZGN29NF9
dest_secret_key: AAJm8uAp71xKQZkjoPZmHu4sACA1SY8jTjay9dP5
log_file: /var/log/radosgw/radosgw-sync-us-east-west.log
[root@us-east-1 ceph]#
```

21. 激活数据同步代理。数据同步启动后，你将会看到类似下面的输出：

```
# radosgw-agent -c cluster-data-sync.conf
```

```
2015-05-02 21:05:44,144 5420 [radosgw_agent.sync][INFO  ] Starting sync
2015-05-02 21:05:44,161 5423 [radosgw_agent.worker][INFO  ] 5423 is processing shard number 0
2015-05-02 21:05:44,210 5423 [radosgw_agent.worker][INFO  ] finished processing shard 0
2015-05-02 21:05:44,211 5423 [radosgw_agent.worker][INFO  ] 5423 is processing shard number 1
2015-05-02 21:05:44,222 5420 [radosgw_agent.sync][INFO  ] 1/64 items processed
2015-05-02 21:05:44,326 5423 [radosgw_agent.worker][INFO  ] finished processing shard 1
2015-05-02 21:05:44,326 5423 [radosgw_agent.worker][INFO  ] 5423 is processing shard number 2
2015-05-02 21:05:44,386 5420 [radosgw_agent.sync][INFO  ] 2/64 items processed
2015-05-02 21:06:09,277 5423 [radosgw_agent.worker][INFO  ] finished processing shard 2
2015-05-02 21:06:09,278 5423 [radosgw_agent.worker][INFO  ] 5423 is processing shard number 3
2015-05-02 21:06:09,285 5420 [radosgw_agent.sync][INFO  ] 3/64 items processed
```

测试 radosgw 多区域网关

为了测试联合配置，首先我们会使用 Swift 通过名为 us-east-1 的 radosgw 实例向 us-east Zone 添加一些对象。然后，等 us-east Zone 和 us-west Zone 之间数据同步完成后，我们就可以通过 us-west-1 网关接口从 us-west Zone 访问这些对象了。

操作指南

1．为 us-east Zone 用户创建一个 Swift 子用户：

```
# radosgw-admin subuser create --uid="us-east" --subuser="useast:swift" --access=full --name client.radosgw.us-east-1 --keytype swift --secret="7VJm8uAp71xKQZkjoPZmHu4sACA1SY8jTjay9dP5"
# radosgw-admin subuser create --uid="us-east" --subuser="useast:swift" --access=full --name client.radosgw.us-west-1 --keytype swift --secret="7VJm8uAp71xKQZkjoPZmHu4sACA1SY8jTjay9dP5"
```

```
[root@us-east-1 ceph]# radosgw-admin subuser create --uid="us-east" --subuser="us-east:swift" --access=full
--name client.radosgw.us-east-1 --key-type swift --secret="7VJm8uAp71xKQZkjoPZmHu4sACA1SY8jTjay9dP5"
{ "user_id": "us-east",
  "display_name": "Region-US Zone-East",
  "email": "",
  "suspended": 0,
  "max_buckets": 1000,
  "auid": 0,
  "subusers": [
        { "id": "us-east:swift",
          "permissions": "full-control"}],
  "keys": [
        { "user": "us-east",
          "access_key": "XNK0ST8WXTMWZGN29NF9",
          "secret_key": "7VJm8uAp71xKQZkjoPZmHu4sACA1SY8jTjay9dP5"}],
  "swift_keys": [
        { "user": "us-east:swift",
          "secret_key": "7VJm8uAp71xKQZkjoPZmHu4sACA1SY8jTjay9dP5"}],
  "caps": [],
  "op_mask": "read, write, delete",
  "system": "true",
  "default_placement": "",
  "placement_tags": [],
  "bucket_quota": { "enabled": false,
      "max_size_kb": -1,
      "max_objects": -1},
  "user_quota": { "enabled": false,
      "max_size_kb": -1,
      "max_objects": -1},
  "temp_url_keys": []}
[root@us-east-1 ceph]#
```

2. 同样地，为 us-west Zone 用户创建一个 Swift 子用户：

```
# radosgw-admin subuser create --uid="us-west"  --subuser= "us-west:swift"
--access=full --name client.radosgw.us-east-1  --key-type swift --secret=
"AAJm8uAp71xKQZkjoPZmHu4sACA1SY8jTjay9dP5"
# radosgw-admin subuser create --uid="us-west"  --subuser= "us-west:swift"
--access=full --name client.radosgw.us-west-1  --key-type swift --secret=
"AAJm8uAp71xKQZkjoPZmHu4sACA1SY8jTjay9dP5"
```

3. 在 us-east-1 和 us-west-1 节点上安装 python-swift 客户端：

```
# yum install python-swift
# yum install python-setuptools
# easy_install pip
# pip install --upgrade setuptools
# pip install python-swiftclient
```

4. 在 us-east-1 节点上设置 python-swiftclient：

```
# export ST_AUTH="http://us-east-1.cephcookbook.com: 7480/auth/1.0"
# export ST_KEY=7VJm8uAp71xKQZkjoPZmHu4sACA1SY8jTjay9dP5
# export ST_USER=us-east:swift
```

5. 从 us-east-1 节点上列出和创建一些对象：

```
# swift list
# swift  upload container-1 us.json
# swift list
# swift list container-1
```

```
[root@us-east-1 ceph]# export ST_AUTH="http://us-east-1.cephcookbook.com:7480/auth/1.0"
[root@us-east-1 ceph]# export ST_KEY=7VJm8uAp71xKQZkjoPZmHu4sACA1SY8jTjay9dP5
[root@us-east-1 ceph]# export ST_USER=us-east:swift
[root@us-east-1 ceph]# swift list
[root@us-east-1 ceph]# swift  upload container-1 us.json
us.json
[root@us-east-1 ceph]# swift list
container-1
[root@us-east-1 ceph]#
[root@us-east-1 ceph]# swift list container-1
us.json
[root@us-east-1 ceph]#
```

6. 激活数据同步代理：

```
# radosgw-agent -c cluster-data-sync.conf
```

7. 一旦数据同步完成，尝试从 us-west-1 网关实例访问 us-west Zone 中的对象。现在，从 us-west-1 网关实例就可以访问这些数据了：

```
# export ST_AUTH=http://us-west-1.cephcookbook.com: 7480/auth/1.0
```

```
# export ST_KEY=7VJm8uAp71xKQZkjoPZmHu4sACA1SY8jTjay9dP5
# export ST_USER=us-east:swift
# swift list
```

```
[root@us-west-1 ceph]# export ST_AUTH="http://us-west-1.cephcookbook.com:7480/auth/1.0"
[root@us-west-1 ceph]# export ST_KEY=7VJm8uAp71xKQZkjoPZmHu4sACA1SY8jTjay9dP5
[root@us-west-1 ceph]# export ST_USER=us-east:swift
[root@us-west-1 ceph]# swift list
container-1
[root@us-west-1 ceph]# swift list container-1
us.json
[root@us-west-1 ceph]#
```

使用 RGW 创建文件同步和共享服务

在过去的几年里，文件同步和共享服务（例如 Dropbox、Box、Google Drive 等）已经变得非常流行。通过使用 Ceph，我们能够使用任何基于 S3 或 Swift 的前端应用来部署本地的（on-premise）文件同步和共享服务。下面我们将演示如何基于 ownCloud 和 Ceph 创建文件同步和共享服务。

为了创建这种服务，我们需要一个正在运行的 Ceph 集群，一个能通过 S3 访问 Ceph 存储的 RGW 实例，和如下所示的 OwnCloud 前端环境：

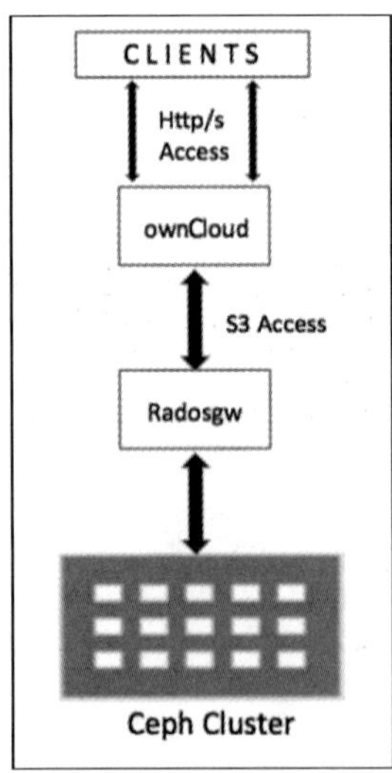

准备工作

在上一节中，我们配置了名为 `us-east-1` 的 `radosgw` 实例，在本节中我们将使用它来创建文件同步和共享服务。同时我们会使用我们的 DNS 服务，此服务配置在 rgw-nodes 上，支持 S3 子域（subdomain）访问 us-east-1 RGW 实例。当然，你也可以使用任何能够为 us-east-1 做子域解析的 DNS 服务器。

操作指南

1. 登录到 rgw-node1，该节点也是我们的 DNS 服务器。使用如下内容来创建 /var/named/us-east-1.cephcookbook.com 文件：

```
@ 86400 IN SOA cephcookbook.com. root.cephcookbook.com. (
        20091028 ; serial yyyy-mm-dd
        10800 ; refresh every 15 min
        3600 ; retry every hour
        3600000 ; expire after 1 month +
        86400 ); min ttl of 1 day
@ 86400 IN NS cephbookbook.com.
@ 86400 IN A 192.168.1.107
* 86400 IN CNAME @
```

```
[root@rgw-node1 ~]# cat /var/named/us-east-1.cephcookbook.com
@ 86400 IN SOA cephcookbook.com. root.cephcookbook.com. (
        20091028 ; serial yyyy-mm-dd
        10800 ; refresh every 15 min
        3600 ; retry every hour
        3600000 ; expire after 1 month +
        86400 ); min ttl of 1 day
@ 86400 IN NS cephbookbook.com.
@ 86400 IN A 192.168.1.107
* 86400 IN CNAME @
[root@rgw-node1 ~]#
```

2. 配置 us-east-1 去使用 DNS 服务器。将 rgw-node1 的地址更新到 /etc/resolve.conf 文件，ping 任意一个子域；它应该会被解析到 us-east-1 的地址：

```
[root@us-east-1 ~]# cat /etc/resolv.conf
# Generated by NetworkManager
search cephcookbook.com
nameserver 192.168.1.106
[root@us-east-1 ~]#
[root@us-east-1 ~]# ping anything.us-east-1.cephcookbook.com -c 1
PING us-east-1.cephcookbook.com (192.168.1.107) 56(84) bytes of data.
64 bytes from us-east-1.cephcookbook.com (192.168.1.107): icmp_seq=1 ttl=64 time=0.038 ms

--- us-east-1.cephcookbook.com ping statistics ---
1 packets transmitted, 1 received, 0% packet loss, time 0ms
rtt min/avg/max/mdev = 0.038/0.038/0.038/0.000 ms
[root@us-east-1 ~]#
```

3. 确保 us-east-1 节点可以通过 S3 连接到 Ceph 存储集群。在上一节中，我们已经创建了名为 us-east 的用户，现在我们通过 s3cmd 命令来使用它的 access_key 和 secret_key。

（1）安装 s3cmd：

```
# yum install -y s3cmd
```

（2）配置 s3cmd，提供 XNK0ST8WXTMWZGN29NF9 作为 access_key，提供 7VJm8uAp71xKQZkjoPZmHu4sACA1SY8jTjay9dP5 作为 secret_key：

```
# s3cmd -configure
```

（3）编辑/root.s3cmd 中的 host 信息：

```
host_base = us-east-1.cephcookbook.com:7480
host_bucket = %(bucket)s.us-east-1.cephcookbook.com:7480
```

（4）测试 s3cmd 连接：

```
# s3cmd ls
```

（5）为 ownCloud 创建将用于存放对象的 S3 bucket：

```
# s3cmd mb s3://owncloud
```

4．接下来，我们将安装 ownCloud，它将会为我们提供文件同步和共享服务的前端/用户界面。

（1）使用 Vagrant 来启动 owncloud 虚拟机并登录到此虚拟机：

```
# vagrant up owncloud
# vagrant ssh owncloud
```

（2）按如下操作来安装 ownCloud 库：

```
# cd /etc/yum.repos.d/
# wget http://download.opensuse.org/repositories/
isv:ownCloud:community/CentOS_CentOS-7/
isv:ownCloud:community.repo
```

（3）按如下操作来安装 ownCloud：

```
# yum install owncloud -y
```

（4）因为这是测试环境，我们将禁用防火墙：

```
# systemctl disable firewalld
# systemctl stop firewalld
```

（5）从你的主机网页浏览器上访问 ownCloud 的网页，http://192.168.1. 120/owncloud/，并创建密码为 owncloud 的管理账号 owncloud：

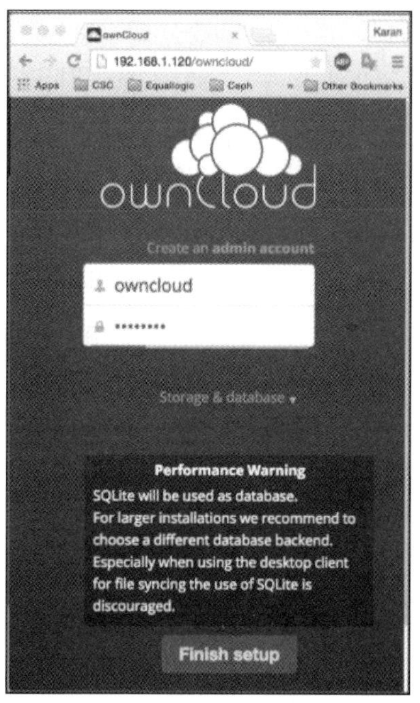

（6）第一次登录的界面和下面界面相似，我们也可以在任何时候使用 ownCloud 作为桌面或移动 App。

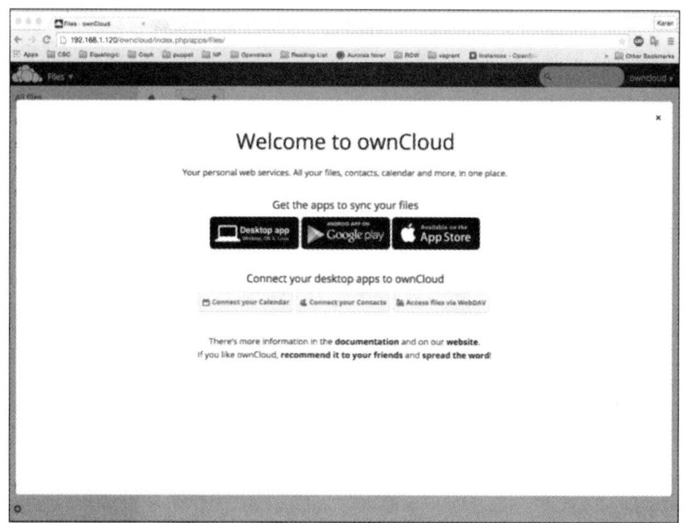

5．配置 ownCloud 来将 Ceph 用作一种 S3 外部存储。

（1）使用 ownCloud 管理账号，找到 Files|Apps|Not enabled|External Storage，单击 Enable it，就可以激活外部存储。

（2）然后，配置其外部存储使用 Ceph。移动到到窗口的最右上方，选择 ownCloud 用户，选择 admin，再回到左边的面板上，选择 External Storage。

（3）检查 Enable User External Storage，然后导航到 Amazon S3 and compliant|Add Storage|Amazon S3 and Compliant 来配置 Amazon S3 和其他兼容的存储。

6．输入 Ceph radosgw 用户详细信息，包括 access key、secret key 和 hostname。

- **Folder name（文件夹）**：输入你想在 ownCloud 文件页面上显示的文件夹名称。
- Access key：输入你的 S3 Access Key，`XNK0ST8WXTMWZGN29NF9`。
- Secret key：输入你的 S3 Secret key，`7VJm8uAp71xKQZkjoPZmHu4sACA1SY8jTjay 9dP5"`。
- Bucket：输入我们在步骤 3 中创建的 S3 bucket 名。
- **Hostname（主机名）**：输入 `us-east-1.cephcookbook.com` 作为主机名。
- **Port（端口）**：输入 `7480`。
- **Region （可选的）**：输入 US （可选的）。
- Available for：输入 owncloud （可选的）。

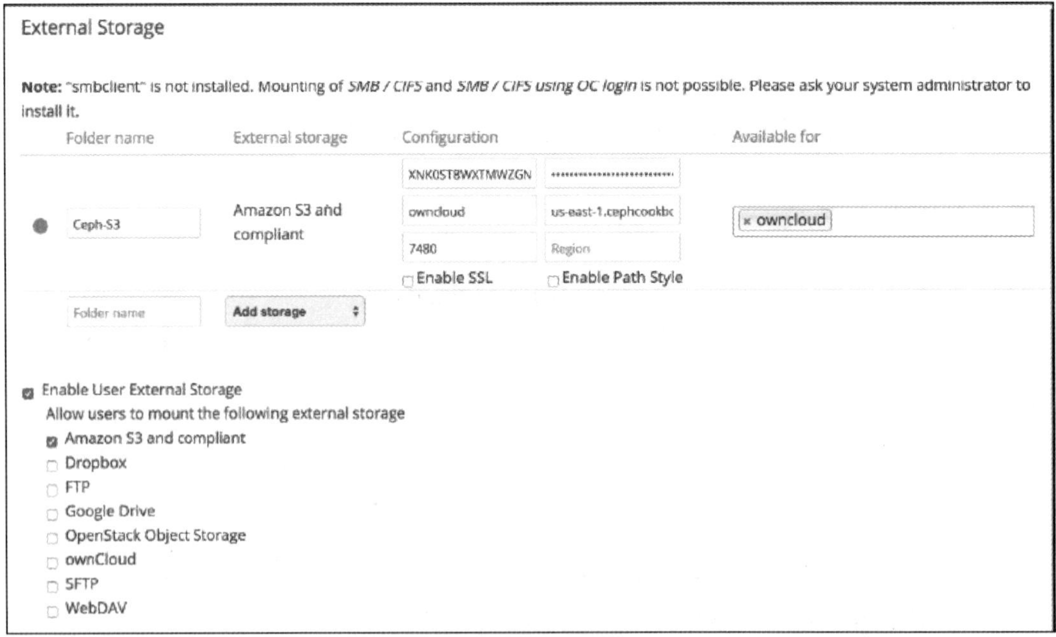

7．完成了前面这些步骤，ownCloud 应该就可以通过 S3 连接到 Ceph 集群了。你将会

在 Folder name（文件夹名）前面看到一个绿色的圆圈，如上页图所显示的那样。

8．接下来，通过 ownCloud 网页用户界面上传文件。导航至 **Files|External Storage**，单点击 `ceph-s3` 来上传文件或目录。

9．切换至 us-east-1 节点，执行 `s3cmd ls s3://owncloud` 命令来验证这些文件已经被添加到 Ceph 存储集群中了。你将会看到自己从 ownCloud 网页用户界面上传的文件。

```
[root@us-east-1 ~]# s3cmd ls s3://owncloud
                       DIR   s3://owncloud/mona/
2015-05-05 21:32    148481   s3://owncloud/eknumber.jpg
[root@us-east-1 ~]#
```

10．恭喜你！你已经学会了如何使用 Ceph S3 对象存储和 ownCloud 来构建属于自己的私有文件同步和共享服务了。

参见

要了解更多关于 ownCloud 的相关信息，请访问 `https://owncloud.org/`。

第 4 章 使用 Ceph 文件系统

本章主要包含以下内容：

- 理解 Ceph 文件系统和 MDS
- 部署 Ceph MDS
- 通过内核驱动访问 CephFS
- 通过 FUSE 客户端访问 CephFS
- 将 CephFS 导出为 NFS
- ceph-dokan——CephFS 的 Windows 客户端
- CephFS—— HDFS 的简易替换

介绍

Ceph 文件系统，即 CephFS，是一个标准的 POSIX 文件系统，它将用户数据存储在 Ceph 存储集群中。CephFS 支持原生的 Linux 内核驱动，从而能够适配任何版本的 Linux 操作系统。本章将会深入介绍 Ceph 文件系统，包括 Ceph 文件系统的部署、其 Linux 内核驱动和 FUSE，以及 CephFS 的 Windows 客户端。

理解 Ceph 文件系统和 MDS

CephFS 提供任意大小的 POSIX 标准文件系统，该文件系统利用 Ceph RADOS 来存储数据。CephFS 需要一个 Ceph 存储集群来存储数据，另外还需要至少一个**元数据服务器**（Metadata Server，MDS）来管理它的元数据，以实现和数据分离。数据和元数据的分离降低了复杂性，同时也增加了系统的可靠性。CephFS 的总体框架和接口如下图所示：

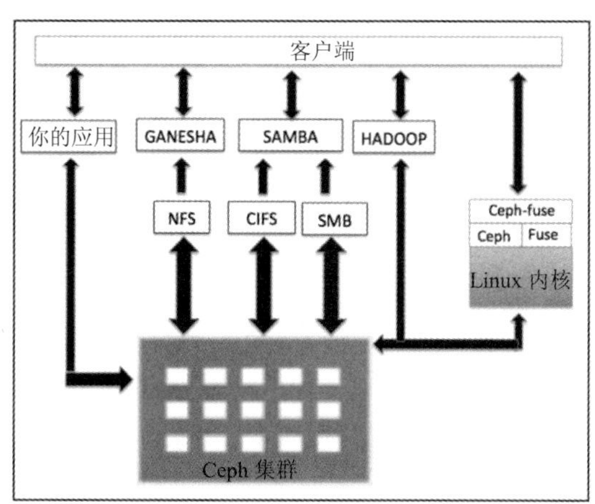

`libcephfs` 库在对多客户端支持的实现中扮演着非常重要的角色。CephFS 支持原生的 Linux 内核驱动，因此客户端可以直接使用原生的文件系统挂载方式，比如使用 mount 命令。CephFS 能够与 SAMBA 紧密集成，并且支持 CIFS 和 SMB。CephFS 通过 cephfuse 模块增加了对 FUSE（Filesystem in USErspace）的支持。CephFS 允许应用程序通过 libcephfs 库直接与 RADOS 集群交互。作为 HDFS 的一个替代品，CephFS 正在渐渐流行起来。在过去的版本中，HDFS 只支持一个单独的名字节点（name node），这使得 HDFS 的可扩展性有所降低，并且可能发生单点故障。在 HDFS 的当前版本中，这一点已经被改进了。与 HDFS 不同，CephFS 支持多个 MDS 节点同时激活的主-主工作模式，这使得 CephFS 在具有高度可扩展性和高性能的同时，也避免了单点故障的发生。

在 Ceph 中，MDS 指的是 Metadata Server。只有 Ceph 文件系统（CephFS）需要 MDS 这个服务组件，其他的存储方式（比如块存储和对象存储）并不需要它。Ceph MDS 是以一个守护进程（daemon）的方式运行的，这就允许客户端挂载一个任意大小的 POSIX 文件系统。MDS 不会直接向客户端提供任何数据，所有的数据都只由 OSD 提供。MDS 提供了一个包含智能缓存层的共享一致的文件系统，由此极大地降低了读/写次数。除此之外，它还具备动态子树划分和一份元数据对应一个单独 MDS 的优点。它天生就是动态的，MDS 守护进程可以加入和退出，快速地接管故障节点。

MDS 不会在本地存储数据，这在有些场景中非常有用。如果一个 MDS 守护进程挂掉了，我们可以在任何一个能访问集群的系统上把它重新启动起来。元数据服务器上的守护进程可以被配置为活跃的（active）或者被动的（passive）。主 MDS 节点变为活跃时，其他的 MDS 节点将进入“standby”状态。当主 MDS 节点发生故障时，第二个节点将接管其工作并且被提升为活跃节点。如果想要更快地恢复速度，我们还可以指定一个 standby 节点去跟踪活跃节点，它会在内存中维护一份和活跃节点一样的数据，以达到预加载缓存的目的。

由于目前 CephFS 还缺少稳健的文件系统检查和修复功能（fsck），以及多活跃 MDS 节点支持和文件系统快照功能，因此它还没有做好在生产环境中使用的准备。但是 CephFS 开发的速度非常快，预计从 Ceph Jewl 开始 CephFS 就能够应用到生产环境中。目前而言，我们也可以在非关键的业务负载中以单 MDS 节点、无快照模式使用 CephFS。

部署 Ceph MDS

要为 Ceph 文件系统配置元数据服务器（MDS），首先要有一个运行的 Ceph 集群。在前面的章节中，我们学习了 Ceph 存储集群的部署方法，现在我们就使用前面的集群来做 MDS 的部署。

操作指南

1. 在 ceph-node1 节点上，使用 ceph-deploy 命令把 MDS 部署和配置到 ceph-node2 节点上：

```
# ceph-deploy --overwrite-conf mds create ceph-node2
```

```
[root@ceph-node1 ceph]# ceph-deploy --overwrite-conf  mds create ceph-node2
[ceph_deploy.conf][DEBUG ] found configuration file at: /root/.cephdeploy.conf
[ceph_deploy.cli][INFO  ] Invoked (1.5.22): /usr/bin/ceph-deploy --overwrite-conf mds create ceph-node2
[ceph_deploy.mds][DEBUG ] Deploying mds, cluster ceph hosts ceph-node2:ceph-node2
[ceph-node2][DEBUG ] connected to host: ceph-node2
[ceph-node2][DEBUG ] detect platform information from remote host
[ceph-node2][DEBUG ] detect machine type
[ceph_deploy.mds][INFO  ] Distro info: CentOS Linux 7.0.1406 Core
[ceph_deploy.mds][DEBUG ] remote host will use sysvinit
[ceph_deploy.mds][DEBUG ] deploying mds bootstrap to ceph-node2
[ceph-node2][DEBUG ] write cluster configuration to /etc/ceph/{cluster}.conf
[ceph-node2][DEBUG ] create path if it doesn't exist
[ceph-node2][INFO  ] Running command: ceph --cluster ceph --name client.bootstrap-mds --keyring /var/lib/c
eph/bootstrap-mds/ceph.keyring auth get-or-create mds.ceph-node2 osd allow rwx mds allow mon allow profile
 mds -o /var/lib/ceph/mds/ceph-ceph-node2/keyring
[ceph-node2][INFO  ] Running command: service ceph start mds.ceph-node2
[ceph-node2][DEBUG ] === mds.ceph-node2 ===
[ceph-node2][DEBUG ] Starting Ceph mds.ceph-node2 on ceph-node2...
[ceph-node2][WARNIN] Running as unit run-4697.service.
[ceph-node2][INFO  ] Running command: systemctl enable ceph
[ceph-node2][WARNIN] ceph.service is not a native service, redirecting to /sbin/chkconfig.
[ceph-node2][WARNIN] Executing /sbin/chkconfig ceph on
[ceph-node2][WARNIN] The unit files have no [Install] section. They are not meant to be enabled
[root@ceph-node1 ceph]#
```

2. 以上命令会将 MDS 部署到 ceph-node2 节点上，并启动它的守护进程。下面我们还需要做一些操作，好让 CephFS 能被正常访问：

```
# ssh ceph-node2 service ceph status mds
```

```
[root@ceph-node1 ceph]# ssh ceph-node2 service ceph status mds
=== mds.ceph-node2 ===
mds.ceph-node2: running {"version":"0.87.1"}
[root@ceph-node1 ceph]#
```

3．为 Ceph 文件系统创建数据和元数据存储池：

```
# ceph osd pool create cephfs_data 64 64
# ceph osd pool create cephfs_metadata 64 64
```

4．最后，创建 Ceph 文件系统。这个命令执行之后，MDS 将会被置为活跃状态，CephFS 也将处于可用状态：

```
# ceph fs new cephfs cephfs_metadata cephfs_data
```

```
[root@ceph-node1 ceph]# ceph osd pool create cephfs_data 64 64
pool 'cephfs_data' created
[root@ceph-node1 ceph]# ceph osd pool create cephfs_metadata 64 64
pool 'cephfs_metadata' created
[root@ceph-node1 ceph]#
[root@ceph-node1 ceph]# ceph fs new cephfs cephfs_metadata cephfs_data
new fs with metadata pool 44 and data pool 43
[root@ceph-node1 ceph]#
```

5．用以下命令来验证一下 MDS 和 CephFS 的状态：

```
# ceph mds stat
# ceph fs ls
```

```
[root@ceph-node1 ceph]# ceph mds stat
e10: 1/1/1 up {0=ceph-node2=up:active}
[root@ceph-node1 ceph]# ceph fs ls
name: cephfs, metadata pool: cephfs_metadata, data pools: [cephfs_data ]
[root@ceph-node1 ceph]#
```

6．我们不推荐与客户端共享用户 client.admin 的密钥，因此下面我们要在 Ceph 集群中创建一个用户 client.cephfs，并允许这个用户访问 CephFS 池：

```
# ceph auth get-or-create client.cephfs mon 'allow r' osd 'allow
rwx pool=cephfs_metadata,allow rwx pool=cephfs_data' -o /etc/ceph/
client.cephfs.keyring
# ceph-authtool -p -n client.cephfs /etc/ceph/client.cephfs.keyring >/etc/
ceph/client.cephfs
# cat /etc/ceph/client.cephfs
```

```
[root@ceph-node1 ~]# ceph auth get-or-create client.cephfs mon 'allow r' osd 'allow rwx pool=cephfs_metadata,allow
rwx pool=cephfs_data' -o /etc/ceph/client.cephfs.keyring
[root@ceph-node1 ~]#
[root@ceph-node1 ~]# ceph-authtool -p -n client.cephfs /etc/ceph/client.cephfs.keyring > /etc/ceph/client.cephfs
[root@ceph-node1 ~]#
[root@ceph-node1 ~]# cat /etc/ceph/client.cephfs
AQAGSF5VMIDWHhAAox9s/oHg/6FPzf4xRQV73Q==
[root@ceph-node1 ~]#
```

通过内核驱动访问 CephFS

Linux 内核从 2.6.34 版本开始就加入了对 CephFS 的原生支持。在这一节，我们将展示在 ceph-client1 节点上通过 Linux 内核驱动访问 CephFS 的方法。

操作指南

1．查看客户端 Linux 内核版本：

```
# uname -r
```

2．创建一个目录作为挂载点：

```
# mkdir /mnt/cephfs
```

3．获取上一节中创建的用户 client.cephfs 的密钥。执行下面的命令来获取密钥：

```
# ceph auth get-key client.cephfs
```

4．使用 Linux 的原生命令 mount 来挂载 CephFS，命令用法如下。

语法： mount -t ceph <Monitor_IP>:<Monitor_port>:/ <mount_point_name> -o name=admin,secret=<admin_user_key>

```
# mount -t ceph ceph-node1:6789:/ /mnt/cephfs -o name=cephfs,secret=
AQAGSF5VMIDWHhAAox9s/oHg/6FPzf4xRQV73Q==
```

```
root@client-node1:/etc/ceph# mount -t ceph ceph-node1:6789:/ /mnt/cephfs -o name=cephfs,secret=
AQAGSF5VMIDWHhAAox9s/oHg/6FPzf4xRQV73Q==
root@client-node1:/etc/ceph# df -h /mnt/cephfs
Filesystem            Size  Used Avail Use% Mounted on
192.168.1.101:6789:/  135G  7.3G  128G   6% /mnt/cephfs
root@client-node1:/etc/ceph#
```

5．为了更安全地挂载 CephFS，防止在命令行历史记录中泄漏 admin 的密码，我们应该把 admin 的密钥存储在一个单独的文本文件中，然后把这个文件作为挂载命令的 secretkey 参数的值来传递：

```
# echo AQAGSF5VMIDWHhAAox9s/oHg/6FPzf4xRQV73Q== > /etc/ceph/cephfskey
# mount -t ceph ceph-node1:6789:/ /mnt/cephfs -o name=cephfs,secretfile=
/etc/ceph/cephfskey
```

```
root@client-node1:/etc/ceph# echo AQAGSF5VMIDWHhAAox9s/oHg/6FPzf4xRQV73Q== > /etc/ceph/cephfskey
root@client-node1:/etc/ceph# umount /mnt/cephfs
root@client-node1:/etc/ceph# mount -t ceph ceph-node1:6789:/ /mnt/cephfs -o name=cephfs,secretfile=
/etc/ceph/cephfskey
root@client-node1:/etc/ceph# df -h /mnt/cephfs
Filesystem            Size  Used Avail Use% Mounted on
192.168.1.101:6789:/  135G  7.3G  128G   6% /mnt/cephfs
root@client-node1:/etc/ceph#
```

6．设置操作系统启动时自动挂载 CephFS。在 client-node1 节点的/etc/fstab 文件中加入如下内容。

语法： <Mon_ipaddress>:<monitor_port>:/<mount_point><filesystem-name>[name=username,secret=secretkey|secretfile=/path/to/secretfile],[{mount.options}]

```
# echo "ceph-node1:6789:/ /mnt/cephfs ceph name=cephfs,secretfile=/etc/ceph/cephfskey,noatime 02">> /etc/fstab
```

7．卸载并重新挂载 Ceph 文件系统：

```
# umount /mnt/cephfs
# mount /mnt/cephfs
```

```
root@client-node1:/etc/ceph# echo "ceph-node1:6789:/ /mnt/cephfs ceph name=cephfs,secretfile
=/etc/ceph/cephfskey,noatime 02" >> /etc/fstab
root@client-node1:/etc/ceph# cat /etc/fstab | grep -i cephfs
ceph-node1:6789:/ /mnt/cephfs ceph name=cephfs,secretfile=/etc/ceph/cephfskey,noatime 02
root@client-node1:/etc/ceph# umount /mnt/cephfs
root@client-node1:/etc/ceph# mount /mnt/cephfs
root@client-node1:/etc/ceph# df -h /mnt/cephfs
Filesystem           Size  Used Avail Use% Mounted on
192.168.1.101:6789:/  135G  7.3G  128G   6% /mnt/cephfs
root@client-node1:/etc/ceph#
```

8．在 Ceph 文件系统中做一些 IO 操作，然后再将其卸载：

```
# dd if=/dev/zero of=/mnt/cephfs/file1 bs=1M count=1024
# umount /mnt/cephfs
```

```
root@client-node1:~# dd if=/dev/zero of=/mnt/cephfs/file1 bs=1M count=1024
1024+0 records in
1024+0 records out
1073741824 bytes (1.1 GB) copied, 58.9853 s, 18.2 MB/s
root@client-node1:~#
root@client-node1:~# ls -l /mnt/cephfs/file1
-rw-r--r-- 1 root root 1073741824 May 20 21:15 /mnt/cephfs/file1
root@client-node1:~#
```

通过 FUSE 客户端访问 Ceph FS

原生 Linux 内核就支持 Ceph 文件系统；但是如果你使用的是较低版本的 Linux 内核，或者有一些应用程序依赖，那么你随时都可以使用 Ceph 的 FUSE（Filesystem in USErspace）客户端来挂载 Ceph 文件系统。

操作指南

1．在 client-node1 上安装 Ceph FUSE 包：

```
# apt-get install -y ceph-fuse
```

2. 创建 CephFS 密钥文件 /etc/ceph/client.cephfs.keyring，文件内容如下：

```
[client.cephfs]
key = AQAGSF5VMIDWHhAAox9s/oHg/6FPzf4xRQV73Q==
```

3. 使用 Ceph FUSE 客户端挂载 CephFS：

```
# ceph-fuse --keyring /etc/ceph/client.cephfs.keyring --name client.cephfs
-m ceph-node1:6789 /mnt/cephfs
```

```
root@client-node1:/etc/ceph# ceph-fuse --keyring /etc/ceph/client.cephfs.keyring --name client.cephfs
-m ceph-node1:6789  /mnt/cephfs
ceph-fuse[3356]: starting ceph client
2015-05-21 21:46:05.599027 7fc80ea017c0 -1 init, newargv = 0x45663a0 newargc=11
ceph-fuse[3356]: starting fuse
root@client-node1:/etc/ceph#
root@client-node1:/etc/ceph# df -h /mnt/cephfs
Filesystem      Size  Used Avail Use% Mounted on
ceph-fuse       135G  7.3G  128G   6% /mnt/cephfs
root@client-node1:/etc/ceph# _
```

4. 设置操作系统启动时自动挂载 CephFS。在 client-node1 节点的/etc/fstab 文件中加入如下内容：

```
client-node1:
id=cephfs,keyring=client.cephfs.keyring /mnt/cephfs fuse.ceph defaults 00
```

5. 卸载并重新挂载 Ceph 文件系统：

```
# umount /mnt/cephfs
# mount /mnt/cephfs
```

将 CephFS 导出为 NFS

NFS（Network File System）是类 UNIX 系统中最流行的网络共享文件系统之一。即使是不支持 CephFS 文件系统的类 UNIX 系统，也可以通过 NFS 来访问 Ceph 文件系统。为了能使用 NFS 访问 Ceph 文件系统，我们需要一个能够将 CephFS 重新导出为 NFS 的 NFS 服务器。NFS-Ganesha 就是一个通过利用 libcephfs 库支持 CephFS FSAL（File System Abstraction Layer，文件系统抽象层）的 NFS 服务器，它运行在用户态空间。

本节将展示如何将 ceph-node1 创建成一个 NFS-Ganesha 服务器，然后把 CephFS 导出为一个 NFS 并挂载到 client-node1 上。

操作指南

1．在 ceph-node1 上安装 nfs-ganesha 所需要的包：

```
# yum install -y nfs-utils nfs-ganesha nfs-ganesha-fsal-ceph
```

2．在防火墙设置中，打开所需的端口（通常是 2049）。因为我们现在配置的是测试环境，我们可以直接把防火墙关掉：

```
# systemctl stop firewalld; systemctl disable firewalld
```

3．打开 NFS 所需的 rpc 服务：

```
# systemctl start rpcbind; systemctl enable rpcbind
# systemctl start rpc-statd.service
```

4．创建 NFS-ganesha 的配置文件/etc/ganesha.conf，并输入如下内容：

```
EXPORT
{
    Export_ID = 1;
    Path = "/";
    Pseudo = "/";
    Access_Type = RW;
    NFS_Protocols = "3";
    Squash = No_Root_Squash;
    Transport_Protocols = TCP;
    SecType = "none";
    FSAL {
           Name = CEPH;
    }
}
```

5．最后，用上一步中创建的配置文件 ganesha.conf 作为参数启动 ganesha nfs 守护进程。然后可以用 showmount 命令来验证导出的 NFS 共享文件系统：

```
# ganesha.nfsd -f /etc/ganesha.conf -L /var/log/ganesha.log -NNIV_DEBUG -d
# showmount -e
```

```
[root@ceph-node1 ~]# ganesha.nfsd -f /etc/ganesha.conf -L /var/log/ganesha.log -N NIV_DEBUG -d
[root@ceph-node1 ~]#
[root@ceph-node1 ~]# ps -ef | grep -i nfs
root      7975     1  0 00:55 ?        00:00:00 ganesha.nfsd -f /etc/ganesha.conf -L /var/log/ganesha.log -N NIV_DEBUG -d
root      8023  5901  0 00:56 pts/0    00:00:00 grep --color=auto -i nfs
[root@ceph-node1 ~]#
```

回忆一下我们已执行的步骤：我们把 ceph-node2 配置成了 MDS 服务器，然后把

ceph-node1 配置成了 NFS-ganesha 服务器。

接下来为了在客户端机器上挂载 NFS 共享文件系统 我们只需要安装 NFS 客户端软件包，然后挂载前面从 ceph-node1 导出的共享文件系统即可：

在 ceph-node1 上安装 nfs 客户端软件包，并执行挂载命令：

```
# apt-get install nfs-common
# mkdir /mnt/cephfs
# mount -o rw,noatime 192.168.1.101:/ /mnt/cephfs
```

```
root@client-node1:~# mount -o rw,noatime 192.168.1.101:/ /mnt/cephfs
root@client-node1:~# df -h
Filesystem        Size  Used Avail Use% Mounted on
/dev/sda1          40G  1.1G   37G   3% /
none              4.0K     0  4.0K   0% /sys/fs/cgroup
udev              241M   12K  241M   1% /dev
tmpfs              49M  356K   49M   1% /run
none              5.0M     0  5.0M   0% /run/lock
none              245M     0  245M   0% /run/shm
none              100M     0  100M   0% /run/user
192.168.1.101:/   135G  7.3G  128G   6% /mnt/cephfs
root@client-node1:~#
```

ceph-dokan——CephFS 的 Windows 客户端

至此，我们已经学习了几种不同的访问 Ceph 文件系统的方法，例如通过 Ceph FUSE、Ceph 内核驱动或 NFS Ganesha来访问。然而，这几种方法都只能用于 Linux 系统中，在 Windows 系统的客户端中是无法使用的。

像 Ceph 这样的开源项目总是有着它自己的优势——围绕着 Ceph 已经发展出了一个繁荣的社区。ceph-dokan 是一个 Windows 系统上的原生 Ceph 客户端，他的开发者是 UnitedStack（有云）的首席存储工程师孟圣智。除了参与 OpenStack 和 Ceph 的开发之外，孟老师还管理着 ceph-dokan 项目。

为了能够从 Windows 平台上访问 Ceph 文件系统，ceph-dokan 主要使用了两个组件。一个是 libcephfs.dll，用于访问 CephFS；另一个是 ceph-dokan.exe，它基于 Dokan 项目在 Windows 平台上提供类似 FUSE 的服务，以便能够在 Windows 系统中将 Ceph 文件系统挂载为一个本地盘。在后台，ceph-dokan.exe 利用 dokan.dll 和 libcephfs.dll 实现了 win32 用户态文件系统。像 Ceph 一样，ceph-dokan 也是一个开源项目。你可以从网址 https://github.com/ceph/ceph-dokan 获取它的源码，并且随时可以发送 pull request 来向它贡献代码。你可以从 Git Hud 上的源码来编译 ceph-dokan，但是为了简化工作，你也可以直接使用从 Github 上 clone 的 ceph-cookbook 项目中 ceph-dokan 目录下的 ceph-dokan.exe 应用程序来编译它。

操作指南

1. 配置一台 Windows 7 或者 Windows 8 的机器，并将其加入与 Ceph 集群相同的网络（192.168.1.0/24）。

2. 执行下面的 telnet 命令来进行验证，以确保可以到达 Ceph monitor节点：

```
telnet 192.168.1.101 6789
```

3. 确认能够访问 Ceph 集群之后，就可以从 https://github.com/ksingh7/ceph-cookbook/tree/master/ceph-dokan 将 ceph-dokan.exe 和 DokanInstall_0.6.0.exe 下载到 Windows 客户端系统中。

4. 安装 DokanInstall_0.6.0.exe。如果你用的是 Windows 8，那么可能需要用兼容模式来进行安装。

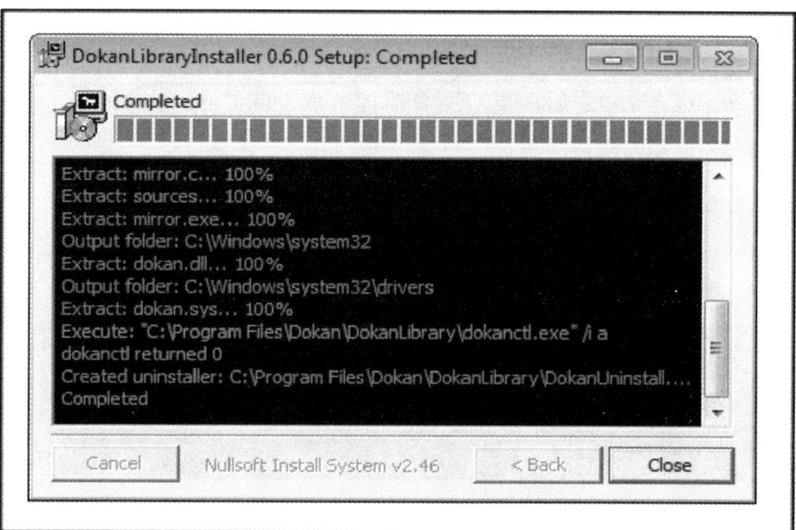

5. 打开 Windows 命令行，并进入 ceph-dokan.exe 所在的目录。

6. 在 Windows 平台上创建文件 ceph.conf，该文件会将 Ceph monitor 的信息告诉 ceph-dokan。文件内容如下：

```
[global]
auth client required = none
log_file = dokan.log
mon_initial_members = ceph-node1
```

```
mon_host = 192.168.1.101
[mon]
[mon.ceph-node1]
mon addr = 192.168.1.101:6789
```

由于 ceph-dokan 只能正确读取 UNIX 格式的 ceph.conf 文件，因此我们需要用 dos2unix 把 ceph.conf 转换成 UNIX 格式。关于 dos2unix 程序的更多信息请参考 http://sourceforge.net/projects/dos2unix/。

7．由于 ceph-dokan 目前不支持 cephx 验证，因此要使用 ceph-dokan，你需要在所有的 Ceph 集群监控机器上把 cephx 禁用。

8．通过把/etc/ceph/ceph.conf 文件中与 auth 相关的配置项改成 none，可以禁用 Ceph 集群的 cephx：

```
auth_cluster_required = none
auth_service_required = none
auth_client_required = none
```

9．修改好 ceph.conf 之后，重启所有监控节点上的 Ceph 服务：

```
# service ceph restart
```

10．确保 cephx 已禁用：

```
# ceph--admin-daemon/var/run/ceph/ceph-osd.0.asok config show|grep -i auth
| grep -i none
```

```
[root@ceph-node1 ceph]# ceph --admin-daemon /var/run/ceph/ceph-osd.0.asok
config show | grep -i auth | grep -i none
  "auth_cluster_required": "none",
  "auth_service_required": "none",
  "auth_client_required": "none",
[root@ceph-node1 ceph]#
```

11．最后，在客户端 Windows 系统中运行 ceph-dokan.exe 来挂载 CephFS。在命令行中运行如下命令：

```
ceph-dokan.exe -c ceph.conf -l m
```

```
[root@ceph-node1 ~]# ganesha.nfsd -f /etc/ganesha.conf -L /var/log/ganesha.log -N NIV_DEBUG -d
[root@ceph-node1 ~]#
[root@ceph-node1 ~]# ps -ef | grep -i nfs
root      7975     1  0 00:55 ?        00:00:00 ganesha.nfsd -f /etc/ganesha.conf -L /var/log/ganesha.log -N NIV_DEBUG -d
root      8023  5901  0 00:56 pts/0    00:00:00 grep --color=auto -i nfs
[root@ceph-node1 ~]#
```

这个命令会将 CephFS 挂载为 Windows 系统中的一个本地盘。

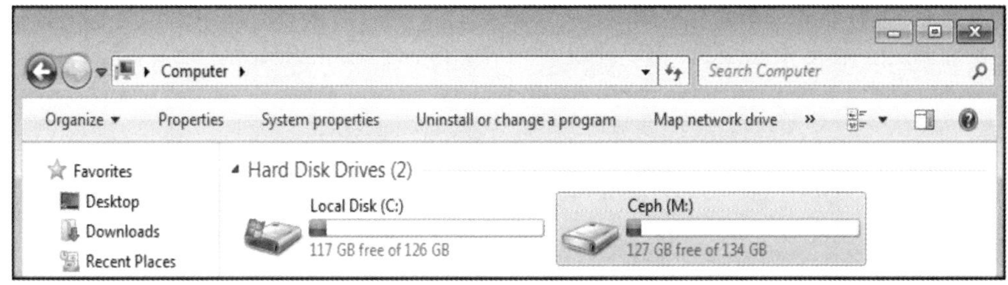

目前，CephFS 和 `ceph-dokan` 都需要更多的代码贡献来使其足够成熟，才能支持生产系统的负载。然而，将作为验证和测试的平台，它们仍然是很好的选择。

CephFS——HDFS 的简易替换

Hadoop 是一个支持大规模数据集的处理和存储的分布式计算编程框架。Hadoop 的核心包括一个 Map-Reduce 数据分析引擎和一个分布式文件系统 HDFS（Hadoop Distributed File System）。然而，HDFS 有如下几个弱点：

- 在 HDFS 的前几个版本中一直存在单点故障的问题。
- HDFS 不是一个标准的 POSIX 文件系统。
- HDFS 中的一份数据至少要存储 3 个副本。
- HDFS 的集中式名称服务器（name server）的设计使其在可扩展性上也面临挑战。

Apache Hadoop 项目和几个软件厂商正在独立地修复 HDFS 的这些缺陷。

Ceph 社区在这方面已经做了一些开发工作，它有一个为 Hadoop 设计的文件系统插件，可以克服 HDFS 的一些限制，可以在一些场景中代替 HDFS。要和 HDFS 一起使用 CephFS，需要满足下面三项要求：

- 有一个运行着的 Ceph 集群。
- 有一个运行着的 Hadoop 集群。
- 安装 CephFS 的 Hadoop 插件。

Hadoop 和 HDFS 的实现已经超出了本书的涵盖范围，我们在这里仅简单介绍一下如何将 CephFS 与 HDFS 结合在一起使用。Hadoop 可以通过一个基于 Java 的插件 `hadoop-cephfs.jar` 来访问 CephFS 文件系统。Hadoop 到 CephFS 的连接需要下面这两个 Java 类库的支持：

- libcephfs.jar：把这个文件放在/usr/share/java/目录下，并且其路径要加到 Hadoop_env.sh 文件中的 HADOOP_CLASSPATH 变量中。
- libcephfs_jni.so：把这个文件放在/usr/lib/hadoop/lib 目录下，再将其路径加到 LD_LIBRARY_PATH 环境变量中，并且创建一个指向它的软链接/usr/lib/hadoop/ lib/native/Linux-amd64-64/libcephfs_jni.so。

除此之外，还要在每一个 Hadoop 节点上安装 CephFS 客户端。关于在 Hadoop 中使用 CephFS 的更多信息，请查看 Ceph 官方文档 http://ceph.com/docs/master/ cephfs/ hadoop，以及 Ceph 的 GitHub 页面 https://github.com/ceph/cephfs -hadoop。

第 5 章 用 Calamari 监控 Ceph 集群

本章主要包含以下内容：

- Ceph 集群的监控——传统方法
- 对 Ceph 集群进行监控
- Ceph Calamari 简介
- 编译 Calamari 服务器软件包
- 编译 Calamari 客户端软件包
- 配置 Calamari 主服务器
- 将 Ceph 节点添加到 Calamari
- 在 Calamari 控制台上监控 Ceph 集群
- Calamari 故障排查

介绍

无论是对于小规模、中等规模还是超大规模的集群而言，集群的监控都是基础设施中最关键的部分。在 Ceph 集群的设计、部署和生产环境服务实施完成之后，集群的监控就成了存储管理员最重要的职责。在本章中，我们将学习几种监控 Ceph 集群及其组件的方法。其中包括利用 Ceph 的原生命令行工具，通过命令行界面和图形界面对 Ceph 进行监控。Calamari 是一个开源的 Ceph 集群管理控制台，我们也会介绍它的使用方法。

Ceph 集群的监控——统方法

作为一个存储管理员，你需要密切关注你的 Ceph 存储集群，时刻知道它的行为和运行状态。定时的严格监控能够让你时刻了解集群的健康状态。监控消息通知使你有机会在业务中断之前获得更多的时间去采取必要的应对措施。

Ceph 集群的监控是一项日常工作，它包括对 MON、OSD、MDS、PG 的监控，以及对存储置备服务的监控，如：RBD、Radosgw、CephFS、Ceph 客户端等。默认情况下，Ceph 会包含一个丰富的原生命令行工具集以及 API，可以用于对这些组件的监控。除此之外，还有一些专门用于在单一图形界面控制台上对 Ceph 集群进行监控的开源项目。在接下来的部分，我们将关注用于 Ceph 集群监控的命令行工具集。

对 Ceph 集群进行监控

在本节中，我们来学习用于对 Ceph 集群的综合状态进行监控的命令。

操作指南

下面是对 Ceph 集群进行监控的操作步骤。我们分不同主题对这些步骤进行介绍。

检查集群健康状态

使用 ceph 命令的 health 选项查看集群的健康状态：

```
# ceph health
```

这个命令的输出包括以分号分隔的几个部分：

```
[root@ceph-node1 ~]# ceph health
HEALTH_WARN 64 pgs degraded; 1408 pgs stuck unclean; recovery 1/5744 objects degraded (0.017%)
[root@ceph-node1 ~]#
```

输出的第一部分中，“`HEALTH_WARN`”表示你的集群处于“警告”状态，“64 pgs degraded”表示有 64 个 PG（Placement Group，配置组）被降级。第二部分中的“1048 pgs stuck unclean”表示有 1048 个 PG 处于“unclean”状态。第三部分表示集群恢复正在进行，总共有 5744 个对象待恢复，当前正在恢复第 1 个，集群中的 0.017%对象被降级了。如果集群状态是健康的，这个命令会输出“`HEALTH_OK`”。

使用命令 `ceph health detail` 能够得到更多集群健康状态的详细信息。这个命令会给出所有不是 active 和 clean 状态的 PG，包括所有处于 unclean、inconsistent 和 degraded 状态的 PG。如果集群状态是健康的，这个命令会输出“HEALTH_OK”。

```
[root@ceph-node2 ceph]# ceph health detail
HEALTH_ERR 61 pgs degraded; 6 pgs inconsistent; 1312 pgs stuck unclean; recovery 3/5746 objects degraded (0.052%); 8 scrub errors
pg 9.76 is stuck unclean since forever, current state active+remapped, last acting [7,3,2]
pg 8.77 is stuck unclean since forever, current state active+remapped, last acting [4,6,8]
pg 7.78 is stuck unclean for 788849.714074, current state active+remapped, last acting [6,5,1]
pg 6.79 is stuck unclean since forever, current state active+remapped, last acting [4,7,8]
pg 5.7a is stuck unclean since forever, current state active+remapped, last acting [7,4,2]
pg 4.7b is stuck unclean since forever, current state active+remapped, last acting [7,3,1]
pg 11.74 is stuck unclean for 788413.925336, current state active+remapped, last acting [4,7,8]
pg 10.75 is stuck unclean for 788412.797947, current state active+remapped, last acting [7,3,0]
```

监控集群事件

ceph 命令的-w 选项是用于监控集群的事件。这个命令会实时显示集群中所有的事件消息，包括 information（INF，信息）、warning（WRN，告警）和 error（ERR，错误）。这个命令会持续输出，实时显示集群的变化。使用 *Ctrl+c* 可以结束命令的执行：

```
# ceph -w
```

```
[root@ceph-node1 ~]# ceph -w
    cluster 9609b429-eee2-4e23-af31-28a24fcf5cbc
     health HEALTH_OK
     monmap e3: 3 mons at {ceph-node1=192.168.1.101:6789/0,ceph-node2=192.168.1.102:6789/0
,ceph-node3=192.168.1.103:6789/0}, election epoch 640, quorum 0,1,2 ceph-node1,ceph-node2,
ceph-node3
     mdsmap e68: 1/1/1 up {0=ceph-node2=up:active}
     osdmap e1821: 9 osds: 9 up, 9 in
      pgmap v20731: 1628 pgs, 45 pools, 2422 MB data, 3742 objects
            7605 MB used, 127 GB / 134 GB avail
                1628 active+clean

2015-06-06 20:13:27.047075 mon.0 [INF] pgmap v20731: 1628 pgs: 1628 active+clean; 2422 MB
data, 7605 MB used, 127 GB / 134 GB avail; 7931 kB/s, 1 objects/s recovering
2015-06-06 20:14:25.958762 mon.0 [INF] from='client.? 192.168.1.103:0/1008239' entity='cli
ent.admin' cmd=[{"prefix": "pg repair", "pgid": "43.29"}]: dispatch
2015-06-06 20:14:32.031029 mon.0 [INF] pgmap v20732: 1628 pgs: 1628 active+clean; 2422 MB
data, 7605 MB used, 127 GB / 134 GB avail
2015-06-06 20:14:57.541278 mon.0 [INF] pgmap v20733: 1628 pgs: 1628 active+clean; 2422 MB
data, 7621 MB used, 127 GB / 134 GB avail
2015-06-06 20:15:02.371735 mon.0 [INF] pgmap v20734: 1628 pgs: 1628 active+clean; 2422 MB
data, 7633 MB used, 127 GB / 134 GB avail
```

使用 ceph 命令的如下选项可以获取不同类型事件的详细信息。

- —watch-debug：观察 debug 事件。
- —watch-info：观察 info 事件。
- —watch-sec：观察 security 事件。
- —watch-warn：观察 warning 事件。
- —watch-error：观察 error 事件。

集群使用统计数据

使用 ceph 命令的 df 选项可以获取集群的存储空间使用统计数据。这个命令会显示集群的总容量、剩余可用容量和已使用的容量以及百分比。这个命令还会显示存储池信息，比如名称、ID、使用情况，以及每个存储池中对象的数量：

```
# ceph df
```

命令的输出如下：

```
[root@ceph-node1 ~]# ceph df
GLOBAL:
    SIZE     AVAIL     RAW USED     %RAW USED
    134G     127G         7440M          5.39
POOLS:
    NAME                   ID     USED       %USED     MAX AVAIL     OBJECTS
    rbd                    0      114M       0.08      42924M        2629
    images                 1      53002k     0.04      42924M        12
    volumes                2      47         0         42924M        8
    vms                    3      208M       0.15      42924M        31
    .rgw.root              4      162        0         42924M        2
    .rgw.control           5      0          0         42924M        8
    .rgw                   6      2731       0         42924M        15
    .rgw.gc                7      0          0         42924M        32
    .users.uid             8      736        0         42924M        4
    .users.email           9      8          0         42924M        1
    .users                 10     16         0         42924M        2
    .users.swift           11     8          0         42924M        1
    .rgw.buckets.index     12     0          0         42924M        9
    .rgw.buckets           13     1744       0         42924M        4
```

查看集群状态

在 Ceph 集群的管理中，查看集群状态是最普通也是使用频率最高的操作。使用 ceph 命令 status 选项可以查看集群的状态：

```
# ceph status
```

也可以直接用-s 选项来代替 status 子命令：

```
# ceph -s
```

这个命令输出的集群状态信息如下：

```
[root@ceph-node1 ~]# ceph -s
    cluster 9609b429-eee2-4e23-af31-28a24fcf5cbc
     health HEALTH_OK
     monmap e3: 3 mons at {ceph-node1=192.168.1.101:6789/0,ceph-node2=192.168.1.102:6789/0,
ceph-node3=192.168.1.103:6789/0}, election epoch 640, quorum 0,1,2 ceph-node1,ceph-node2,ce
ph-node3
     mdsmap e73: 1/1/1 up {0=ceph-node2=up:active}
     osdmap e1823: 9 osds: 9 up, 9 in
      pgmap v20762: 1628 pgs, 45 pools, 2422 MB data, 3742 objects
            7440 MB used, 127 GB / 134 GB avail
                1628 active+clean
[root@ceph-node1 ~]#
```

以上命令会打印出很多有用的集群状态信息，它们的含义如下。

- cluster：这个字段显示的是 Ceph 集群的唯一 ID。

- health：这个字段显示的是集群的健康状态信息。
- monmap：这个字段的内容包含了 MON map 的版本（epoch），MON 的信息，MON 选举的版本，以及 MON 的仲裁（quorum）状态。
- mdsmap：这个字段展示的是 MDS map 的状态信息及其版本信息。
- osdmap：这个字段展示了 OSD map 的版本信息、OSD 的总数以及处于 up（运行中）和 in（集群中）状态的 OSD 的数量。
- pgmap：这个字段显示的了 PG map 的版本、PG 的总数、存储池的数量、一份数据副本所占用的空间大小以及对象的总数量。另外，它还显示了集群使用的信息，包括已用容量、可用容量和总容量。最后，它还显示了 PG 的状态信息。

如果想要实时查看 Ceph 集群的状态信息，你可用使用 Linux 的 `watch` 命令来运行 ceph status 命令以获取持续输出。具体命令如下：

```
# watch ceph -s
```

获取集群认证信息

Ceph 使用的是一个基于密钥的认证系统。所有的组件在通过了一个基于密钥的认证系统的认证之后，才能彼此进行通信。`auth list` 子命令就是用户获取这些密钥的列表：

```
# ceph auth list
```

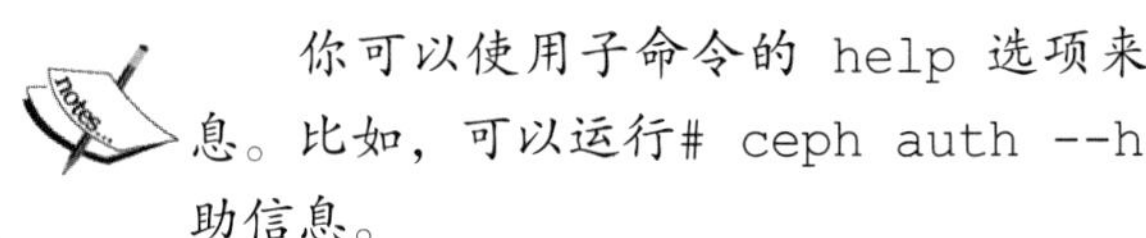

你可以使用子命令的 `help` 选项来查看命令使用方法的帮助信息。比如，可以运行`# ceph auth --help` 来查看 auth 子命令的帮助信息。

监控 Ceph monitor

为了达到高可用性，通常情况下，一个 Ceph 集群中会部署多个 MON 实例。集群中有大量的 MON，它们需要形成一个仲裁（quorum）来保证其能够正常工作。

操作指南

我们现在开始学习用于 OSD 监控的 Ceph 命令。下面我们分不同主题对这些步骤进行介绍。

查看 MON 的状态

使用 ceph 命令的 mon stat 或者 mon dump 子命令来查看集群中 MON 的状态和 map 信息：

```
# ceph mon stat
# ceph mon dump
```

命令的输出如下：

```
[root@ceph-node1 ~]# ceph mon stat
e3: 3 mons at {ceph-node1=192.168.1.101:6789/0,ceph-node2=192.168.1.102:6789/0,ceph-node3
=192.168.1.103:6789/0}, election epoch 640, quorum 0,1,2 ceph-node1,ceph-node2,ceph-node3
[root@ceph-node1 ~]#
[root@ceph-node1 ~]# ceph mon dump
dumped monmap epoch 3
epoch 3
fsid 9609b429-eee2-4e23-af31-28a24fcf5cbc
last_changed 2015-03-18 00:20:07.092486
created 0.000000
0: 192.168.1.101:6789/0 mon.ceph-node1
1: 192.168.1.102:6789/0 mon.ceph-node2
2: 192.168.1.103:6789/0 mon.ceph-node3
[root@ceph-node1 ~]#
```

查看 MON 的仲裁状态

为了维护 Ceph 集群 MON 之间的仲裁（quorum），集群必须有一半以上的 MON 处于可用状态。在 MON 的故障排查中，查看集群的仲裁状态非常有用。用 ceph 的 quorum_status 子命令可以查看仲裁的状态：

```
# ceph quorum_status -f json-pretty
```

命令的输出如下：

```
[root@ceph-node1 ~]# ceph quorum_status -f json-pretty

{ "election_epoch": 640,
  "quorum": [
        0,
        1,
        2],
  "quorum_names": [
        "ceph-node1",
        "ceph-node2",
        "ceph-node3"],
  "quorum_leader_name": "ceph-node1",
  "monmap": { "epoch": 3,
      "fsid": "9609b429-eee2-4e23-af31-28a24fcf5cbc",
      "modified": "2015-03-18 00:20:07.092486",
      "created": "0.000000",
      "mons": [
            { "rank": 0,
              "name": "ceph-node1",
              "addr": "192.168.1.101:6789\/0"},
            { "rank": 1,
              "name": "ceph-node2",
              "addr": "192.168.1.102:6789\/0"},
            { "rank": 2,
              "name": "ceph-node3",
              "addr": "192.168.1.103:6789\/0"}]}}
[root@ceph-node1 ~]#
```

仲裁状态输出中显示的 `election_epoch` 是选举版本号，`quorum_leader_name` 是仲裁 Leader 的主机名。它还显示了 MON map 的版本号和集群 ID。集群中的每个 MON 都被分配了一个序号（rank）。在 I/O 操作中，客户端会首先尝试与仲裁中的 Leader MON 建立连接。如果 Leader MON 不可用，客户端会按序号依次尝试连接到其他 MON。

用 `-f json_pretty` 选项可以让 ceph 命令打印格式化的输出。

监控 Ceph OSD

由于系统中有大量的 OSD 需要监控和管理，因此对 OSD 的监控是至关重要的，需要予以足够的关注。OSD 的数量会随着集群规模的增大而增加，同时也相应地要求对其进行更加缜密的监控。由于 Ceph 集群中托管着大量的磁盘，因此 OSD 发生故障的几率也相当高。

操作指南

现在我们开始学习用于监控 OSD 的 Ceph 命令。下面我们分不同主题对这些步骤进行介绍。

OSD tree（树形图）

OSD tree 对于了解 OSD 的 `IN`、`OUT` 和 `UP`、`DOWN` 等状态很有帮助。OSD tree 会显示每个节点上所有的 OSD 及其在 CRUSH map 中的位置。使用如下命令可以查看 OSD tree：

```
# ceph osd tree
```

```
[root@ceph-node1 ~]# ceph osd tree
# id    weight  type name       up/down reweight
-1      0.08995 root default
-2      0.02998         host ceph-node1
0       0.009995                        osd.0   up      1
1       0.009995                        osd.1   up      1
2       0.009995                        osd.2   up      1
-3      0.02998         host ceph-node2
3       0.009995                        osd.3   up      1
4       0.009995                        osd.4   up      1
5       0.009995                        osd.5   up      1
-4      0.02998         host ceph-node3
6       0.009995                        osd.6   up      1
7       0.009995                        osd.7   up      1
8       0.009995                        osd.8   up      1
[root@ceph-node1 ~]#
```

这个命令显示了 Ceph OSD 各种有用的信息，如权重（weight）、UP/DOWN 状态、IN/OUT 状态等。这个命令还根据 CRUSH map 对输出格式进行了美化。所以如果你正在维护一个大规模的集群，这种输出格式对于从超长的列表中查找 OSD 以及它们所在的服务器是很有帮助的。

查看 OSD 统计数据

可以使用 # ceph osd stat 命令查看 OSD 统计数据。该命令能够帮助你找到 OSD map 的版本、OSD 的总数量，以及他们的 IN、UP 等状态。

要获得关于 Ceph 集群和 OSD 更详细的信息，可以执行如下命令：

```
# ceph osd dump
```

这是一个非常有用的命令，它会输出 OSD map 的版本信息和详细的存储池信息，包括存储池 ID、存储池名称、存储池类型（复制或纠删码）、CRUSH ruleset 以及 PG 的信息。该命令还会显示每个 OSD 的信息，如 OSD ID、状态、权重、最后一次整理的间隔版本等。所有这些信息对于集群的监控和故障排查都是极其有用的。

我们也可以创建一个 OSD 的黑名单来阻止指定的 OSD 去连接其他 OSD，进而阻止其心跳进程的运行。这个经常被用于防止滞后的 MDS 对 OSD 上的数据进行错误的修改。通常黑名单是由 Ceph 自动管理的，并不需要人工干预，但是我们应该对其有所了解。

使用如下命令可以显示黑名单中的客户端列表：

```
# ceph osd blacklist ls
```

查看 CRUSH map

我们可以直接使用 ceph osd 命令查询 CRUSH map。相对于先将 CRUSH map 反编译再查看和编辑这种传统方式，使用 CRUSH map 的命令行工具能够大大地节省系统管理员的时间。

- 执行如下命令查看 CRUSH map：

```
# ceph osd crush dump
```

- 执行如下命令查看 CRUSH map rule：

```
# ceph osd crush rule list
```

- 执行如下命令查看详细的 CRUSH rule：

```
# ceph osd crush rule dump <crush_rule_name>
```

CRUSH map 查询的输出如下：

```
[root@ceph-node1 ~]# ceph osd crush rule list
[
    "replicated_ruleset"]
[root@ceph-node1 ~]#
[root@ceph-node1 ~]# ceph osd crush rule dump replicated_ruleset
{ "rule_id": 0,
  "rule_name": "replicated_ruleset",
  "ruleset": 0,
  "type": 1,
  "min_size": 1,
  "max_size": 10,
  "steps": [
        { "op": "take",
          "item": -1,
          "item_name": "default"},
        { "op": "chooseleaf_firstn",
          "num": 0,
          "type": "host"},
        { "op": "emit"}]}
[root@ceph-node1 ~]#
```

当管理一个几百个 OSD 的大规模集群时，有时很难从 CRUSH map 中找出某个 OSD 所在位置。如果 CRUSH map 中包含多个桶（bucket）结构，查找起来也很困难。这时，我们可以使用 `ceph osd find` 命令来搜索 OSD 及其在 CRUSH map 中的位置：

```
# ceph osd find <Numeric_OSD_ID>
```

```
[root@ceph-node1 ~]# ceph osd find 4
{ "osd": 4,
  "ip": "192.168.1.102:6811\/3897",
  "crush_location": { "host": "ceph-node2",
      "root": "default"}}[root@ceph-node1 ~]#
[root@ceph-node1 ~]#
[root@ceph-node1 ~]#
```

监控 PG

PG 存储在 OSD 中，PG 中则包含着对象。集群的总体健康状态主要依赖于 PG。只有当所有的 PG 都处于 `active+clean` 状态，集群状态才能保持 `HEALTH_OK`。如果 Ceph 集群处于非健康状态，那么非常可能是因为集群中的某个 PG 不是处于 `active+ clean` 状态。PG 的状态可能有很多种，甚至可能处于某种混合的状态。以下是一些 PG 可能的状态。

- `Creating`（创建中）：PG 正在被创建。
- `Peering`（对等互联中）：对等互联状态表示 PG 正在让所有存储 PG 的 OSD 关于所有对象和他们的元数据达成一致的过程中。
- `Active`（活动的）：当Peering 操作完成之后，PG 会被标记为Active 状态。如果 PG 处于活动状态，那么在其主 PG 和其副本中存储的数据在 I/O 操作中都是可用的。

- `Clean`（清洁的）：该状态表示主 OSD 和从 OSD 之间已经成功互联了，并且都处于正确的位置。同时，这个状态的 PG 还表示他们的副本个数是正确的。
- `Down`（失效的）：该状态表示包含必要数据的副本不可用，因此该 PG 处于离线状态。
- `Degraded`（降级的）：一旦 OSD 处于 `DOWN` 状态，Ceph 就会把此 OSD 上的所有 PG 改为 Degraded 状态。当 OSD 回到 `UP` 状态，就要重新进行Peering 操作，以使 PG 从 Degraded 回到 Clean 状态。如果 OSD 处于 `DOWN` 状态超过 300 秒，Ceph 会从被 Degraded 的 PG 的副本中对其进行恢复，以维持副本数量。即便是 PG 处于 Degraded 状态，客户端也可以进行 I/O 操作。
- `Recovering`（恢复中）：当 OSD 变为 `DOWN` 状态时，该 OSD 上的 PG 中的内容就会滞后于其他 PG 副本中的内容。当 OSD 变为 `UP` 状态时，Ceph 会激活对 PG 的 Recovery（恢复）操作，以使其与其他 OSD 上的 PG 副本保持一致。
- `Backfilling`（回填中）：当一个新的 OSD 被加到集群时，Ceph 会把其他 OSD 上的一些 PG 移动到新加入的 OSD 上，来对数据进行重新平衡，这个过程就被称为 Backfilling。完成了 PG 的 Backfilling 之后，新的 OSD 就可以参与客户端 I/O 操作了。
- `Remapped`（重映射）：如果 PG 的 acting set（活动集，负责这个 PG 所有 OSD 的集合）有所变动，数据就要从旧 acting set 的 OSD 迁移到新 acting set 的 OSD。该操作会需要花费一些时间，具体耗时取决于要迁移到新 OSD 的数据量。在这段时间中，旧 acting set 的主 OSD 负责为客户端的请求提供服务。一旦数据迁移操作完成，Ceph 就会使用新 acting set 的主 OSD。

> Acting set 指的是负责某个 PG 的一组 OSD 的集合。所谓“主 OSD”指的是活动集中的第一个 OSD，该 OSD 负责每个 PG 与其第二/第三 OSD 直接的“互联（Peering）”操作。另外，该 OSD 还负责响应客户端的写操作请求。处于 `UP` 状态的 OSD 保留在活动集中。当主 OSD 变为 `DOWN` 状态时，Ceph 首先将其从 uping set 中移除，然后把第二 OSD 提升为主 OSD。

- `Stale`（陈旧的）：Ceph OSD 每隔 0.5 秒向 Ceph monitor 报告一次状态统计数据。无论如何，只要 PG acting set 的主 OSD 没有向 MON 报告状态统计数据，或者其他 OSD 报告 MON 主 OSD 已经处于 `DOWN` 状态，那么 MON 就会将这些 PG 设置为 Stale 状态。

以下命令可以用于监控 PG：

▶ 运行# ceph pg stat 命令可以获得 PG 的状态信息：

```
[root@ceph-node1 ~]# ceph pg stat
v20780: 1628 pgs: 1628 active+clean; 2422 MB data, 7440 MB used, 127 GB / 134 GB avail
[root@ceph-node1 ~]#
```

该命令的输出会显示很多信息，输出信息的特定格式为：vNNNN:X pgs:Y active+clean;R MBdata,U MB used,F GB/T GB avail。其中每个变量的定义如下。

- ❑ VNNN：PG map 的版本号
- ❑ X：PG 的总数量
- ❑ Y：处于 active+clean 状态的 PG 数量
- ❑ R：原始数据量
- ❑ U：做了副本之后实际占用的空间大小
- ❑ F：剩余的可用容量
- ❑ T：总容量

▶ 执行如下命令获取 PG 列表：

```
# ceph pg dump -f json_pretty
```

这个命令会输出很多关于 PG 的重要信息，如：PG map 版本、PG ID、PG 状态、PG acting set 的主 OSD 等。如果 PG 的数量较多，这个命令的输出内容可能会非常多。

▶ 命令# ceph pg <PG_ID> query 可以查询某个特定 PG 的详细信息，如：

```
# ceph pg 2.7d query
```

▶ 命令# ceph pg dump_stuck < unclean | Inactive | stale >可以查询处于“unclean”、“inactive”或者“stale”状态的 PG，如：

```
# ceph pg dump_stuck unclean
```

监控 Ceph MDS

MDS 指的是元数据服务器（Metadata Server），它只用于 CephFS 中（目前尚不适用于生产环境）。元数据服务器可能的状态有 UP、DOWN、ACTIVE、INACTIVE。要对 MDS 进行监控，首先要确保 MDS 处于 UP 和 ACTIVE 状态。以下介绍的命令可以用于获取 Ceph MDS 的相关信息。

操作指南

1．查看 CephFS 文件系统列表：

```
# ceph fs ls
```

2．查看 MDS 的状态：

```
# ceph mds stat
```

3．显示MDS 的详细信息：

```
# ceph mds dump
```

命令的输出如下：

```
[root@ceph-node1 ~]# ceph fs ls
name: cephfs, metadata pool: cephfs_metadata, data pools: [cephfs_data ]
[root@ceph-node1 ~]#
[root@ceph-node1 ~]# ceph mds stat
e73: 1/1/1 up {0=ceph-node2=up:active}
[root@ceph-node1 ~]#
[root@ceph-node1 ~]# ceph mds dump
dumped mdsmap epoch 73
epoch   73
flags   0
created 2015-05-19 00:18:45.398790
modified        2015-06-06 20:15:21.386153
tableserver     0
root    0
session_timeout 60
session_autoclose       300
max_file_size   1099511627776
last_failure    0
last_failure_osd_epoch  1822
compat  compat={},rocompat={},incompat={1=base v0.20,2=client writeable ranges,3=default
file layouts on dirs,4=dir inode in separate object,5=mds uses versioned encoding,6=dirfr
ag is stored in omap,8=no anchor table}
max_mds 1
in      0
up      {0=47181}
failed
stopped
data_pools      43
metadata_pool   44
inline_data     disabled
47181:  192.168.1.102:6800/7314 'ceph-node2' mds.0.15 up:active seq 6
[root@ceph-node1 ~]#
```

Ceph Calamari 简介

Calamari 是一个 Ceph 管理平台，一个优雅的 Ceph 集群管理和监控面板。起初，Calamari 是 InkTank 公司的一款商业软件，是 InkTank 向客户提供的 Ceph 企业版的产品。在 InkTank 被 RedHat 收购之后，RedHat 在 2014 年 5 月 30 日将其开源。Calamari 有一些非常强大的功能，而且它未来的路线图也很值得期待。Calamari 包括两个部分，并且有各自的代码库。

- **前端**（Frontend）：这是一个基于浏览器的用户界面，主要是用 JavaScript 实现。前端的实现利用的是 Calamari 的 RESTful API，并且遵循模块化方法构建。因此，前端的每个组件都可以独立更新和维护。Calamari 前端的代码以 MIT license 开源，可以从这里获取它的代码：`https://github.com/ceph/calamari-clients`。
- **后端**（Backend）：Calamari 的后端是其核心部分，用 Python 实现。Calamari 后端的实现需要利用一些其他组件，如：SaltStack、ZeroRPC、graphite、Django-rest-framework、Django、gevent 等。它提供了一组新的 RESTful API 用于和 Ceph 以及其他系统之间的集成。Calamari 对新版本进行了重新开发，利用这些新的 REST API 来完成与 Ceph 集群之间的交互。Calamari 此前的版本中使用的是 Ceph 的 REST API，在其功能的实现上有一些局限性。Calamari 的后端代码在 LGPL2+ license 下开源，在这里可以获取其源码：`https://github.com/ceph/ calamari`。

Calamari 的文档（`http://calamari.readthedocs.org`）很完善。无论是对于 Calamari 的使用者，开发者，或者要利用 Calamari REST API 进行开发，Calamari 文档都是学习 Calamari 的最佳选择。像 Ceph 一样，Calamari 也是作为一个上游产品来开发的。你可以通过 Calamari 的 IRC 频道：`irc://irc.oftc.net/ceph`，注册邮件列表：`ceph-calamari@ceph.com`，或者在 GitHub 上发送 pull request 来参与 Calamari 的开发。

Calamari 目前还没有提供安装包，所以你需要自己进行编译。在这部分内容中，我们来学习如何用源码来编译 Calamari 服务器软件包。编译 Calamari 可能是一项具有挑战性的工作，你可能不会一次就顺利完成。为了简化工作量，我已经编译好一个安装包，你可以直接在这里下载 `https://github.com/ksingh7/ceph- calamari-packages`。如果你愿意，可以直接跳到安装的部分。如果你对编译的过程感兴趣，那么我们开始吧！

编译 Calamari 服务器软件包

Calamari 对某些操作系统提供了可以直接使用的配置。所以，先查看一下你要运行 Calamari 的操作系统的版本。在本次的实验环境中，我们使用的是 CentOS7。

操作指南

1. 使用如下命令将 Calamari 代码 clone 到本地：

```
$ git clone https://github.com/ceph/calamari.git
```

2．Diamond 是一个守护进程，它收集 CPU、内存、网络、I/O、负载、磁盘等系统信息，并将其上传到 Graphite。关于 Diamond 的更多信息请访问：`http://diamond.readthedocs.org/`。现在 Calamari 提供了一个自己的 Diamond 分支，用如下命令可以获取其源码：

```
$ git clone https://github.com/ceph/Diamond.git --branch=calamari
```

3. 在 `Calamari` 源码的中有一个 `vagrant` 目录，其中包含适用于不同操作系统的开发环境。访问如下目录可以找到用于 CentOS 的环境：

```
$ cd calamari/vagrant/centos-build
```

```
teeri:git ksingh$ git clone https://github.com/ceph/calamari.git
Cloning into 'calamari'...
remote: Counting objects: 11265, done.
remote: Total 11265 (delta 0), reused 0 (delta 0), pack-reused 11265
Receiving objects: 100% (11265/11265), 20.83 MiB | 1.62 MiB/s, done.
Resolving deltas: 100% (6064/6064), done.
Checking connectivity... done.
teeri:git ksingh$
teeri:git ksingh$ git clone https://github.com/ceph/Diamond.git --branch=calamari
Cloning into 'Diamond'...
remote: Counting objects: 18182, done.
remote: Total 18182 (delta 0), reused 0 (delta 0), pack-reused 18182
Receiving objects: 100% (18182/18182), 4.15 MiB | 2.28 MiB/s, done.
Resolving deltas: 100% (7151/7151), done.
Checking connectivity... done.
teeri:git ksingh$
teeri:git ksingh$ cd calamari/vagrant/centos-build
teeri:centos-build ksingh$
teeri:centos-build ksingh$ ls -l
total 8
-rw-r--r--  1 ksingh  staff  1114 Jun  7 21:05 Vagrantfile
drwxr-xr-x  4 ksingh  staff   136 Jun  7 21:05 salt
teeri:centos-build ksingh$
```

4．在本书写作时，Vagrant 只提供到 CentOS6 的支持，还没有提供适用于 CentOS7 的配置。因此，了用于 CentOS7，我们需要在 CentOS6 的 Vagrant 环境中把 `config.vm.box` 设置为 `config.vm.box="boxcutter/centos71"`。

5．使用如下命令启动 Vagrant box：

```
$ vagrant up
```

```
==> default: Running provisioner: salt...
Copying salt minion config to vm.
Checking if salt-minion is installed
salt-minion was not found.
Checking if salt-call is installed
salt-call was not found.
Bootstrapping Salt... (this may take a while)


Salt successfully configured and installed!
run_overstate set to false. Not running state.overstate.
run_highstate set to false. Not running state.highstate.
```

6．至此，我们的 CentOS7 开发环境就已经准备就绪了。现在，我们就可以登录到这台机器上，然后执行 `salt-call` 命令来开始编译软件包：

```
$ vagrant ssh
$ sudo salt-call state.highstate
```

```
[vagrant@localhost ~]$
[vagrant@localhost ~]$ sudo salt-call state.highstate
[INFO    ] Loading fresh modules for state activity
[INFO    ] Fetching file from saltenv 'base', ** done ** 'top.sls'
```

7．编译完成之后，会有如下输出：

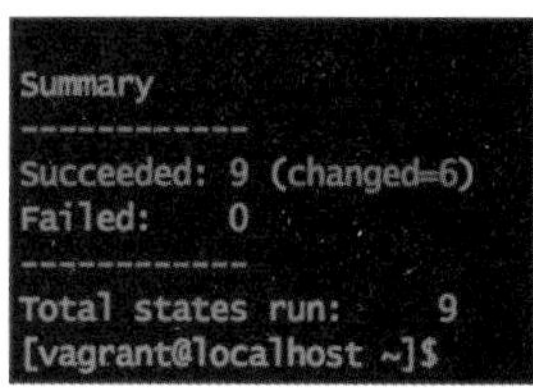
Summary

Succeeded: 9 (changed=6)
Failed: 0

Total states run: 9
[vagrant@localhost ~]$

8．至此，你已经完成了 Calamari 服务器和 Diamond 的编译。在你克隆（clone）的 `Calamari` 本地目录的上一层目录中应该能找到一个 RPM 安装包。

编译 Calamari 客户端软件包

在本节中，我们来学习 Calamari 客户端软件包的编译。大部分的步骤和我们上面学习的 Calamari 服务器软件包的过程类似。

步骤指引

1．将 Calamari 源码克隆到本地：

```
$ git clone https://github.com/ceph/calamari-clients.git
```

2．进入 Vagrant 提供的 CentOS 编译环境所在的目录：

```
$ cd calamari-clients/vagrant/centos-package
```

3．将 `Vagrant` 配置文件中的 `config.vm.box` 改为 CentOS7：

```
config.vm.box = "boxcutter/centos71"
```

4．然后，启动这台机器：

```
$ vagrant up
```

5．至此，Calamari 客户端软件的编译环境已准备就绪。现在，我们就可以登录到这台机器，执行 `salt-call` 命令来开始编译了：

```
$ vagrant ssh
$ sudo salt-call state.highstate
```

6．编译过程结束时，会有如下输出：

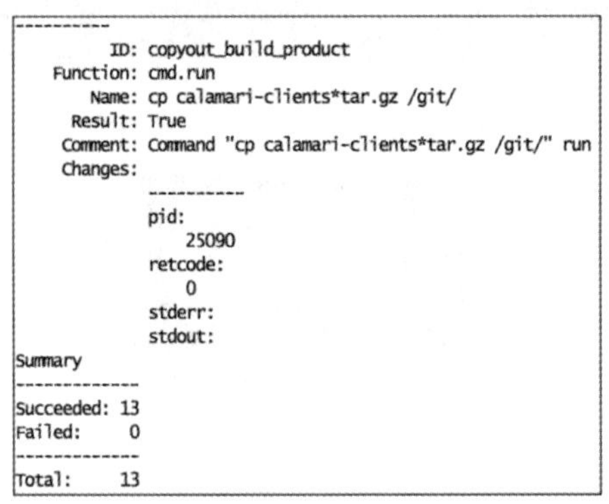

```
----------
          ID: copyout_build_product
    Function: cmd.run
        Name: cp calamari-clients*tar.gz /git/
      Result: True
     Comment: Command "cp calamari-clients*tar.gz /git/" run
     Changes:
              ----------
              pid:
                  25090
              retcode:
                  0
              stderr:
              stdout:
Summary
-------------
Succeeded: 13
Failed:     0
-------------
Total:     13
```

7. 现在，Calamari 客户端软件包的编译已经完成。生成的 RPM 安装包位于 `Calamari` 本地源码目录的上一级目录。

配置 Calamari 主服务器

前面的部分中，我们编译了 Calamari 所需 `calamari-server`、`calamari-client` 和 `diamond` 软件包。如果你没有自己编译这些包，也可以从我们的 GitHub 库里面直接下载：`https:// github.com/ksingh7/ceph-calamari-packages/tree/master /CentOS-el7`。

操作指南

在下面的演示中，我们将会把 `ceph-node1` 同时配置成 Calamari 主服务器和 `salt-minion` 节点，并把 `ceph-node2` 和 `ceph-node3` 配置为 `salt-minion` 节点。在本书写作时，Calamari 还不支持 2015 版 salt，所以在这里我使用的是 2014 版。

现在我们开始安装 Calamari 服务器：

1．在 ceph-node1 上安装 salt 和 Calamari server 依赖的软件包：

```
# yum install -y python-crypto PyYAML systemd-python yum-utilsm2crypto
```

```
pciutils python-msgpack systemd-python python-zmq
```

2．默认情况下，CentOS7 上已经安装了 salt 最新版本。为了使用 2014 版 salt，我们要创建一个 salt 的 repo：

```
# wget https://copr.fedoraproject.org/coprs/saltstack/salt/repo/epel-7/ sa
ltstack-salt-epel-7.repo -O /etc/yum.repos.d/saltstack-salt-epel-7.repo
```

3．安装 salt master 和 2014.7.5 版的 salt minion：

```
# yum --disablerepo="*" --enablerepo="salt*" install -y salt-master- 2014.
7.5-1.el7.centos
```

4．由于这里只是测试环境，所以我们直接关掉防火墙：

```
# systemctl stop firewalld
# systemctl disable firewalld
```

5．安装 Calamari server 软件包，并且要确保没有把 salt 更新到 2015 版：

```
# yum install https://github.com/ksingh7/ceph-calamari-packages/raw/master/
CentOS-el7/calamari-server-1.3.0.1-49_g828960a.el7.centos.x86_64.rpm
```

6．安装包含 Calamari 控制台组件的 Calamari server 软件包：

```
# yum install -y https://github.com/ksingh7/ceph-calamari-packages/ raw/
master/CentOS-el7/calamari-clients-1.2.2-32_g931ee58.el7.centos.x86_64.r
pm
```

7．打开并启动 `salt-master` 服务：

```
# systemctl enable salt-master
# systemctl restart salt-master
```

8．至此，Calamari server 就安装完成了。现在我们执行以下命令对其进行配置：

```
# calamari-ctl initialize
```

```
[root@ceph-node1 ~]# calamari-ctl initialize
[INFO] Loading configuration..
[INFO] Starting/enabling salt...
[INFO] Starting/enabling postgres...
[INFO] Initializing database...
[INFO] You will now be prompted for login details for the administrative user account.
This is the account you will use to log into the web interface once setup is complete.
Username (leave blank to use 'root'): root
Email address: karan_singh1@live.com
Password:
Password (again):
Superuser created successfully.
[INFO] Initializing web interface...
[INFO] Starting/enabling services...
[INFO] Restarting services...
[INFO] Complete.
[root@ceph-node1 ~]#
```

9. 在本书写作时，Calamari 在更新已连接的 minion 时有一个已知的 bug。这个 bug 会导致 Calamari 初始化的过程发生错误。如果你的 calamari-ctl 初始化命令顺利执行完成的话，可以忽略这个 bug。修复这个 bug 的方法是，把文件/opt/calamari/venv/lib/python2.7/site-packages/calamari_cthulhu-0.1-py2.7.egg/cthulhu/calamari_ctl.py 中的第 255 行对 update_connected_minions()的调用注释掉。

```
[root@ceph-node1 cthulhu]# cat calamari_ctl.py | grep "update_connected_minions()" | grep -v def
   # update_connected_minions()
[root@ceph-node1 cthulhu]#
```

10. 在浏览器中通过地址 http://192.168.1.101/dashboard/访问 Calamari 的控制台。用 root 作为用户名，密码是你在上述步骤中设置的密码。

11. 登录到 Calamari 控制台之后，你会看到如下界面。因为这是一个新安装的 Calamari，需要把 Ceph 节点加进来。接下来，我们会学习如何把 Ceph 节点加到 Calamari。

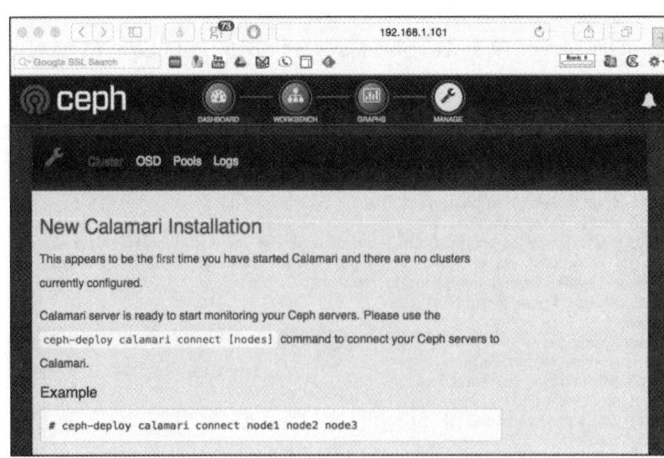

将 Ceph 节点加到 Calamari

现在我们已经有了一个 Calamari 主服务器。要想用 Calamari 监控你的 Ceph 集群，我们还要把 Ceph 节点添加到 Calamari。现在我们开始添加。

> 由于 ceph-node1 既是 Calamari 主服务器，又是 Calamari 的 Ceph 节点，因此实际上我们已经在 ceph-node1 上完成了前面的两个步骤。所以，如果没有特别说明，下面的步骤都是在 ceph-node2 和 ceph-node3 上执行。

操作指南

1. 在 ceph-node2 和 ceph-node3 上，打开 2014 版 salt 的 yum 库：

```
# wget https://copr.fedoraproject.org/coprs/saltstack/salt/repo/epel-7/ saltstack-salt-epel-7.repo -O /etc/yum.repos.d/saltstack-salt-epel-7.repo
```

2. 安装依赖包：

```
# yum install -y python-crypto PyYAML systemd-python yum-utilsm2crypto pciutils python-msgpack systemd-python python-zmq
```

从现在开始，后面的步骤要在 ceph-node1、ceph-node2 和 ceph-node3 上执行。

1. 安装 salt-minion-2014 包：

```
# yum --disablerepo="*" --enablerepo="salt*" install -y salt-minion- 2014.7.5-1.el7.centos
```

2. 安装 diamond 包：

```
# yum install -y https://github.com/ksingh7/ceph-calamari-packages/raw/master/ CentOS-el7/diamond-3.4.582-0.noarch.rpm
```

3. 打开并启动 diamond 服务：

```
# systemctl enable diamond
# systemctl restart diamond
```

4. 配置 salt-minion，把 ceph-node1 作为 Calamari 主节点：

```
# echo "master: ceph-node1"> /etc/salt/minion.d/calamari.conf
```

5. 打开并启动 salt-minion 服务：

```
# systemctl enable salt-minion
```

```
# systemctl restart salt-minion
```

现在，salt-minion（就是这些 Ceph 节点）已经被配置为使用 Calamari 主服务器。下面我们要登录 Calamari 主服务器（ceph-node1），执行接受新 minion 的 salt 密钥的操作。

6．在 ceph-node1 上，用如下命令列出 salt 密钥：

```
# salt-key -L
```

7．接受 minion 的 salt 密钥：

```
# salt-key -A
```

8．查看已接受的 minion 的密钥：

```
# salt-key -L
```

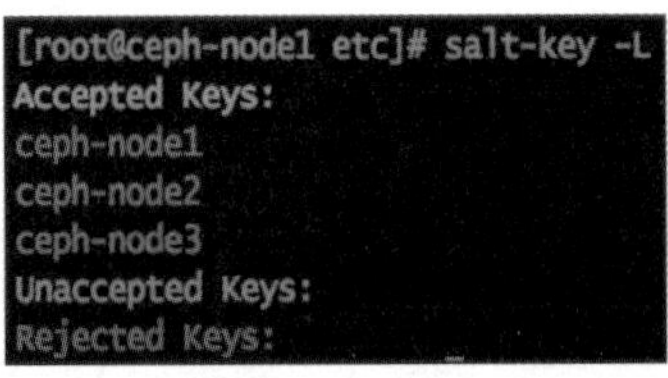

```
[root@ceph-node1 etc]# salt-key -L
Accepted Keys:
ceph-node1
ceph-node2
ceph-node3
Unaccepted Keys:
Rejected Keys:
```

9．最后，用浏览器访问 Calamari 控制台即可查看你的 Ceph 集群。

有时 Calamari 无法在接受 salt-minion 密钥后立即找到 Ceph 集群。这种情况下，可以稍等一会儿，让 Calamari 和 salt 去发现 Ceph 集群。

在 Calamari 控制台上监控 Ceph 集群

在 Calamari 控制台上对 Ceph 集群进行监控会非常直观，如下。

1．控制台界面会显示很多有用的信息。

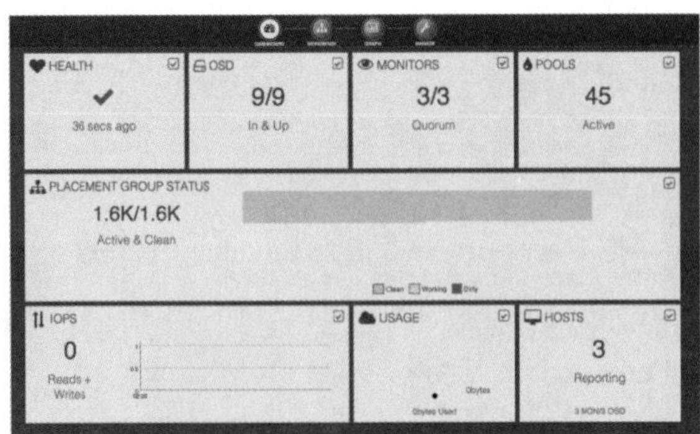

2．OSD 工作台用于对 OSD 进行监控。

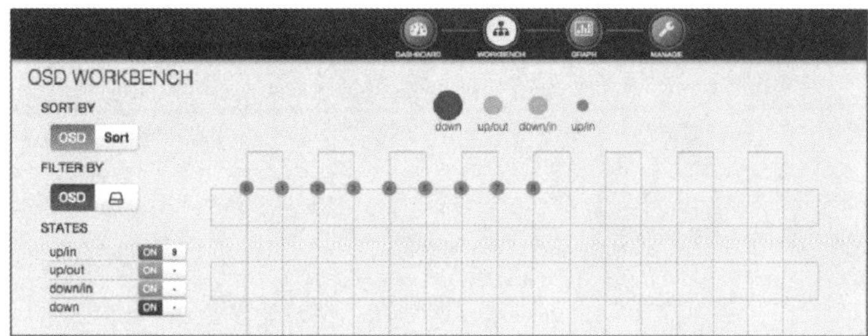

3．Calamari 可以用图表的形式来展示主机资源使用的监控信息。ceph-node1 上的 CPU 利用情况如下图所示。

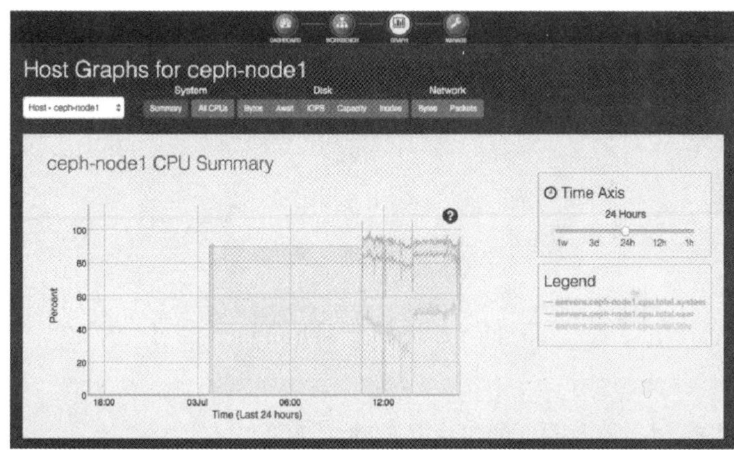

4．下图展示了 ceph-node1 的平均负载，图例能够帮助你更好地理解这些信息。

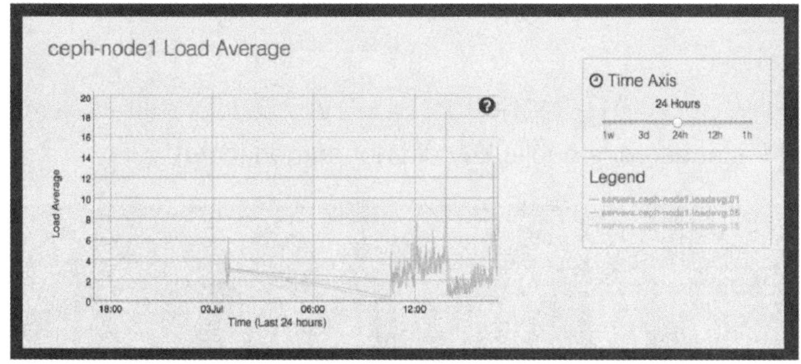

5．最后这个图展示的是 ceph-node1 的内存使用状况。图右侧的“Time Axis”选项是以时间轴的方式查看内存使用情况。

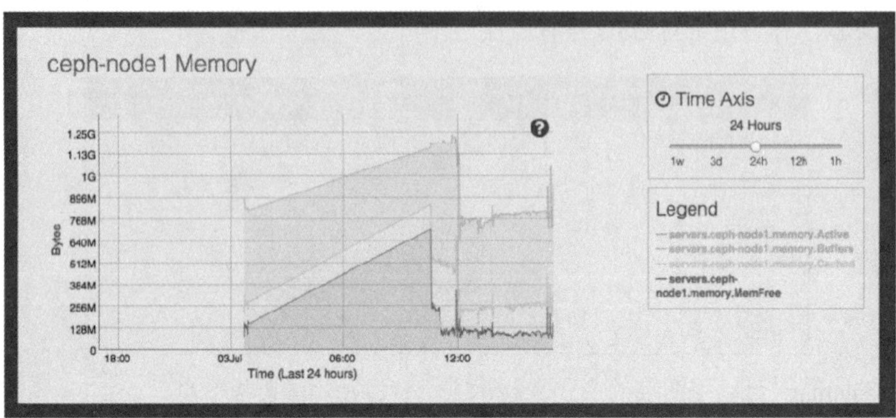

Calamari 故障排除

有时 Calamari 的故障排除会非常麻烦。在这里，我总结了一些方法来帮助你在 Calamari 环境中排查问题。

操作指南

1．检查 Calamari server（即 salt-master）到 salt-minion 的可达性：

```
# salt '*' test.ping
```

2．检查 salt-master 是否能查询和获取 Ceph 集群：

```
# salt '*' ceph.get_heartbeats output
```

3．检查 salt-minion 节点（即 Ceph 集群节点）到 salt-master 的可达性：

```
# salt-minion -l debug
```

4．在 `salt-minion` 的日志文件中（`/var/log/salt`），salt-master 抛出一个错误信息："The Salt Master server's public key did not authenticate!"。

```
2015-06-26 09:57:27,531 [salt.crypt][CRITICAL] The Salt Master server's public key did
not authenticate!
The master may need to be updated if it is a version of Salt lower than 2014.7.5, or
If you are confident that you are connecting to a valid Salt Master, then remove the
master public key and restart the Salt Minion.
The master public key can be found at:
/etc/salt/pki/minion/minion_master.pub
```

5. 对于这个问题，我们需要删除 `minion` 的 salt-key 和 salt-master 的公钥（master public

key），然后用以下命令重新生成它们：

```
# rm -rf /etc/salt/pki/minion/minion_master.pub
# systemctl stop salt-minion
```

接下来，执行以下步骤。

（1）在 salt-master 上，删除 minion 的密钥：

```
# salt-key -L
# slat-key -D <minion name>
```

（2）启动 `salt-minion` 服务：

```
# systemctl start salt-minion
```

（3）在 salt-master 上，接受 minion 的新密钥：

```
# salt-key -L
# salt-key -A
```

（4）最后，在 salt-minion 上使用`# salt-minion -l` 命令来确保不会再发生这个错误。

6．执行 `calamari-ctl initialize` 命令可能会抛出“could not connect to server: Connection refused”的错误信息，如下。

```
[root@ceph-node1]# calamari-ctl initialize
[INFO] Loading configuration..
[INFO] Starting/enabling salt...
[INFO] Starting/enabling postgres...
[ERROR] (OperationalError) could not connect to server: Connection refused
  Is the server running on host "localhost" (::1) and accepting
  TCP/IP connections on port 5432?
could not connect to server: Connection refused
  Is the server running on host "localhost" (127.0.0.1) and accepting
  TCP/IP connections on port 5432?
 None None
[ERROR] We are sorry, an unexpected error occurred.  Debugging information has
been written to a file at '/tmp/2015-06-24_1919.txt', please include this when seeking technical
support.
[root@ceph-node1]#
```

对于这个问题，执行如下步骤。

（1）检查 postgres 服务是否正常运行：

```
# systemctl status postgres
```

（2）登录 postgres，检查 Calamari 数据库是否存在：

```
# sudo -u postgres psql
List postgres databases # \l
```

```
[root@ceph-node1]# sudo -u postgres psql
psql (9.2.10)
Type "help" for help.
postgres=#
postgres=# \l
                                  List of databases
   Name    |  Owner   | Encoding |   Collate   |    Ctype    |   Access privileges
-----------+----------+----------+-------------+-------------+-----------------------
 postgres  | postgres | UTF8     | en_US.UTF-8 | en_US.UTF-8 |
 template0 | postgres | UTF8     | en_US.UTF-8 | en_US.UTF-8 | =c/postgres          +
           |          |          |             |             | postgres=CTc/postgres
 template1 | postgres | UTF8     | en_US.UTF-8 | en_US.UTF-8 | =c/postgres          +
           |          |          |             |             | postgres=CTc/postgres
(3 rows)

postgres=#
```

（3）如果没有看到名为“calamari”的数据库，就需要调用 salt 命令在 postgres 中创建命名为 calamari 的用户和数据库：

```
# salt-call --local state.template /opt/calamari/salt-local/postgres.sls
```

（4）最后，重新执行# calamari-ctl initialize 命令，现在这个命令就可以顺利执行了。

7. calamari-ctl initialize 命令执行失败，并抛出错误信息：“Updating already connected nodes. failed with rc=2”，如下所示。

```
[root@ceph-node1 ~]# calamari-ctl initialize
[INFO] Loading configuration..
[INFO] Starting/enabling salt...
[INFO] Starting/enabling postgres...
[INFO] Initializing database...
[INFO] You will now be prompted for login details for the administrative user account.
This is the account you will use to log into the web interface once setup is complete.
Username (leave blank to use 'root'):
Email address: karan_singh1@live.com
Password:
Password (again):
Superuser created successfully.
[INFO] Initializing web interface...
[INFO] Starting/enabling services...
[INFO] Updating already connected nodes.
[ERROR] Updating already connected nodes. failed with rc=2
[ERROR] We are sorry, an unexpected error occurred.  Debugging information has
been written to a file at '/tmp/2015-06-22_1855.txt', please include this when seeking
technical
support.
```

8. 对于这个问题，可以把文件/opt/calamari/venv/lib/python2.7/site-packages/calamari_cthulhu-0.1-py2.7.egg/cthulhu/calamari_ctl.py 第 255 行中对 update_connected_minions()的调用注释掉，这样就把问题解决了。

```
[root@ceph-node1 cthulhu]# cat calamari_ctl.py | grep "update_connected_minions()" | grep -v def
    # update_connected_minions()
[root@ceph-node1 cthulhu]#
```

第 6 章 操作和管理 Ceph 集群

本章主要包含以下内容：

- 理解 Ceph 的服务管理
- 管理集群配置文件
- 使用 SYSVINIT 运行 Ceph
- 作为一个服务运行 Ceph
- 向上扩展（Scale-up）和向外扩展（Scale-out）
- 向外扩展 Ceph 集群
- 缩小 Ceph 集群
- 替换集群中的故障磁盘
- 升级 Ceph 集群
- 维护 Ceph 集群

介绍

目前为止，我确信你已经能够非常自信地部署、配置和监控一个 Ceph 集群了。在本章中，我们将介绍诸如 Ceph 的服务管理这样的标准主题，我们也将介绍一些高级主题，比如通过增加 OSD 和 MON 节点来扩大集群。最后，我们将会介绍升级 Ceph 集群的一些维护性操作。

理解 Ceph 的服务管理

Ceph 的每个组件，包括 MON、OSD、MDS 以及 RGW 等，都以服务的形式运行在底层操作系统之上。作为一个 Ceph 存储管理员，需要了解这些服务并懂得如何对它们进行操作。在基于红帽（Red-Hat-base）的 Linux 发行版中，有多种方式来管理 Ceph 守护进程：使用传统的 SYSVINT 或者**作为一个服务**运行。每次**启动**、**重启**和**停止** Ceph 守护进程（或者整个 Ceph 集群），都需要提供至少一个命令和一个参数。还可以指定守护进程的类型或者实例。一般的语法如下：

```
{ceph 服务  命令} [选项] [子命令] [守护进程]
```

Ceph 命令的选项包括以下各项。

- `--verbose` 或`-v`：详细的日志。
- `--valgrind`：（只适合开发者和质检人员）用 valgrind 调试。
- `--allhosts` 或`-a`：在 `ceph.conf` 里配置的所有主机上执行，否则它只在本机执行。
- `--conf` 或`-c`：使用另外一个配置文件。
- `--restart`：在该守护进程自动终止或崩溃时自动重启它。
- `--norestart`：在该守护进程自动终止或崩溃时不自动重启它。

Ceph 命令的子命令包括以下各项。

- `status`：显示该守护进程的状态。
- `start`：启动该守护进程。
- `stop`：停止该守护进程。
- `restart`：停止后再启动该守护进程。
- `forcestop`：强制停止该守护进程，类似于 kill-9。
- `killall`：杀死某一类守护进程。
- `cleanlogs`：清理掉日志目录。
- `cleanalllogs`：清理掉日志目录内的所有文件。

Ceph 守护进程包括：

- `mon`
- `osd`
- `msd`

管理 Ceph 的集群配置文件

当你管理一个大的集群时，我们的最佳实践是将集群的 MON（monitor）、OSD、MDS 和 RGW 等节点的信息持续更新到集群配置文件（/etc/ceph/ceph.conf）中。这样做之后，就可以在一个节点上管理整个集群的服务了。

操作指南

为了更好地理解这一点，更新 ceph-node1 节点上的 Ceph 配置文件，并加入所有 MON、OSD 和 MDS 节点的信息。

增加多个监视节点到 Ceph 配置文件中

既然有了三个监视节点，我们将它们的信息都加入到 ceph-node1 节点上的/etc/ceph/ceph.conf 文件中。

```
[mon]
        mon data = /var/lib/ceph/mon/$cluster-$id
[mon.ceph-node1]
        host = ceph-node1
        mon addr = ceph-node1:6789
[mon.ceph-node2]
        host = ceph-node2
        mon addr = ceph-node2:6789
[mon.ceph-node3]
        host = ceph-node3
        mon addr = ceph-node3:6789
```

增加一个 MDS 节点到 Ceph 配置文件中

像监视节点一样，增加 MDS 节点的详细信息到 ceph-node1 节点上的/etc/ceph/ceph.conf 文件中。

```
[mds]

[mds.ceph-node2]
        host = ceph-node2
```

增加多个 OSD 节点到 Ceph 配置文件中

现在，增加多个 OSD 节点的详细信息到 ceph-node1 节点上的/etc/ceph/ceph.conf 文件中。

```
[osd]
        osd data = /var/lib/ceph/osd/$cluster-$id
        osd journal = /var/lib/ceph/osd/$cluster-$id/journal
[osd.0]
        host = ceph-node1
[osd.1]
        host = ceph-node1
[osd.2]
        host = ceph-node1
[osd.3]
        host = ceph-node2
[osd.4]
        host = ceph-node2
[osd.5]
        host = ceph-node2
[osd.6]
        host = ceph-node3
[osd.7]
        host = ceph-node3
[osd.8]
        host = ceph-node3
```

使用 SYSVINIT 运行 Ceph

在基于红帽或者更老的 Debian/Ubuntu 的 Linux 发行版上运行 Ceph 守护进程时，SYSVINIT 是管理这些守护进程的一个传统但仍然值得推荐的方式。使用 sysvinit 的基本语法是：

```
/etc/init.d/ceph [选项] [子命令] [守护进程]
```

启动和停止所有的守护进程

要启动或者停止所有的 Ceph 守护进程，需要执行如下命令。

操作指南

以下步骤说明了如何启动或停止所有的 Ceph 守护进程。

1. 要启用你的 Ceph 集群，运行 Ceph 的 start 子命令。这会启动在 ceph.conf 中配置的所有节点上的所有 Ceph 服务：

```
# /etc/init.d/ceph -a start
```

2. 要停用你的 Ceph 集群，运行 Ceph 的 stop 子命令。该命令会停止在 ceph.conf 中配置的所有节点上的所有 Ceph 服务：

```
# /etc/init.d/ceph -a stop
```

如果使用-a 选项做服务管理，请确保在你的 ceph.conf 文件中定义了所有的 Ceph 主机，以及当前节点能够 ssh 其他所有节点。如果不使用-a 选项，那么命令将只在本地主机上执行。

根据类型启动和停止所有守护进程

要根据类型来启动或者停止所有守护进程，需要执行如下命令。

操作指南

以下步骤说明了如何根据类型来启动和停止所有守护进程。

根据类型启动守护进程

1. 要启动在本机上的 Ceph monitor 守护进程，运行 Ceph 的后面带有守护进程类型的 start 子命令：

```
# /etc/init.d/ceph start mon
```

2. 要启动在所有 Ceph 节点上的 monitor 守护进程，使用-a 选项运行同样的命令：

```
# /etc/init.d/ceph -a start mon
```

3. 类似地，可以启动其他类型的守护进程，包括 osd、mds 和 ceph-radosgw：

```
# /etc/init.d/ceph start osd
# /etc/init.d/ceph start mds
# /etc/init.d/ceph start ceph-radosgw
```

根据类型停止守护进程

1. 要在本机上停止 Ceph monitor 守护进程，运行 Ceph 的后面带有守护进程类型的 stop 子命令：

```
# /etc/init.d/ceph stop mon
```

2. 要停止所有的节点上的 Ceph monitor 守护进程，使用-a 选项运行同样的命令：

```
# /etc/init.d/ceph -a stop mon
```

3. 类似地，可以停止其他类型的守护进程，包括 osd、mds 和 ceph-radosgw：

```
# /etc/init.d/ceph stop osd
# /etc/init.d/ceph stop mds
```

```
# /etc/init.d/ceph stop ceph-radosgw
```

启动和停止一个特定的守护进程

要启动或者停止一个特定的 Ceph 守护进程，执行如下命令。

操作指南

我们来看看如何启动和停止特定的守护进程。

启动一个特定的守护进程

要启动本机上的一个特定守护进程，执行 Ceph 的后面带有{守护进程类型}.{守护进程实例}的 start 子命令，如下。

1. 启动 mon.0 守护进程：

```
# /etc/init.d/ceph start mon.ceph-node1
```

2. 类似地，也可以启动其他守护进程和它们的实例：

```
# /etc/init.d/ceph start osd.1
# /etc/init.d/ceph -a start mon.ceph-node2
# /etc/init.d/ceph start ceph-radosgw.gateway1
```

停止一个特定的守护进程

要停止在本机上运行的一个特定的守护进程，运行 Ceph 的后面带有{守护进程类型}.{守护进程实例}的 stop 子命令，如下。

1. 停止 mon.0 守护进程：

```
# /etc/init.d/ceph start mon.ceph-node1
```

2. 类似地，停止其他的守护进程和它们的实例：

```
# /etc/init.d/ceph stop osd.1
# /etc/init.d/ceph stop -a mds.ceph-node2
# /etc/init.d/ceph stop ceph-radosgw.gateway1
```

作为一个服务运行 Ceph

上一节中，我们学习到了如何使用 sysvinit 来管理 Ceph 服务。本节中，我们将会学习如何使用 Linux service 命令将 Ceph 作为一个服务来管理。从 Ceph Argonaut 版本开始，我们就可以使用 Linux `service` 命令的如下语法来管理 Ceph 守护进程：

```
service ceph [选项] [子命令] [守护进程]
```

启动和停止所有 Ceph 守护进程

要启动和停止所有 Ceph 守护进程，执行如下命令。

操作指南

我们来看看如何启动和停止所有 Ceph 守护进程。

1. 要启用 Ceph 集群，运行 Ceph 的 `start` 子命令。该命令会在 `ceph.conf` 中配置的所有节点上启动所有 Ceph 服务。当使用`-a` 选项启动 Ceph 后，Ceph 就会开始运行：

```
# service ceph -a start
```

2. 要停用 Ceph 集群，运行 Ceph 的 `stop` 子命令。该命令会在 `ceph.conf` 中配置的所有节点上停止所有的 Ceph 服务。当使用`-a` 选项停用 Ceph 后，Ceph 就会停止运行：

```
# service ceph -a stop
```

根据类型启动和停止所有守护进程

要根据类型来启动或者停止所有 Ceph 守护进程，执行如下命令。

操作指南

来看看如何根据类型启动和停止守护进程。

根据类型启动守护进程

1. 要在本机上启动 Ceph monitor 守护进程，运行 Ceph service 的后面带有守护进程类型的 `start` 命令：

```
# service ceph start mon
```

2. 要在所有节点上启动 Ceph monitor 守护进程，使用`-a` 选项执行同样的命令：

```
# service ceph -a start mon
```

3. 类似地，可以启动其他类型的守护进程，包括 `osd`、`mds` 和 `ceph-radosgw`：

```
# service ceph start osd
# service ceph start mds
```

```
# service ceph start ceph-radosgw
```

根据类型停止守护进程

1．要停止本机上的 Ceph monitor 守护进程，运行 `service ceph` 的后面带有守护进程类型的 `stop` 命令：

```
# service ceph stop mon
```

2．要在所有节点上停止 Ceph monitor 守护进程，使用`-a` 选项运行同样的命令：

```
# service ceph -a stop mon
```

3．类似地，可以停止其他类型的守护进程，包括 `osd`、`mds` 和 `ceph-radosgw`：

```
# service ceph stop osd
# service ceph stop mds
# service ceph stop ceph-radosgw
```

启动和停止一个特定的守护进程

要启动或者停止一个特定的 Ceph 守护进程，执行如下命令。

操作指南

我们来看看如何启动和停止特定的 Ceph 守护进程。

启动一个特定的守护进程

要启动本机上的一个特定守护进程，运行 Ceph 的后面带有{守护进程类型}.{守护进程实例}的 `start` 命令，如下。

1．启动 mon.0 守护进程：

```
# service ceph start mon.ceph-node1
```

2．类似地，可以启动其他守护进程和它们的实例：

```
# service ceph start osd.1
# service ceph -a start mds.ceph-node2
# service ceph start ceph-radosgw.gateway1
```

停止一个特定的守护进程

要停止本机上的一个特定 Ceph 守护进程，执行 Ceph 的后面带有{守护进程类型}.{守护进程实例}的 stop 命令，如下。

1. 停止 mon.0 守护进程：

```
# service ceph stop mon.ceph-node1
```

2. 类似地，可以停止其他守护进程和它们的实例：

```
# service ceph stop osd.1
# service ceph -a stop mds.ceph-node2
# service ceph stop ceph-radosgw.gateway1
```

向上扩展（Scale-up）和向外扩展（Scale-out）

构建一个存储基础设施时，可扩展性是最重要的设计考量之一。你为你的架构所选择的存储方案必须有足够的扩展性来满足未来的数据存储需求。一个存储系统常常从小规模开始，逐渐扩展到中级规模容量，再逐渐地扩展到大规模容量。

传统存储系统都是基于向上扩展设计的，因此它们都有固定的容量上限。如果扩展超过其容量上限，可能需要在性能、可靠性以及可访问性等方面做出妥协。基于向上扩展设计模式的存储系统，往往会通过向现有的控制系统中添加磁盘的方式，来实现其扩展性，这样的话，到一定程度后，它们往往会成为整个存储系统的性能、容量和可管理性的瓶颈。

另一方面，向外扩展的设计模式往往会将包含磁盘、CPU、内存和其他资源的全新完整节点增加到已有的存储集群中。使用这种模式后，你将不再面临在向上扩展模式中的那些挑战。相反，它还能够线性地提高系统的性能。存储系统的向上扩展和向外扩展模式如下图所示。

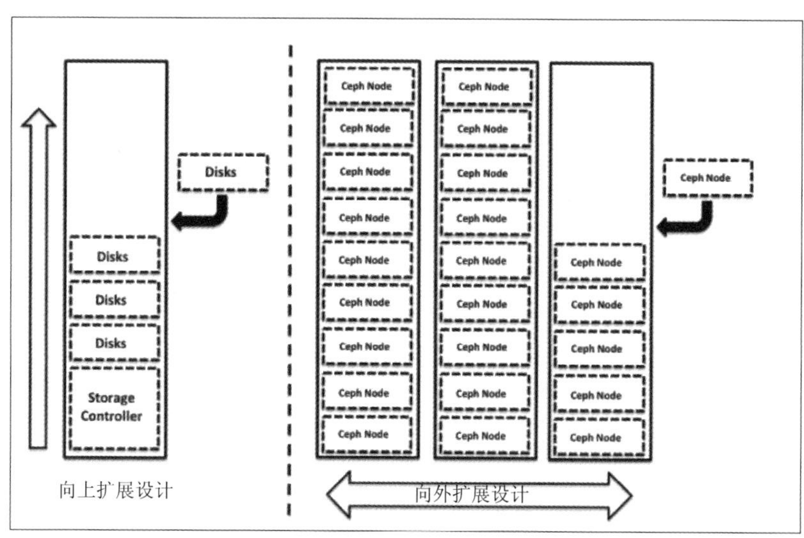

Ceph 是基于向外扩展模式的具有无缝扩展性的存储系统。能够在一个已有的集群中增加一个带有一组磁盘的新节点来扩展其容量。

向外扩展 Ceph 集群

从根本上，Ceph 已经被设计为能够从几个节点增长到几百个节点，而且能够在服务不宕机的情况下进行扩展。本节中，我们将会深入地介绍如何通过增加 MON、OSD、MDS 和 RGW 等节点来扩展 Ceph 集群。

添加 Ceph OSD

在 Ceph 中添加一个新的 OSD 节点是一个在线过程。为了演示该过程，我们将需要一个名为 ceph-node4 并带有三块磁盘可作为 OSD 的新虚拟机。该节点随后将会被加入到我们已有的 Ceph 集群中。

操作指南

从 ceph-node1 上运行以下命令，直到有特别的说明为止。

1. 创建一个带有三块磁盘（OSD）的新节点 ceph-node4。可以参照第一章中所介绍的步骤来创建一个带有多块磁盘的新虚拟机然后配置其操作系统。

在将该节点加入 Ceph 集群之前，我们来看看当前的 OSD 树。如下图所示，Ceph 集群目前有三个节点，一共九个 OSD：

```
# ceph osd tree
```

```
[root@ceph-node1 ~]# ceph osd tree
# id    weight   type name          up/down reweight
-1      0.08998  root default
-3      0.03             host ceph-node2
3       0.009995                        osd.3   up      1
4       0.009995                        osd.4   up      1
5       0.009995                        osd.5   up      1
-4      0.03             host ceph-node3
6       0.009995                        osd.6   up      1
7       0.009995                        osd.7   up      1
8       0.009995                        osd.8   up      1
-2      0.02998          host ceph-node1
0       0.009995                        osd.0   up      1
1       0.009995                        osd.1   up      1
2       0.009995                        osd.2   up      1
[root@ceph-node1 ~]#
```

2. 确保新的节点上已经安装了 Ceph 软件包并确保集群中所有节点上的 Ceph 版本是

相同的。在 ceph-node1 安装 Ceph 软件包到 ceph-node4：

```
# ceph-deploy install ceph-node4 --release giant
```

> 我们在这里有意安装 Ceph Giant 版本，这样在本章的后节我们将会学习到如何将我们的集群从 Giant 版本升级到 Hammer 版本。

3．列表 ceph-node4 上的所有磁盘：

```
# ceph-deploy disk list ceph-node4
```

4．将 ceph-node4 上的磁盘加入到现有的 Ceph 集群：

```
# ceph-deploy disk zap ceph-node4:sdb ceph-node4:sdc ceph-node4:sdd
# ceph-deploy osd create ceph-node4:sdb ceph-node4:sdc ceph-node4:sdd
```

5．一旦将这些新的 OSD 加入 Ceph 集群后，将会发现 Ceph 集群开始将部分现有数据重新平衡到新的 OSD 上。可以使用下面的命令来观察该再平衡过程。一段时间后，你将会发现 Ceph 集群重新变得稳定了：

```
# watch ceph -s
```

6．最后，在完成添加 ceph-osd4 的所有磁盘到集群后，查看集群新的存储容量：

```
# rados df
```

7．查看 OSD 树，它将会有助于更好地理解你的集群。那些被添加进集群的 OSD 已经在 ceph-node4 下面了：

```
# ceph osd tree
```

```
[root@ceph-node1 ceph]# ceph osd tree
# id    weight    type name       up/down reweight
-1      0.12      root default
-3      0.03              host ceph-node2
3       0.009995                          osd.3   up      1
4       0.009995                          osd.4   up      1
5       0.009995                          osd.5   up      1
-4      0.03              host ceph-node3
6       0.009995                          osd.6   up      1
7       0.009995                          osd.7   up      1
8       0.009995                          osd.8   up      1
-2      0.02998           host ceph-node1
0       0.009995                          osd.0   up      1
1       0.009995                          osd.1   up      1
2       0.009995                          osd.2   up      1
-5      0.02998           host ceph-node4
9       0.009995                          osd.9   up      1
10      0.009995                          osd.10  up      1
11      0.009995                          osd.11  up      1
[root@ceph-node1 ceph]#
```

该命令的输出包含了很多有价值的信息，比如 OSD 权重（weight）、各个 OSD 所在节点、OSD 的 UP（服务运行中）或 DOWN（服务已停止）状态，以及被表示为 1 或者 0 的 OSD IN（集群中）或 OUT（集群外）状态。

刚才，我们已经学会了如何将新节点添加到现有的 Ceph 集群中。现在我们应该意识到，随着 OSD 数量的增加，选择一个合适的 PG 值将变得更加重要，因为该值将会显著地影响集群的运行行为。在一个大型集群中增加 PG 值是个昂贵的操作。我建议你通过阅读：http://docs.ceph.com/docs/master/rados/operations/ placement-groups /#choosing-the-number-of-placement-groups 去了解 PGs（Placement Groups）的最新信息。

添加 Ceph monitor 节点

在一个部署了大型 Ceph 集群的环境中，可能需要增加 monitor 的数量。像添加 OSD 节点一样，向 Ceph 集群中添加新的 MON 节点也是一个在线的过程。本节中，我们会将 ceph-node4 配置为 monitor 节点。

既然这只是一个测试集群，我们将会增加 ceph-node4 作为第四个 monitor 节点。然而，在生产环境中，需要一直保持奇数个 monitor 节点，这样做将会增强系统弹性。

操作指南

1. 要将 ceph-node4 配置为一个 monitor 节点，在 ceph-node1 上执行以下命令：

```
# ceph-deploy mon create ceph-node4
```

2. 在 ceph-node4 被配置为 monitor 节点后，检查 Ceph 集群的状态。请注意，ceph-node4 已经是一个新的 monitor 节点了。

```
[root@ceph-node1 ceph]# ceph -s
    cluster 9609b429-eee2-4e23-af31-28a24fcf5cbc
     health HEALTH_OK
     monmap e6: 4 mons at {ceph-node1=192.168.1.101:6789/0,ceph-node2=192.168.1.102:6789/0,
ceph-node3=192.168.1.103:6789/0,ceph-node4=192.168.1.104:6789/0}, election epoch 958, quoru
m 0,1,2,3 ceph-node1,ceph-node2,ceph-node3,ceph-node4
     mdsmap e217: 1/1/1 up {0=ceph-node2=up:active}
     osdmap e3951: 12 osds: 12 up, 12 in
      pgmap v32414: 1628 pgs, 45 pools, 2422 MB data, 3742 objects
            7920 MB used, 172 GB / 179 GB avail
                1628 active+clean
[root@ceph-node1 ceph]#
```

3. 检查 Ceph monitor 状态，ceph-node4 已经是一个新的 Ceph monitor 节点。

```
[root@ceph-node1 ceph]# ceph mon stat
e6: 4 mons at {ceph-node1=192.168.1.101:6789/0,ceph-node2=192.168.1.102:6789/0,ceph-node3=192.168.1.103:6789/0,ceph-node4
=192.168.1.104:6789/0}, election epoch 958, quorum 0,1,2,3 ceph-node1,ceph-node2,ceph-node3,ceph-node4
[root@ceph-node1 ceph]#
```

添加 Ceph RGW

将 Ceph 存储集群用作对象存储时，需要部署 Ceph RGW 模块；若要使对象存储服务是高可用的，需要部署多个 Ceph RGW 实例。一个 Ceph 对象存储服务可以很容易地从一个 RGW 节点扩展到多个 RGW 节点。下图描述了如何部署和扩展多个 RGW 实例来提供高可用对象存储服务。

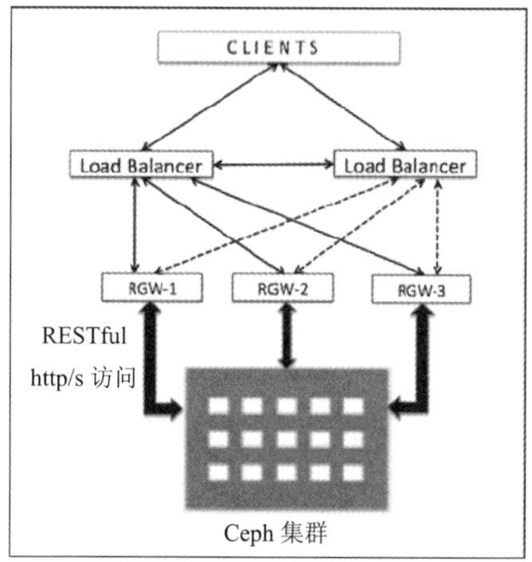

扩展 RGW 的过程与添加 RGW 节点的过程是相同的。参见第三章，Ceph 对象存储，安装 RADOS 网关一节来了解如何在 Ceph 环境中添加更多的 RGW 节点。

缩小 Ceph 集群

一个存储系统的最重要的特点之一是它的灵活性。一个好的存储系统应具有足够的灵活性，必须能够在不会引起任何服务停机的情况下支持扩大和缩小系统规模。传统存储系统只具有非常有限的灵活性，因此扩大和缩小这种系统是一项艰巨的任务。有时候，你会感觉到被存储容量锁定了，而且无法根据你的需要做想做的改变。

Ceph 是个完全灵活的存储系统，它支持在线改变存储容量，不管是扩大还是缩小。在上一节中，我们已经学习了如何轻松地向外扩展一个已有的 Ceph 集群。本节中，我们将在不影响其可访问性的前提下，通过将 `ceph-node4` 移出该 Ceph 集群来缩小这个集群。

移除 Ceph OSD

在通过缩小或者移除 OSD 节点来减小集群的规模之前，需要确保集群有足够的空间来容纳待移除节点上的所有数据。

操作指南

1. 要缩小集群的规模，将 `ceph-node4` 节点和它所有的 OSD 移出该集群。这些 Ceph OSD 需要被设置为 out（集群外）从而使 Ceph 开始数据恢复。从任何一个 Ceph 节点上，执行以下的操作将这些 OSD 移出集群：

```
# ceph osd out osd.9
# ceph osd out osd.10
# ceph osd out osd.11
```

```
[root@ceph-node1 ~]# ceph osd out osd.9
marked out osd.9.
[root@ceph-node1 ~]# ceph osd out osd.10
marked out osd.10.
[root@ceph-node1 ~]# ceph osd out osd.11
marked out osd.11.
[root@ceph-node1 ~]#
```

2. 一旦将一个 OSD 标记为 out，Ceph 将会立即开始数据重新平衡，它会将 OSD 上的 PG 迁移到集群内其他 OSD 上。在一段时间内你的集群将处于不健康状态，但是它还能向客户端提供服务。根据被移除的 OSD 的数目，系统的性能在数据恢复结束前可能有一定程度的下降。一旦集群回到了健康状态，它就会象往常一样地运行了：

```
# ceph -s
```

```
[root@ceph-node1 ~]# ceph -s
    cluster 9609b429-eee2-4e23-af31-28a24fcf5cbc
     health HEALTH_WARN 65 pgs degraded; 8 pgs recovering; 22 pgs stuck unclean;
recovery 1594/11226 objects degraded (14.199%)
     monmap e6: 4 mons at {ceph-node1=192.168.1.101:6789/0,ceph-node2=192.168.1.1
02:6789/0,ceph-node3=192.168.1.103:6789/0,ceph-node4=192.168.1.104:6789/0}, elect
ion epoch 978, quorum 0,1,2,3 ceph-node1,ceph-node2,ceph-node3,ceph-node4
     mdsmap e222: 1/1/1 up {0=ceph-node2=up:active}
     osdmap e4081: 12 osds: 12 up, 9 in
      pgmap v32727: 1628 pgs, 45 pools, 2422 MB data, 3742 objects
            8065 MB used, 127 GB / 134 GB avail
            1594/11226 objects degraded (14.199%)
                1563 active+clean
                  57 active+degraded
                   8 active+recovering+degraded
recovery io 27934 kB/s, 2 keys/s, 35 objects/s
  client io 297 kB/s wr, 0 op/s
[root@ceph-node1 ~]#
```

上图中集群处于恢复模式，但是同时它还在向客户端提供数据服务。可以使用下面的命令来观察其恢复过程：

```
# ceph -w
```

```
[root@ceph-node1 ~]# ceph -w
    cluster 9609b429-eee2-4e23-af31-28a24fcf5cbc
     health HEALTH_OK
     monmap e6: 4 mons at {ceph-node1=192.168.1.101:6789/0,ceph-node2=192.168.1.102:6789/0,
ceph-node3=192.168.1.103:6789/0,ceph-node4=192.168.1.104:6789/0}, election epoch 978, quoru
m 0,1,2,3 ceph-node1,ceph-node2,ceph-node3,ceph-node4
     mdsmap e222: 1/1/1 up {0=ceph-node2=up:active}
     osdmap e4081: 12 osds: 12 up, 9 in
      pgmap v32734: 1628 pgs, 45 pools, 2422 MB data, 3742 objects
            8514 MB used, 126 GB / 134 GB avail
                1628 active+clean

2015-07-26 23:01:05.012972 mon.0 [INF] pgmap v32734: 1628 pgs: 1628 active+clean; 2422 MB d
ata, 8514 MB used, 126 GB / 134 GB avail; 38045 kB/s, 35 objects/s recovering
2015-07-26 23:01:54.896226 mon.0 [INF] pgmap v32735: 1628 pgs: 1628 active+clean; 2422 MB d
ata, 8514 MB used, 126 GB / 134 GB avail
```

3．因为我们已经将 osd.9，osd.10 和 osd.11 标记为 out（集群外）它们不会再参与存储数据，但他们的服务仍在运行。我们现在来停止这些 OSD 服务：

```
# ssh ceph-node4 service ceph stop osd
```

```
[root@ceph-node1 ~]# ssh ceph-node4 service ceph stop osd
=== osd.11 ===
Stopping Ceph osd.11 on ceph-node4...kill 4721...kill 4721...done
=== osd.10 ===
Stopping Ceph osd.10 on ceph-node4...kill 2341...kill 2341...done
=== osd.9 ===
Stopping Ceph osd.9 on ceph-node4...kill 4319...kill 4319...done
[root@ceph-node1 ~]#
```

一旦这些 OSD 服务停止了，请查看 OSD 树，你将会看到它们已经是 down（服务已停止）和 out（集群外）状态：

```
# Ceph osd tree
```

```
[root@ceph-node1 ~]# ceph osd tree
# id    weight    type name        up/down reweight
-1      0.12      root default
-3      0.03              host ceph-node2
3       0.009995                          osd.3   up      1
4       0.009995                          osd.4   up      1
5       0.009995                          osd.5   up      1
-4      0.03              host ceph-node3
6       0.009995                          osd.6   up      1
7       0.009995                          osd.7   up      1
8       0.009995                          osd.8   up      1
-2      0.02998           host ceph-node1
0       0.009995                          osd.0   up      1
1       0.009995                          osd.1   up      1
2       0.009995                          osd.2   up      1
-5      0.02998           host ceph-node4
9       0.009995                          osd.9   down    0
10      0.009995                          osd.10  down    0
11      0.009995                          osd.11  down    0
[root@ceph-node1 ~]#
```

4．既然这些 OSD 已经不再是 Ceph 集群的一部分了，可以将它们从 CRUSH map 中删除：

```
# ceph osd crush remove osd.9
# ceph osd crush remove osd.10
# ceph osd crush remove osd.11
```

```
[root@ceph-node1 ~]# ceph osd crush remove osd.9
removed item id 9 name 'osd.9' from crush map
[root@ceph-node1 ~]# ceph osd crush remove osd.10
removed item id 10 name 'osd.10' from crush map
[root@ceph-node1 ~]# ceph osd crush remove osd.11
removed item id 11 name 'osd.11' from crush map
[root@ceph-node1 ~]#
```

5．一旦这些 OSD 从 CRUSH map 中删除，Ceph 集群将重新变为健康状态。可以再次查看 OSD map，因为我们还没有删除这些 OSD，它依然显示 12 个 OSD，9 `UP` 和 9 `IN`。

6．删除 OSD 验证密钥（authentication keys）：

```
# ceph auth del osd.9
# ceph auth del osd.10
# ceph auth del osd.11
```

```
[root@ceph-node1 ~]# ceph auth del osd.9
updated
[root@ceph-node1 ~]# ceph auth del osd.10
updated
[root@ceph-node1 ~]# ceph auth del osd.11
updated
[root@ceph-node1 ~]#
```

7．最后，删除 OSD，检查集群状态。你将会看到 9 个 OSD，9 `UP` 和 9 `IN`，集群的状态也将是 `OK`：

```
# ceph osd rm osd.9
# ceph osd rm osd.10
# ceph osd rm osd.11
```

```
[root@ceph-node1 ~]# ceph osd rm osd.9
removed osd.9
[root@ceph-node1 ~]# ceph osd rm osd.10
removed osd.10
[root@ceph-node1 ~]# ceph osd rm osd.11
removed osd.11
[root@ceph-node1 ~]#
```

8. 为了保持你的集群干净，我们还需要做一些扫尾工作。因为我们已经从 CRUSH map 中移除了这些 OSD，`ceph-node4` 上就不再有任何数据了。我们将 `ceph-node4` 从 CRUSH map 中删除，这会从 Ceph 集群中清除该节点的所有痕迹。

```
# ceph osd crush remove ceph-node4
# ceph -s
```

```
[root@ceph-node1 ~]# ceph -s
    cluster 9609b429-eee2-4e23-af31-28a24fcf5cbc
     health HEALTH_OK
     monmap e6: 4 mons at {ceph-node1=192.168.1.101:6789/0,ceph-node2=192.168.1.102:6789/0,
ceph-node3=192.168.1.103:6789/0,ceph-node4=192.168.1.104:6789/0}, election epoch 980, quoru
m 0,1,2,3 ceph-node1,ceph-node2,ceph-node3,ceph-node4
     mdsmap e222: 1/1/1 up {0=ceph-node2=up:active}
     osdmap e4095: 9 osds: 9 up, 9 in
      pgmap v32801: 1628 pgs, 45 pools, 2422 MB data, 3742 objects
            8185 MB used, 126 GB / 134 GB avail
                1628 active+clean
[root@ceph-node1 ~]#
```

移除 Ceph monitor

移除 Ceph monitor 不是一个经常性的任务。当确定要这样做时，请考虑到 Ceph monitor 使用 PAXOS 算法来建立主集群映射（master cluster map）的一致性。你需要有足够多的 monitor 来为集群映射的一致性建立仲裁。本节中，我们将要学习如何从 Ceph 集群中删除 `ceph-node4` monitor。

操作指南

1. 检查 Ceph monitor 状态：

```
# ceph mon stat
```

```
[root@ceph-node1 ~]# ceph mon stat
e6: 4 mons at {ceph-node1=192.168.1.101:6789/0,ceph-node2=192.168.1.102:6789/0,ceph-node3=192.168.1.103:6789/0,c
eph-node4=192.168.1.104:6789/0}, election epoch 996, quorum 0,1,2,3 ceph-node1,ceph-node2,ceph-node3,ceph-node4
[root@ceph-node1 ~]#
```

2. 要删除 Ceph monitor `ceph-node4`，从 `ceph-node1` 上运行以下命令：

```
# ceph-deploy mon destroy ceph-node4
```

```
[root@ceph-node1 ceph]# ceph-deploy mon destroy ceph-node4
[ceph_deploy.conf][DEBUG ] found configuration file at: /root/.cephdeploy.conf
[ceph_deploy.cli][INFO  ] Invoked (1.5.25): /bin/ceph-deploy mon destroy ceph-node4
[ceph_deploy.mon][DEBUG ] Removing mon from ceph-node4
[ceph-node4][DEBUG ] connected to host: ceph-node4
[ceph-node4][DEBUG ] detect platform information from remote host
[ceph-node4][DEBUG ] detect machine type
[ceph-node4][DEBUG ] get remote short hostname
[ceph-node4][INFO  ] Running command: ceph --cluster=ceph -n mon. -k /var/lib/ceph/mon/ceph-ceph-node4/keyring mon
remove ceph-node4
[ceph-node4][WARNIN] removed mon.ceph-node4 at 192.168.1.104:6789/0, there are now 3 monitors
[ceph-node4][INFO  ] polling the daemon to verify it stopped
[ceph-node4][INFO  ] Running command: service ceph status mon.ceph-node4
[ceph-node4][INFO  ] Running command: mkdir -p /var/lib/ceph/mon-removed
[ceph-node4][DEBUG ] move old monitor data
[root@ceph-node1 ceph]#
```

3. 检查你的 monitor 集群，确保剩下了仲裁实例：

```
# ceph quorum_status --format json-pretty
```

```
[root@ceph-node1 ceph]# ceph quorum_status --format json-pretty

{ "election_epoch": 998,
  "quorum": [
        0,
        1,
        2],
  "quorum_names": [
        "ceph-node1",
        "ceph-node2",
        "ceph-node3"],
  "quorum_leader_name": "ceph-node1",
  "monmap": { "epoch": 7,
      "fsid": "9609b429-eee2-4e23-af31-28a24fcf5cbc",
      "modified": "2015-07-27 21:22:38.523853",
      "created": "0.000000",
      "mons": [
            { "rank": 0,
              "name": "ceph-node1",
              "addr": "192.168.1.101:6789\/0"},
            { "rank": 1,
              "name": "ceph-node2",
              "addr": "192.168.1.102:6789\/0"},
            { "rank": 2,
              "name": "ceph-node3",
              "addr": "192.168.1.103:6789\/0"}]}}
[root@ceph-node1 ceph]#
```

4．最后，检查 monitor 的状态，你的集群应该有三个 monitor 实例：

```
# ceph mon stat
```

```
[root@ceph-node1 ceph]# ceph mon stat
e7: 3 mons at {ceph-node1=192.168.1.101:6789/0,ceph-node2=192.168.1.102:6789/0,ceph-node3=192.168.1.103:6789/0},
election epoch 998, quorum 0,1,2 ceph-node1,ceph-node2,ceph-node3
[root@ceph-node1 ceph]#
```

替换 Ceph 集群中的故障磁盘

一个 Ceph 集群可能由十块到几千块的物理磁盘来提供存储容量。随着物理磁盘数量的增加，磁盘出现故障的概率也将会随之增加。因此，替换故障磁盘也成为 Ceph 存储管理员的一个不断重复的任务。本节中，我们将要学习磁盘替换流程的有关知识。

操作指南

1. 检查集群状态。由于此时集群没有任何故障磁盘，它的状态应该是 HEALTH_OK（健康）：

```
# ceph status
```

```
[root@ceph-node1 ceph]# ceph -s
    cluster 9609b429-eee2-4e23-af31-28a24fcf5cbc
     health HEALTH_OK
     monmap e7: 3 mons at {ceph-node1=192.168.1.101:6789/0,ceph-node2=192.168.1.102:6789/0,ceph-node3=192.168.1.103:6789/0}, election epoch 998, quorum 0,1,2 ceph-node1,ceph-node2,ceph-node3
     mdsmap e232: 1/1/1 up {0=ceph-node2=up:active}
     osdmap e4118: 9 osds: 9 up, 9 in
      pgmap v33667: 1628 pgs, 45 pools, 2422 MB data, 3742 objects
            7718 MB used, 127 GB / 134 GB avail
                1628 active+clean
[root@ceph-node1 ceph]#
```

2．既然我们是在虚拟机上练习，因此我们需要通过 ceph-node1 关机、卸载一个磁盘、再启动虚拟机来强制地将这个磁盘变为故障状态。从虚拟机的宿主机上运行如下命令：

```
# VBoxManage controlvm ceph-node1 poweroff
# VBoxManage storageattach ceph-node1--storagectl "SATA"--port 1--device 0 --type hdd --medium none
# VBoxManage startvm ceph-node1
```

这些命令的输出如下：

```
teeri:ceph-cookbook ksingh$ VBoxManage  controlvm ceph-node1 poweroff
0%...10%...20%...30%...40%...50%...60%...70%...80%...90%...100%
teeri:ceph-cookbook ksingh$
teeri:ceph-cookbook ksingh$ VBoxManage storageattach ceph-node1 --storagectl "SATA" --port 1 --device 0 --type hdd --medium none
teeri:ceph-cookbook ksingh$ VBoxManage startvm ceph-node1
Waiting for VM "ceph-node1" to power on...
VM "ceph-node1" has been successfully started.
teeri:ceph-cookbook ksingh$
```

3．现在，ceph-node1 上有个故障磁盘了，即 osd.0，它将会被替换：

```
# ceph osd tree
```

```
[root@ceph-node1 ~]# ceph osd tree
# id    weight  type name       up/down reweight
-1      0.08998 root default
-3      0.03            host ceph-node2
3       0.009995                        osd.3   up      1
4       0.009995                        osd.4   up      1
5       0.009995                        osd.5   up      1
-4      0.03            host ceph-node3
6       0.009995                        osd.6   up      1
7       0.009995                        osd.7   up      1
8       0.009995                        osd.8   up      1
-2      0.02998         host ceph-node1
0       0.009995                        osd.0   down    1
1       0.009995                        osd.1   up      1
2       0.009995                        osd.2   up      1
[root@ceph-node1 ~]#
```

你会注意到 osd.0 是 DOWN（服务已停止）状态，然而它仍然被标记为 IN（集群中）状态。只要它的状态还是 IN，Ceph 集群就不会为它触发数据恢复。默认情况下，Ceph 集群需要 5 分钟时间来将一个 DOWN 状态的磁盘标记为 OUT（集群外）状态，然后开始数据恢复。设置该时长是为了在发生短期的服务中断时避免不必要的数据移动，比如，当系统重启时。你可以根据需要去增加或者减少该超时时长。

4．等待集群在 5 分钟后触发数据恢复，或者可以手动将故障 OSD 标记为 OUT：

```
# ceph osd out osd.0
```

5．一旦该 OSD 被标记为 OUT，Ceph 集群会为该 OSD 上的 PG 启动恢复过程。可以使用如下命令来观察其过程：

```
# ceph status
```

6．现在将该故障 OSD 从 Ceph CRUSH map 中移除：

```
# ceph osd crush rm osd.0
```

7．删除该 OSD 的 Ceph 验证密钥：

```
# ceph auth del osd.0
```

8．最后，将该 OSD 从 Ceph 集群中删除：

```
# ceph osd rm osd.0
```

```
[root@ceph-node1 ~]# ceph osd crush rm osd.0
removed item id 0 name 'osd.0' from crush map
[root@ceph-node1 ~]#
[root@ceph-node1 ~]# ceph auth del osd.0
updated
[root@ceph-node1 ~]# ceph osd rm osd.0
removed osd.0
[root@ceph-node1 ~]#
```

9．因为一个 OSD 不可用了，集群的状态不再是 OK，集群将会做恢复。你不需要有任何担心，这是 Ceph 的一个普通操作。恢复过程一旦结束，集群状态将会重新变为 HEALTH_OK：

```
# ceph -s
# ceph osd stat
```

```
[root@ceph-node1 ~]# ceph -s
    cluster 9609b429-eee2-4e23-af31-28a24fcf5cbc
     health HEALTH_OK
     monmap e7: 3 mons at {ceph-node1=192.168.1.101:6789/0,ceph-node2=192.168.1.102:6789/0,
ceph-node3=192.168.1.103:6789/0}, election epoch 1028, quorum 0,1,2 ceph-node1,ceph-node2,c
eph-node3
     mdsmap e246: 1/1/1 up {0=ceph-node2=up:active}
     osdmap e4164: 8 osds: 8 up, 8 in
      pgmap v33855: 1628 pgs, 45 pools, 2422 MB data, 3742 objects
            7918 MB used, 112 GB / 119 GB avail
                1628 active+clean
[root@ceph-node1 ~]#
[root@ceph-node1 ~]# ceph osd stat
     osdmap e4164: 8 osds: 8 up, 8 in
[root@ceph-node1 ~]#
```

10．此时，需要在该 Ceph 节点上使用一块新的磁盘来替代这块故障磁盘。现在几乎所有的服务器硬件和操作系统都支持磁盘热插拔，因此应该不会因为替换磁盘而导致服务中断。

11．因为我们是在虚拟机上模拟该过程，因此需要关闭虚拟机，添加一块新磁盘，再重启虚拟机。一旦磁盘重新被插入，记下来它的操作系统设备 ID：

```
# VBoxManage controlvm ceph-node1 poweroff
# VBoxManage storageattach ceph-node1 --storagectl "SATA" --port 1 --device
0 --type hdd --medium ceph-node1_disk2.vdi
# VBoxManage startvm ceph-node1
```

12．现在新磁盘已经被添加到系统，我们列表 ceph-node1 节点上的磁盘：

```
# ceph-deploy disk list ceph-node1
```

13．将磁盘加入到 Ceph 集群之前，执行 `disk zap`：

```
# ceph-deploy disk zap ceph-node1:sdb
```

14．最后，为该磁盘创建一个 OSD，Ceph 集群会将它增加为 `osd.0`：

```
# ceph-deploy --overwrite-conf osd create ceph-node1:sdb
```

15．一旦 OSD 被加入到 Ceph 集群中，Ceph 会执行回填（backfilling）操作，它会将 PG 从第二 OSD（secondary OSDs）上移动到这个新的 OSD 上。恢复操作可能需要一段时间。该过程结束后，Ceph 集群的状态将重新变为 `HEALTH_OK`：

```
# ceph -s
# ceph osd stat
```

```
[root@ceph-node1 ceph]# ceph -s
    cluster 9609b429-eee2-4e23-af31-28a24fcf5cbc
     health HEALTH_OK
     monmap e7: 3 mons at {ceph-node1=192.168.1.101:6789/0,ceph-node2=192.168.1.102:6789/0,
ceph-node3=192.168.1.103:6789/0}, election epoch 1032, quorum 0,1,2 ceph-node1,ceph-node2,c
eph-node3
     mdsmap e248: 1/1/1 up {0=ceph-node2=up:active}
     osdmap e4191: 9 osds: 9 up, 9 in
      pgmap v33983: 1628 pgs, 45 pools, 2422 MB data, 3742 objects
            8160 MB used, 126 GB / 134 GB avail
                1628 active+clean
[root@ceph-node1 ceph]#
[root@ceph-node1 ceph]# ceph osd stat
     osdmap e4191: 9 osds: 9 up, 9 in
[root@ceph-node1 ceph]#
```

升级 Ceph 集群

Ceph 的强大特性之一是几乎所有对集群的操作都是可以在线进行的，这意味着当集群处于生产环境中并且正在向客户端提供服务时，可以在不停止服务的前提下执行管理性操作。升级 Ceph 集群的版本就是这些操作之一。

从第一章开始，我们就一直在使用 Ceph Giant 版本，其实这是我们有意为之的，这样我们就可以演示如何将它从 Giant 版本升级到 Hammer 版本。作为最佳实践，你应该按照以下顺序来进行集群升级操作：

- ceph-deploy 工具
- 各 Ceph monitor 守护进程
- 各 Ceph OSD 守护进程
- 各 Ceph 元数据服务器（metadata servers）
- 各 Ceph 对象网关（Object Gateways）

一般情况下，我们建议升级一个特定类型的所有守护进程（比如所有 `ceph-mon` 守护进程、所有 `ceph-osd` 守护进程等）来确保它们都是一致的版本。

> 一旦升级了一个 Ceph 守护进程，就再也不能降级它。每个 Ceph 版本可能都有一些附加步骤，强烈建议你去阅读一下 http://docs.ceph.com/docs/master/release-notes/中有关版本的章节来确定升级 Ceph 集群过程中一些与版本有关的特定步骤。

操作指南

本节中，我们会将集群从 Giant 版本（0.84.2）升级到最新的 Hammer 版本。

1. 开始升级前，检查 `ceph-deploy` 工具，以及 Ceph monitor、OSD、MDS 和 `ceph-rgw` 等守护进程的当前版本：

```
# ceph-deploy --version
# for i in 1 2 3 ; do ssh ceph-node$i service ceph status; done | grep -i
running
```

```
[root@ceph-node1 ~]# ceph-deploy --version
1.5.25
[root@ceph-node1 ~]#
[root@ceph-node1 ~]# for i in 1 2 3 ; do ssh ceph-node$i service ceph status; done | grep -i running
mon.ceph-node1: running {"version":"0.87.2"}
osd.0: running {"version":"0.87.2"}
osd.1: running {"version":"0.87.2"}
osd.2: running {"version":"0.87.2"}
mon.ceph-node1: running {"version":"0.87.2"}
osd.0: running {"version":"0.87.2"}
osd.1: running {"version":"0.87.2"}
osd.2: running {"version":"0.87.2"}
mon.ceph-node2: running {"version":"0.87.2"}
osd.3: running {"version":"0.87.2"}
osd.4: running {"version":"0.87.2"}
osd.5: running {"version":"0.87.2"}
mds.ceph-node2: running {"version":"0.87.2"}
mon.ceph-node3: running {"version":"0.87.2"}
osd.6: running {"version":"0.87.2"}
osd.7: running {"version":"0.87.2"}
osd.8: running {"version":"0.87.2"}
[root@ceph-node1 ~]#
```

2．升级 ceph-deploy 到最新版本：

```
# yum update -y ceph-deploy
# ceph-deploy --version
```

3．更新 Ceph yum 库指向最新的 Hammer 版本。修改/etc/yum.repos.d/ceph.repo 中的 baseurl 指向 Hammer，如下所示：

```
[root@ceph-node1 ~]# cat /etc/yum.repos.d/ceph.repo
[Ceph]
name=Ceph packages for $basearch
baseurl=http://ceph.com/rpm-hammer/el7/$basearch
enabled=1
gpgcheck=1
type=rpm-md
gpgkey=https://ceph.com/git/?p=ceph.git;a=blob_plain;f=keys/release.asc
priority=1

[Ceph-noarch]
name=Ceph noarch packages
baseurl=http://ceph.com/rpm-hammer/el7/noarch
enabled=1
gpgcheck=1
type=rpm-md
gpgkey=https://ceph.com/git/?p=ceph.git;a=blob_plain;f=keys/release.asc
priority=1

[ceph-source]
name=Ceph source packages
baseurl=http://ceph.com/rpm-hammer/el7/SRPMS
enabled=1
gpgcheck=1
type=rpm-md
gpgkey=https://ceph.com/git/?p=ceph.git;a=blob_plain;f=keys/release.asc
priority=1

[root@ceph-node1 ~]#
```

4．复制 Ceph yum 库到其他 Ceph 节点上：

```
# scp /etc/yum.repos.d/ceph.repo ceph-node2:/etc/yum.repos.d/ceph.repo
# scp /etc/yum.repos.d/ceph.repo ceph-node3:/etc/yum.repos.d/ceph.repo
```

```
[root@ceph-node1 ~]# scp /etc/yum.repos.d/ceph.repo ceph-node2:/etc/yum.repos.d/ceph.repo
ceph.repo                                                 100%  611     0.6KB/s   00:00
[root@ceph-node1 ~]# scp /etc/yum.repos.d/ceph.repo ceph-node3:/etc/yum.repos.d/ceph.repo
ceph.repo                                                 100%  611     0.6KB/s   00:00
[root@ceph-node1 ~]#
```

由于我们的测试集群的每个节点上都运行了 MON、OSD 和 MDS 守护进程，如果升级 Ceph 软件二进制代码到 Hammer 版本，将会升级所有 MON、OSD 和 MDS 守护进程。然而，在生产环境中，升级将需要一个接一个地进行，否则将会遇到麻烦。

在生产环境中，需要一直遵照本节开头所列的 Ceph 升级次序来避免问题。

5．将 Ceph 从 Giant（0.87.2）升级到稳定的 Hammer（0.94.2）版本：

```
# ceph-deploy install --release hammer ceph-node1 ceph-node2 ceph-node3
```

6．在所有 Ceph monitor 节点上一个接一个地重启 Ceph monitor 守护进程，这样它就不会丢失仲裁：

```
# service ceph restart mon
```

7．在所有 Ceph OSD 节点上一个接一个地重启 Ceph OSD 守护进程：

```
# service ceph restart osd
```

8．在 Ceph MDS 节点上重启 Ceph MDS 守护进程：

```
# service ceph restart mds
```

9．最后，在所有服务被成功重启后，检查集群的版本：

```
# ceph -v
# for i in 1 2 3 ; do ssh ceph-node$i service ceph status; done | grep -i running
```

维护 Ceph 集群

作为一个 Ceph 存储管理员，首要工作之一就是维护你的 Ceph 集群。Ceph 是一个被设计为能够从几十个 OSD 节点增长到几千个 OSD 节点的分布式系统。维护一个 Ceph 集群的关键任务之一就是维护集群的 OSD。本节中，我们将会介绍 Ceph 中能够帮助维护、定位问题的一些 OSD 和 PG 的命令。

```
[root@ceph-node1 ~]# for i in 1 2 3 ; do ssh ceph-node$i service ceph status; done | grep -i running
mon.ceph-node1: running {"version":"0.94.2"}
osd.0: running {"version":"0.94.2"}
osd.1: running {"version":"0.94.2"}
osd.2: running {"version":"0.94.2"}
mon.ceph-node1: running {"version":"0.94.2"}
osd.0: running {"version":"0.94.2"}
osd.1: running {"version":"0.94.2"}
osd.2: running {"version":"0.94.2"}
mon.ceph-node2: running {"version":"0.94.2"}
osd.3: running {"version":"0.94.2"}
osd.4: running {"version":"0.94.2"}
osd.5: running {"version":"0.94.2"}
mds.ceph-node2: running {"version":"0.94.2"}
mon.ceph-node3: running {"version":"0.94.2"}
osd.6: running {"version":"0.94.2"}
osd.7: running {"version":"0.94.2"}
osd.8: running {"version":"0.94.2"}
[root@ceph-node1 ~]#
```

操作指南

为了更好地理解这些命令的必要性，我们来假设一个场景，你需要向生产环境中的 Ceph 集群中添加一个 Ceph 节点。一种简单方式是，增加一个带有多个磁盘的节点到集群中，然后集群开始将数据重新平衡到这个新的节点上。这对于一个测试集群来说没有任何问题。

然而，如果该场景是在生产环境中，那么在添加新的节点之前，使用下文提到的一些 ceph osd 子命令/标志位（flags）来做一些预处理，是非常关键的，比如 noin、nobackfill 等。这么做将使你的集群不会在新的节点被添加进来后立即开始数据回填，你可以在非高峰期取消设置这些标志位，然后集群就会开始再平衡任务。

1. 可以很简单地使用 set 和 unset 命令来设置和清除这些标志位。例如，使用如下的命令行来设置一个标志位：

```
# ceph osd set <flag_name>
# ceph osd set noout
# ceph osd set nodown
# ceph osd set norecover
```

2. 使用如下的命令行来取消设置同样的标志位：

```
# ceph osd unset <flag_name>
# ceph osd unset noout
# ceph osd unset nodown
# ceph osd unset norecover
```

这些标志位是如何起作用的呢?

现在我们来学习都有哪些标志位，以及我们为什么需要用到这些标志位。

- `noout`：该标志位将使 Ceph 集群不会将任何 OSD 标记为 *out*（集群外），无论其实际状态如何。这将会把所有的 OSD 保留在 Ceph 集群中。
- `nodown`：该标志位将使得 Ceph 集群不会将任何 OSD 标记为 *down*（服务已停止），无论其实际状态如何。这将会使集群中的所有 OSD 保持 `UP`（服务运行中）状态，而不会是 `DOWN` 状态。
- `noup`：该标志位将使得 Ceph 集群不会将任何 `DOWN`（服务已停止）OSD 标记为 `UP`（运行中）状态。这样，任何被标记为 `DOWN` 的 OSD 都将只有在该标志位被清除以后才会被标记为 `UP`。该标志位也会被用于新加入集群中的 OSD。
- `noin`：该标志位将使得 Ceph 集群不允许任何新的 OSD 加入集群。这在需要一次性加入多个 OSD 到集群中而不想它们自动地被加入集群时非常有用。
- `norecover`：该标志位将使得 Ceph 集群不做集群恢复（cluster recovery）。
- `nobackfill`：该标志位将使得 Ceph 集群不做数据回填（backfilling）。这在一次性加入多个 OSD 但是不想 Ceph 自动将数据分布到它们上时会非常有用。
- `norebalance`：该标志位将使得 Ceph 集群不做任何集群再平衡（cluster rebalancing）。
- `noscrub`：该标志位将使得 Ceph 集群不做 OSD 清理（scrubbing）。
- `nodeep-scrub`：该标志位将使得 Ceph 不做 OSD 深度清理（deep scrubbing）。
- `notieragent`：该标志位将禁用缓存分层代理（cache pool tiering agent）。

除了这些标志位以外，还可以使用下面的命令去修复 OSD 和 PG。

- `ceph osd repair`：修复一个特定 OSD。
- `ceph pg repair`：修复一个特定 PG。使用这个命令时务必要谨慎，要根据你的集群的状态来使用，如果使用不当，该命令可能会影响用户数据。
- `ceph pg scrub`：在指定的 PG 上做清理（scrubbing）。
- `ceph deep-scrub`：在指定的 PG 上做深度清理（deep scrubbing）。

Ceph CLI 用于端到端的集群管理是非常强大的。你可以访问：`http://ceph.com/docs/ master/man /8/ceph/`以获取更多的信息。

第 7 章 深入 Ceph

本章主要包含以下内容：

- Ceph 扩展性和高可用性
- 理解 CRUSH 机制
- CRUSH map 的内容
- Ceph cluster map
- 高可用 monitors
- Ceph 身份验证和授权
- Ceph 动态集群管理
- Ceph Placement Group（PG，配置组）
- PG 状态
- 在指定 OSD 上创建 Ceph 存储池

介绍

本章中，我们将通过学习 Ceph 的扩展性、高可用性、身份验证和授权等特性深入理解 Ceph 的内部运作原理。我们还将学习到 CRUSH map，Ceph 集群中最重要的部分之一。最后，我们将会学习动态集群管理，以及为 Ceph 存储池定制 CRUSH map。

Ceph 扩展性和高可用

要理解 Ceph 的扩展性和高可用性，首先需要介绍一下传统存储系统的架构。这种架构之下，客户端要存放或者获取数据时，需要和一个称为控制器（controller）或者网关（gateway）的集中式组件通信。这种存储控制器充当了整个存储系统服务客户端请求的单一联络点。这种架构如下图所示。

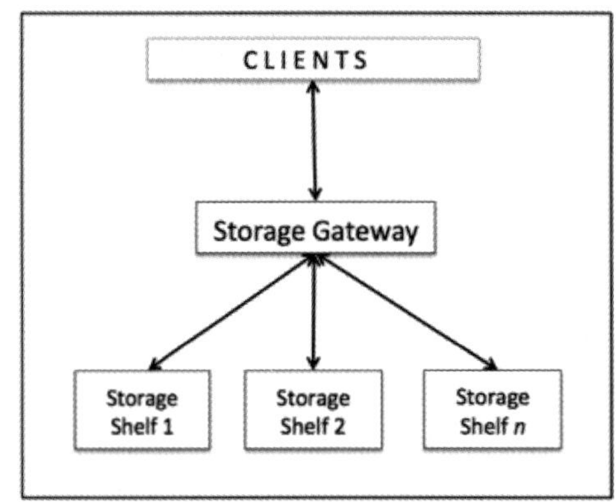

这种存储网关，充当存储系统的唯一访问入口，也必将成为故障单点。这还意味着，在引入故障单点的同时也引入了性能和扩展性的限制，例如，当这个集中式组件无法工作时，整个存储系统也就无法工作了。

Ceph 不使用这种传统的存储架构，它已经完全革新为下一代存储。Ceph 允许它的客户端直接访问 OSD 守护进程，这样就可以消除使用集中式网关的需求。下图说明了客户端是如何连接到 Ceph 集群的。

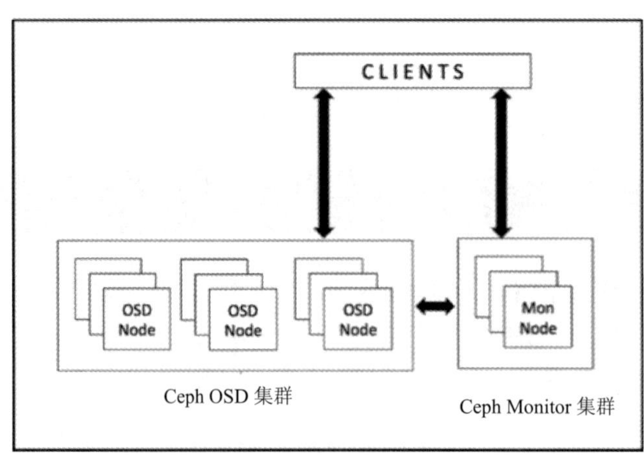

Ceph OSD 守护进程负责创建对象，以及在其他 Ceph 节点上创建这些对象的副本来保证数据的安全性和高可用性。Ceph 还使用一个 monitor 集群来保证系统的高可用性。为了去中心化，Ceph 使用了 CRUSH 算法，它的全称为 Controlled Replication Under Scalable Hashing。使用 CRUSH 后，客户端根据需要来计算它的数据要被写到哪里，以及从哪里读取它所需要的数据。下一节我们将会详细地说明 Ceph CRUSH 算法。

理解 CRUSH 机制

Ceph 使用 CURSH 算法来存放和管理数据，它是 Ceph 的智能数据分发机制。如上节所述，传统存储使用一个中心式的元数据 / 索引表来保存有关客户端数据如何存放的信息。Ceph 使用 CRUSH 算法来准确计算数据应该被保存到哪里，以及应该从哪里读取。和保存元数据不同的是，CRUSH 按需计算出元数据，因此它就消除了对中心式的服务器 / 网关的需求。它使得 Ceph 客户端能够计算出元数据，该过程也称为 CRUSH 查找，然后和 OSD 直接通信。

对 Ceph 集群的一个读写操作，客户端首先访问 Ceph monitor 来获取 cluster map 的一份副本，它包含五个 map，分别是 monitor map、OSD map、MDS map、CRUSH map 和 PG map 等，我们会在接下来的部分一一介绍。这些 cluster map 将有助于客户端知晓 Ceph 集群的状态和配置。然后，数据被转化为一个或者多个对象，每个对象都具有对象名称（name）和存储池名称 / ID（pool name/ID）。接着，该对象会被以配置组（PG）的数目为基数做哈希，在指定的 Ceph 存储池中生成最终的 PG。这个计算出的 PG 再通过 CRUSH 查询来确定存放或者获取数据的主（primary）、次（secondary）和再次（tertiary）OSD 的位置。

一旦客户端获得了精确的 OSD ID，将会直接和这些 OSD 通信并存放数据。所有这些计算操作都是在客户端完成的，因此它们不会影响 Ceph 集群服务器端的性能。这个完整的过程如下图所示。

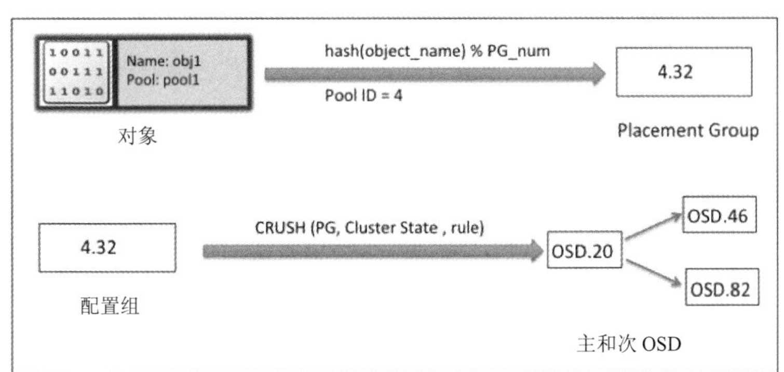

CRUSH map 的内容

要了解 CRUSH map 的内容以及如何方便地编辑它，我们需要知道如何获取它、如何反编辑它，让它成为我们能够阅读的格式。这个过程如下图所示。

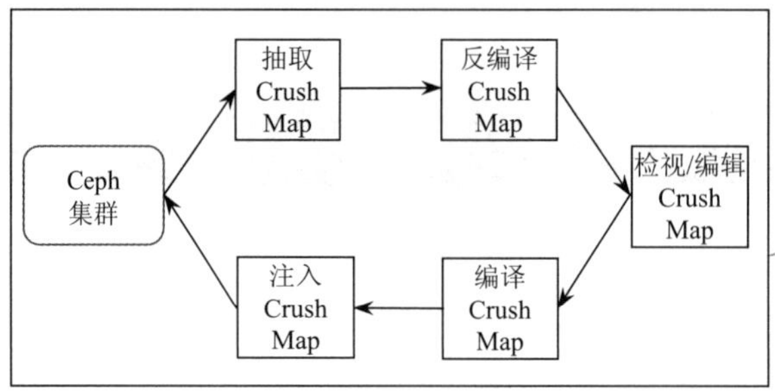

CRUSH map 给 Ceph 集群带来的变化是动态的，也就是说，一旦新的 CRUSH map 被注入到 Ceph 集群，所有的改动都将立即自动生效。

操作指南

现在来看看我们 Ceph 集群的 CRUSH map。

1. 从任何一个 monitor 节点上获取 CRUSH map：

```
# ceph osd getcrushmap -o crushmap_compiled_file
```

2. 获取该 CRUSH map 后，反编译它，让它成为我们能够阅读的格式：

```
# crushtool -d crushmap_compiled_file -o crushmap_decompiled_file
```

现在，该命令的输出文件 crushmap_decompiled_file 已经是我们能够阅读或者修改的格式了。下一节中，我们将会学习如何修改它。

3. 修改完成后，我们需要编译它：

```
# crushtool -c crushmap_decompiled_file -o newcrushmap
```

4. 最后，将新编译出的 CRUSH map 注入到原 Ceph 集群中：

```
# ceph osd setcrushmap -i newcrushmap
```

原理解密

既然我们学习了如何编辑 CRUSH map，接下来我们研究一下 CRUSH map 里到底有什么。一个 CRUSH map 文件包括以下四个主要部分。

- **Devices（设备）**：CRUSH map 文件的 devices 部分保存了 Ceph 集群中所有 OSD 设备。OSD 是和 `ceph-osd` 守护进程一一对应的物理磁盘。要将 PG 映射到 OSD，CRUSH 需要 OSD 设备列表。该列表位于 CRUSH map 的开头部分。下面是一个设备列表示例。

```
# devices
device 0 osd.0
device 1 osd.1
device 2 osd.2
device 3 osd.3
device 4 osd.4
device 5 osd.5
device 6 osd.6
device 7 osd.7
device 8 osd.8
```

- **Bucket types（bucket 类型）**：CRUSH map 文件的 types 部分定义了在 CRUSH 层次结构中用到的 bucket 类型。Bucket 由物理位置（例如，行、机架、机箱、主机等）的分层聚合以及它们被分配的权重（weights）组成。它们使用节点（`nodes`）和叶子（`leaves`）两种层次，节点 bucket 表示物理位置，能够和层次结构中的其他节点和叶子 bucket 相聚合；叶子 bucket 表示 `ceph-osd` 守护进程和它们的底层物理设备。默认的 bucket 类型如下表所示。

数　值	Bucket	描　述
0	OSD	一个 OSD 守护进程（比如，`osd.1`，`osd.2` 等）
1	Host	一个包含若干 OSD 的节点
2	Rack	一个包含若干节点的机架
3	Row	跨一组机架的一行
4	Room	一个包含若干机架和节点行的房间
5	Data center	一个包含若干房间的物理数据中心
6	Root	这是 bucket 分层结构的根

CRUSH 也支持自定义 bucket 类型。根据需要，这些默认的类型可被删除，然后加入新的类型。

- **Bucket instances（bucket 实例）**：CRUSH map 文件的 buckets 部分定义了在 CRUSH 层次结构中的 bucket 实例。在定义了 bucket 类型之后，你需要为所有主机（hosts）声明 bucket 实例。声明 bucket 实例时，必须指定其 bucket 类型、一个唯一的名称（字符串）、一个用负整数表示的唯一的 ID、和主机的总设备容量相关的权重

（weight）、bucket 算法（默认为 straw），以及哈希算法（默认为 0，表示使用 CRUSH 哈希算法 rjenkins1）。一个 bucket 可以有一个或者多个项目（items），项目可能包含其他的 bucket 或者 OSD。每个项目都要有权重，它表示该项目的相对权重。以下为 bucket 类型的基本语法。

```
[bucket-type] [bucket-name] {
  id [a unique negative numeric ID]
  weight [the relative capacity the item]
  alg [ the bucket type: uniform | list | tree | straw | straw2]
  hash [the hash type: 0 by default]
  item [item-name] weight [weight]
}
```

我们来看看 CRUSH bucket 实例用到的各个参数。

- `bucket-type`：bucket 的类型，用来指定 OSD 在 CRUSH 分层结构中的位置。
- `bucket-name`：唯一的 bucket 名称。
- `id`：唯一的 ID，用一个负整数表示。
- `weight`：Ceph 将要在集群所有磁盘上均匀地写数据，这将有助于更好地分布数据和保证集群性能。这就要求所有的磁盘无论其容量大小都要被加入到集群中，被同等地利用。要到达该要求，需要 Ceph 使用加权机制（weighting mechanism）。CRUSH 给每个 OSD 分配一个权重。OSD 的权重越高，说明它的物理存储容量越大。权重表示设备容量之间的相对差异。我们建议为 1TB 的存储设备设置相对权重 1.00。相对地，权重 0.5 表示大约 500G 容量，权重 3.00 表示大约 3TB 容量。
- `alg`：Ceph 提供多个 bucket 类型的算法供你选择。每个算法都是在性能和重组效率之间的一种妥协。我们来简单地了解一下这几种 bucket 类型算法。

- Uniform：当所有存储设备的权重都统一时可以使用这种类型的 bucket，当权重不统一时不能使用。在这种类型的 bucket 中添加或者删除设备将会要求数据重新放置（reshuffling of data），因此这种 bucket 类型缺乏效率。
- List：链表（List）类型的 bucket 将它们的内容聚合成链表（linked list），可以包含任意权重的存储设备。当集群扩展时，新存储设备会被加到链表头上，因此数据迁移将最少。然而，移除存储设备会产生相当多的数据移动。因此，这种类型只适合于很少或者从不添加新设备到集群的场景。另外，链表型 bucket 对小集合的项目是非常高效的，但是不合适大集合项目。
- Tree：树形（Tree）bucket 将项目保存在一棵二叉树中。当一个 bucket 包含大集合项目时，会比链表式 bucket 更高效。树形 bucket 被组织为一棵加权二叉搜索树，项目都位于叶子节点上。每个根节点（interior node）都知道它的左子树和右子树的总权重，而且根据一个固定策略被打上了标签。树形 bucket 是全能的，它能提供优异的性能和相当不错的重组效率。

■ Staw：在列表和树形 bucket 中选择一个项目时，需要计算一定数量的哈希值以及比较权重。它们使用分而治之的策略，给一些特定的项目赋予优先级（例如，那些在列表开头的项目）。这会改善副本放置过程的性能，但在 bucket 项目被添加、删除、或调整权重时将会引入适量的重组。

Straw bucket 类型允许所有的项目在副本放置时公平竞争。在有项目删除但是重组效率又是非常关键的场景中，straw 类型的 bucket 将提供最佳的子树之间数据迁移行为。这种 bucket 类型允许在放置副本时所有项目公平竞争。

■ Straw2：这是经过改进的 Straw bucket 类型，它会在项目 A 和 B 的权重都没有改变时避免任何数据移动。换句话说，当我们增加一个设备给项目 C 从而改变它的权重后，或者删除项目 C 以后，数据只会移动到它上面或者从它上面移动到其他地方，而不会在 bucket 内的其他项目之间出现数据移动。因此，Straw2 bucket 算法减少了集群发生了改变后的数据移动量。

❑ `hash`：每个 bucket 都具有哈希算法。目前，Ceph 支持 rjenkins1 算法。将 hash 值设为 0，就将使用 rjenkins1 算法。

❑ `item`：一个 bucket 可能有一个或者多个项目。这些项目可能包含若干节点 bucket 或者叶子 bucket。项目的权重值（weight）反映了它的相对加权。

下图显示了一个 CRUSH map 文件示例。它包括三个节点 bucket 实例，每个节点 bucket 实例包含了若干 OSD bucket：

```
# buckets
host ceph-node2 {
        id -3           # do not change unnecessarily
        # weight 0.030
        alg straw
        hash 0  # rjenkins1
        item osd.3 weight 0.010
        item osd.4 weight 0.010
        item osd.5 weight 0.010
}
host ceph-node3 {
        id -4           # do not change unnecessarily
        # weight 0.030
        alg straw
        hash 0  # rjenkins1
        item osd.6 weight 0.010
        item osd.7 weight 0.010
        item osd.8 weight 0.010
}
host ceph-node1 {
        id -2           # do not change unnecessarily
        # weight 0.030
        alg straw
        hash 0  # rjenkins1
        item osd.1 weight 0.010
        item osd.2 weight 0.010
        item osd.0 weight 0.010
}
```

▶ Rules（规则）：CRUSH map 包含了若干 CRUSH rules 来决定存储池内的数据存放方式。顾名思义，它们定义了存储池的属性，以及存储池中数据的存放方式。它们指定了复制（replication）和放置（placement）策略，该策略允许 CRUSH 将数据保存在 Ceph 集群中。默认的 CRUSH map 包含了适用于默认存储池 `rbd` 的一条规则。它的语法类似于以下示例。

```
rule <rulename> {
    ruleset <ruleset>
        type [ replicated | erasure ]
        min_size <min-size>
        max_size <max-size>
        step take <bucket-type>
        step [choose|chooseleaf] [firstn] <num>
            <bucket-type>
        step emit
}
```

现在我们将简要介绍 CURSH rule 所用到的各个参数。

- ❑ `ruleset`：一个整数值，它指定了这条规则所属的规则集。
- ❑ `type`：一个字符串值，它指定存储池类型是复制型（replicated）还是纠删码类型（erasure coded）。
- ❑ `min_size`：一个整数值，如果存储池的副本份数小于该值，CRUSH 将不会为该存储池使用这条规则。
- ❑ `max_size`：一个整数值，如果存储池的副本份数大于该值，CRUSH 将不会为该存储池使用这条规则。
- ❑ `step take`：获取一个 bucket 名称，开始遍历其树。
- ❑ `step choose firstn {num} type {busket-type}`：选择某类型的若干（*N*）bucket，这里数字 *N* 通常是存储池的副本份数（number of replicas）。
- ■ 如果 `num == 0`，选择 *N* 个 bucket
- ■ 如果 `num > 0` 并且 `num < N`，选择 num 个 bucket
- ■ 如果 `num < 0`，选择 *N* – *num* 个 bucket

例如，`step choose firstn 1 type row`。

本例中，`num=1`，假设存储池的副本份数也就是大小（pool size）为 3，那么 CRUSH 会判断出 `1 > 0` 并且 `1 < 3`，因此，它会选择 1 个 row 类型 bucket。

- `step chooseleaf firstn {num} type {bucket-type}`：首先选择指定 bucket 类型的一组 bucket，然后从每个 bucket 的子树中选择叶子节点。该组中 bucket 的数目 *N* 通常是该存储池的副本份数。
  - 如果 `num == 0`，选择 *N* 个 bucket
  - 如果 `num > 0` 并且 `num < N`，选择 *num* 个 bucket
  - 如果 `num < 0`，选择 *N* – *num* 个 bucket

例如，`step chooseleaf firstn 0 type row`。

本例中，`num = 0`，假设存储池大小（pool size）为 3，CRUSH 会判断条件 `0==0`，因此它会选择包含 3 个 bucket 的一个 row 类型 bucket 集合。然后它会从每个 bucket 的子树中选择叶子节点。此时，CRUSH 将会选择 3 个叶子节点。

- `step emit`：它首先弹出当前值，并清空栈。它会被典型地应用于 rule 结尾，也可用于组织同一条 rule 的不同树。

Ceph cluster map

Ceph monitor 负责监控整个集群的健康状态，以及维护集群成员关系状态（cluster membership state）、对等节点（peer nodes）的状态，和集群的配置信息等。Ceph monitor 通过维护 cluster map 的主复制来实现这些功能。cluster map 是多个 map 的组合，包括 monitor map、OSD map、PG map、CRUSH map 以及 MDS map 等。这些 map 统称为 cluster map。我们来简要了解下每个 map 的功能。

- monitor map：它包含监视节点端到端的信息，包括 Ceph 集群 ID、monitor 节点名称（hostname）、IP 地址和端口号等。它还保存自 monitor map 被创建以来的最新版本号（epoch：每种 map 都维护着其历史版本，每个版本被称为一个 epoch，epoch 是一个单调递增的序列），以及最后修改时间等。可以执行下面的命令来查看集群的 monitor map。

```
# ceph mon dump
```

- OSD map：它保存一些常用的信息，包括集群 ID、OSD map 自创建以来的最新版本号（epoch）及其最后修改时间，以及存储池相关的信息，包括存储池名称、ID、类型、副本级别（replication level）和 PG。它还保存着 OSD 的信息，比如数量、状态、权重、最后清理间隔（last clean interval）以及 OSD 节点的信息。可以运行下面的命令来查看集群的 OSD map。

```
# ceph osd dump
```

- PG map：它保存的信息包括 PG 的版本、时间戳、OSD map 的最新版本号（epoch）、容量已满百分比（full ratio，是指集群被认为容量已满时的最大使用百分比，此时 Ceph 集群将禁止客户端读写数据）、容量将满百分比（near full ration，是指集群被认为容量将满时的最大使用百分比，此时 Ceph 集群将发出告警）等。它还记录了每个 PG 的 ID（其格式为{pool-num}.{pg-id}）、对象数量、状态、状态时间戳（state stamp）、up OSD sets（一个 up OSD set 是指某特定 PG map 版本的 PG 的所有副本所在的 OSD 列表，该列表是有序的，第一个 OSD 为主 OSD，其余为从 OSD）、acting OSD sets（acting OSD set 指该 PG 的所有副本所在的 OSD 的列表），以及清理（scrub）的信息。可以运行下面的命令来查看集群的 PG map。

```
# ceph pg dump
```

- CRUSH map：它保存的信息包括集群设备列表、bucket 列表、故障域（failure domain）分层结构、保存数据时用到的为故障域定义的规则（rules）等。可以运行下面的命令来查看集群的 CRUSH map。

```
# ceph osd crush dump
```

- MDS map：它保存的信息包括 MDS map 当前版本号（epoch）、 MDS map 的创建和修改时间、数据和元数据存储池的 ID、集群 MDS 数量以及 MDS 状态。可以运行下面的命令来查看集群的 MDS map。

```
# ceph mds dump
```

高可用 monitors

Ceph monitor 既不保存客户端的数据，也不向客户端提供数据，它向客户端和集群的其他节点提供一直保持更新的 cluster map。客户端和其他节点周期性地跟 monitor 通信来获取最新的 cluster map 副本。在读或写数据之前，客户端都需要和 Ceph monitor 通信去获取最新的 cluster map 副本。

一个 Ceph 存储集群可以在只有一个 monitor 的情形下运行，然而这会带来单点故障的风险。也就是说，如果那个 monitor 节点不工作了，Ceph 客户端就再也无法读、写数据。要克服该风险，典型的 Ceph 集群必须拥有一个 Ceph monitor 集群。此时，各 monitor 使用 Paxos 算法来保证主 cluster map 的一致性。monitor 的数目必须是奇数，最小的数目是 1，最小的推荐数目是 3。因为 monitor 将运行于仲裁模式中，超过总数一半的 monitor 必须保持运行状态来避免脑裂。所有的 monitor 中，有一个将作为 leader（领导者）运行。当 leader

不工作的时候，其他 monitor 节点可以被选举为新的 leader。一个生产环境必须至少有三个 monitor 节点来保证高可用性。

Ceph 身份验证和授权

本节中，我们将会介绍 Ceph 使用的身份验证和授权机制。用户（Users）要么是个人（individuals），要么是应用这样的系统角色（system actors），它们使用 Ceph 客户端和 Ceph 存储集群的守护进程交互。该过程如下图所示。

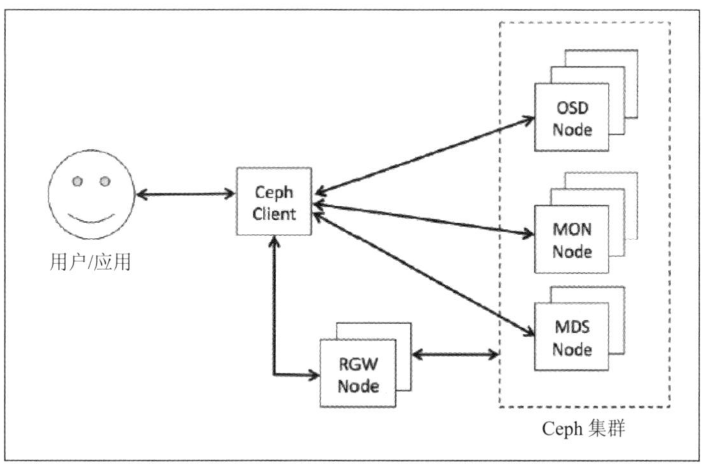

Ceph 提供如下两种身份验证机制。

- None：这种模式下，任何用户可以在不经过身份验证时就访问 Ceph 集群。默认情况下这种模式是被禁用的。密码验证（Cryptographic authentication）包括加密和解密用户密钥，而这过程将消耗一些计算资源。如果你确信你的网络非常可靠，而且客户端和集群节点之间已经建立起了信任关系，那么你可以禁用密码验证来节省计算成本。然而，我们不推荐这种做法，你可能面临着遭受中间人（man-in-the-middle）攻击的风险。但是，如果你仍然想禁用密码验证，可以将以下配置添加到集群所有节点上的 Ceph 配置文件中，然后再重启 Ceph 服务。

```
auth cluster required = none
auth service required = none
auth client required = none
```

- Cephx：要验证用户，防止遭受中间人攻击，Ceph 提供了 Cephx 身份验证系统来验证用户和守护进程。在某种程度上 Cephx 协议类似于 Kerberos 协议，它允许经过验证了的客户端访问 Ceph 集群。请注意 Cephx 协议并不加密数据。默认情况下，Ceph 集群启用 Cephx。如果你已经在 Ceph 配置文件中禁用了 Cephx，将有两种方式启用它，要么简单地从集群配置文件中删除上述所有的用户验证条目（auth entries）；要么将以下配置项添加到集群配置文件中再重启 Ceph 服务来显式地启用它。

```
auth cluster required = cephx
auth service required = cephx
auth client required = cephx
```

刚才我们学习了 Ceph 中不同的用户验证方法，接下来学习 Ceph 是如何进行身份验证和授权的。

Ceph 身份验证

要访问 Ceph 集群，用户或应用将调用 Ceph 客户端和集群的 monitor 节点通信。通常情况下，一个集群会有多个 monitor 节点，一个客户端可以连接任何一个节点来开始身份验证。这种多 monitor 架构的 Ceph 集群消除了身份验证过程中的单点故障风险。

要使用 Cephx，集群的管理员（administrator），也就是 `client.admin`，需要在集群中创建一个用户账号（user account）。要创建用户账号，`client.admin` 需要调用 `ceph auth get-or-create` 命令。Ceph 用户验证子系统会产生一个用户名（username）和一个密钥（secret key），并将它们保存在 Ceph monitor 上，再将用户密钥返回给 `client.admin`。Ceph 系统管理员需要将用户名和密码提供给需要安全地访问 Ceph 存储服务的客户端。下图显示了其完整的过程。

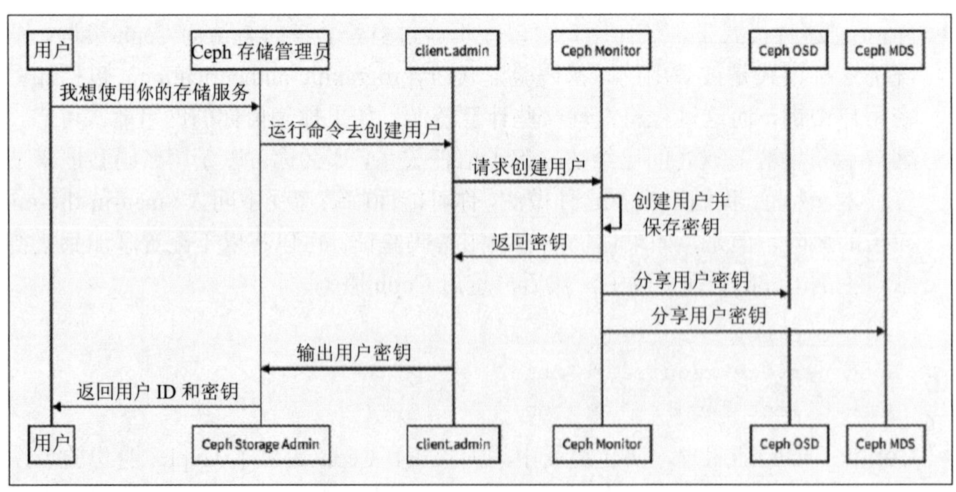

刚才我们了解了创建用户的过程，以及用户密钥是如何被保存在所有集群节点上的。现在，我们来看看用户是如何被 Ceph 验证身份和允许访问集群节点的。

要访问 Ceph 集群，客户端首先访问 Ceph monitor，并只把它的用户名发送给 monitor。Cephx 协议的工作方式是，客户端和 monitor 双方都有一份密钥的副本，因此能在不暴露密钥的情况下互相证明自己的身份。这就是为什么客户端只需要发送它的用户名而不是密钥给 monitor。

Ceph monitor 随即为该用户产生一个会话密钥（session key），并且使用该用户的密钥对它进行加密。然后，monitor 将加密后的会话密钥发回给客户端。然后客户端使用它自己的密钥对加密过的会话密钥进行解密来获取原始的会话密钥。该会话密钥会在当前会话中一直保持有效。

使用这个会话密钥，客户端向 Ceph monitor 申请一个 ticket（票券）。Ceph monitor 首先校验会话密钥，然后产生一个 ticket，使用该用户的密钥对它加密，然后将它传回给客户端。然后客户端将它解密以获得 ticket，并使用它对将要发给 OSD 和元数据服务器的请求做签名。

Cephx 协议会对客户端和 Ceph 集群节点之间的通信进行身份验证。在最初的身份验证之后，客户端和 Ceph 节点之间传递的所有消息都会被这个 ticket 签名，然后这些消息会被 monitor、OSD 和元数据节点使用共享的密钥做验证。而且，Cephx ticket 是会过期的，因此一个攻击者无法使用一个过期的 ticket 或者会话密钥来获取 Ceph 集群的访问权限。下图显示了完整的用户身份验证过程。

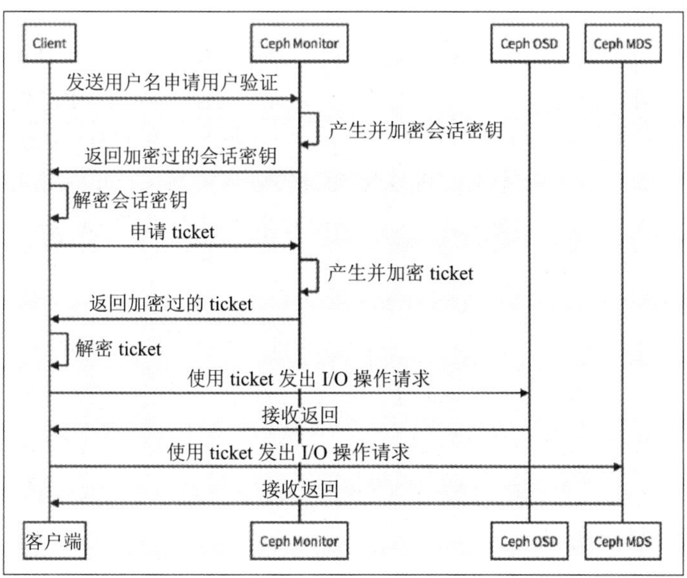

用户授权

上一节中，我们介绍了 Ceph 的用户身份验证过程。本节中，我们会介绍 Ceph 的用户授权过程。用户通过身份验证后，将会被授予不同的访问类型或者角色（roles）的权限。Ceph 使用术语“**权限（capabilities）**”，被缩写为 caps，它是用户被授予的权限，定义了该用户对 Ceph 集群的访问级别。其基本语法如下。

```
{daemon-type} 'allow {capability}' [{daemon-type} 'allow {capability}']
```

- Monitor caps，包括 `r`、`w`、`x` 参数，以及 `allow profiles {cap}`。比如：

`mon 'allow rwx'` 或者 `mon 'allow profile osd'`

- OSD caps，包括 `r`、`w`、`x`、`class-read`，`class-write`，以及 `profile osd`。比如：

`osd 'allow rwx'` 或者 `osd 'allow class-read, allow rwx pool=rbd'`

- MDS caps，只允许 `allow`，比如：

`mds 'allow'`

我们来看看每一种权限。

- `allow`：只用于赋予用户 MDS 的 `rw` 权限。
- `r`：赋予用户读数据的权限，该权限也是从 monitor 读取 CRUSH map 时必须要有的。
- `w`：赋予用户写入数据的权限。
- `x`：赋予用户调用对象方法的权限，包括读和写，以及在 monitor 上执行用户身份验证的权限。

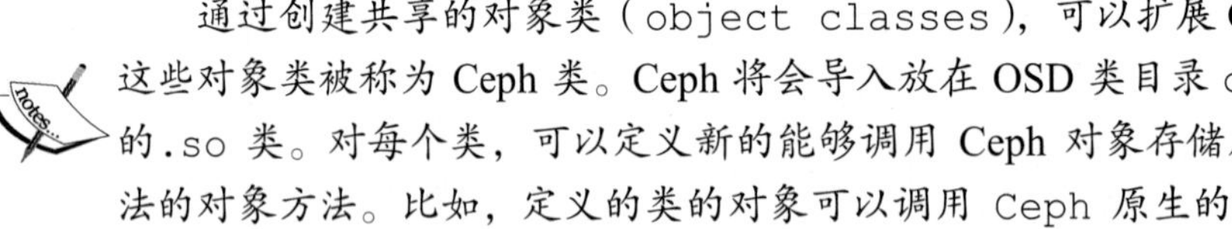

通过创建共享的对象类（`object classes`），可以扩展 Ceph，这些对象类被称为 Ceph 类。Ceph 将会导入放在 OSD 类目录 `dir` 中的 `.so` 类。对每个类，可以定义新的能够调用 Ceph 对象存储原生方法的对象方法。比如，定义的类的对象可以调用 `Ceph` 原生的 `read` 和 `write` 方法。

- `class-read`：这是 `x` 权限的子集，它允许用户调用类的 read 方法。
- `class-write`：这是 `x` 权限的子集，它允许用户调用类的 write 方法。
- `*`：将一个指定存储池的完整权限（`r`、`w` 和 `x`）以及执行管理命令的权限授予用户。
- `profile osd`：允许用户像一个 OSD 一样去连接其他 OSD 或者 monitor，用于 OSD 心跳和状态报告。

- profile mds：允许用户像一个 MDS 一样去连接其他 MDS。
- profilebootstrap-osd：允许用户引导（bootstrap）OSD。比如 ceph-deploy 和 ceph-disk 工具都使用 client.bootstrap-osd 用户，该用户有权给 OSD 添加密钥和启动加载程序。
- profilebootstrap-mds：允许用户引导（bootstrap）MDS。比如，ceph-deploy 工具使用了 client.bootstrap-mds 用户，该用户有权给 MDS 添加密钥和启动加载程序。

一个用户可以是一个个人或者一个应用，比如 OpenStack 的 cinder/nova。创建用户时，可以指定其访问 Ceph 存储集群、存储池和存储池中数据的权限。Ceph 中，一个用户必须指定类型，即 client，以及 ID，它可以是任意的名称。一个有效的用户名的语法是 TYPE.ID，也就是 client.<name>，比如 client.admin 或者 client.cinder。

操作指南

下面的章节中，我们会介绍使用如下的命令来进行用户管理。

- 要获取集群中的所有用户列表，执行如下命令：

```
# ceph auth list
```

其输出显示了对于每一种守护进程类型，Ceph 都已经创建了一个权限不同的用户。它也列出了 client.admin 用户，这是集群的管理员用户。

- 要获取一个特定的用户，比如 client.admin，执行如下命令：

```
# ceph auth get client.admin
```

```
[root@ceph-node1 ~]# ceph auth get client.admin
exported keyring for client.admin
[client.admin]
        key = AQAfqAhVMExcGBAAfRAg084RHNtmfK83iheelg==
        caps mds = "allow"
        caps mon = "allow *"
        caps osd = "allow *"
[root@ceph-node1 ~]#
```

- 创建用户 client.hari：

```
# ceph auth get-or-create client.hari
```

```
[root@ceph-node1 ~]# ceph auth get-or-create client.hari
[client.hari]
        key = AQBm5NlVZCeFHRAAhZvXXEkZn9D98HCXIu9EyQ==
[root@ceph-node1 ~]# _
```

该命令会创建用户 client.hari，此时它还没有任何权限，因此它还什么都做不了。

▶ 授予权限给 client.hari 用户：

```
# ceph auth caps client.hari mon 'allow r' osd 'allow rwx pool=rbd'
```

```
[root@ceph-node1 ~]# ceph auth caps client.hari mon 'allow r' osd 'allow rwx pool=rbd'
updated caps for client.hari
[root@ceph-node1 ~]#
```

▶ 获取该用户的权限列表：

```
# ceph auth get client.hari
```

```
[root@ceph-node1 ~]# ceph auth get client.hari
exported keyring for client.hari
[client.hari]
        key = AQBm5N1VZCeFHRAAhZvXXEkZn9D98HCXIu9EyQ==
        caps mon = "allow r"
        caps osd = "allow rwx pool=rbd"
[root@ceph-node1 ~]#
```

Ceph 动态集群管理

我们来快速回忆一下客户端是如何访问 Ceph 集群的。要向 Ceph 集群写入数据，客户端要从 Ceph monitor 上获取 cluster map 的最新副本（如果客户端还没有的话）。Cluster map 提供了 Ceph 集群的布局信息，然后客户端就可以写和读存储池中的对象。存储池根据它的 CURSH ruleset（规则集合）来选择 OSD。下图显示了其完整过程。

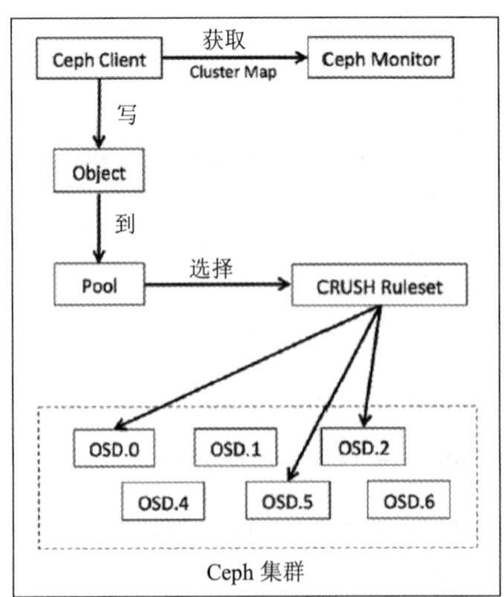

现在我们来学习 Ceph 集群内数据存放的过程。Ceph 将数据保存在被称为存储池（pool）的逻辑分区中。存储池拥有多个 PG（配置组），PG 又拥有若干对象。Ceph 是一个真正分布式的存储系统，其中每个对象都被复制为几份副本，每份副本被保存在不同的 OSD 上。下图解释了具体的机制。

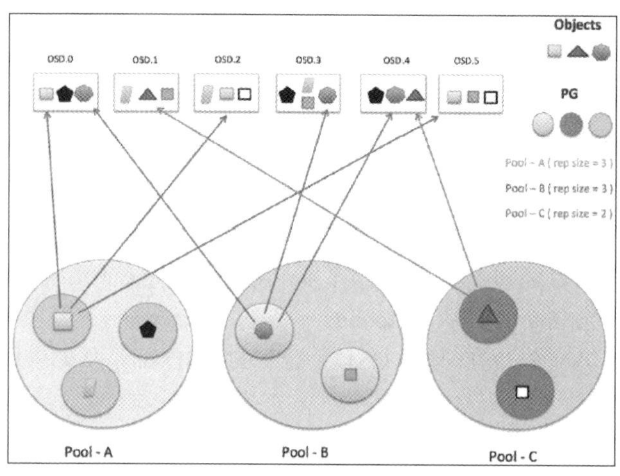

Ceph Placement Group（PG，配置组）

一个 PG 是若干对象的逻辑集合，为了保证数据的可靠性，这些对象被复制到多个 OSD 上。根据 Ceph 存储池的副本级别（replication level），每个 PG 会被复制和分布到 Ceph 集群中多个 OSD 上。可以认为 PG 是包含多个对象的逻辑容器，该容器被映射到多个 OSD。

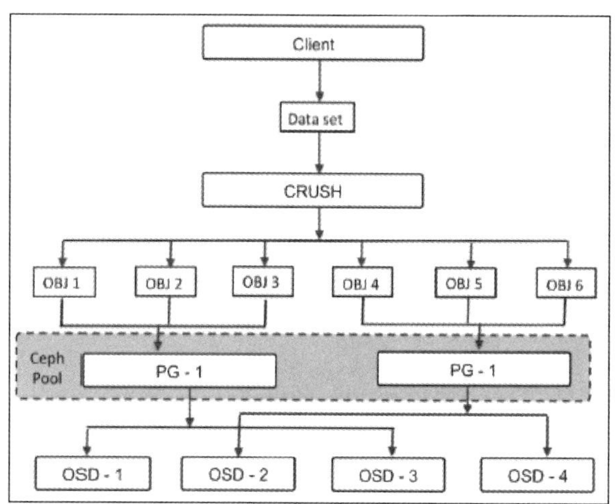

PG 是实现 Ceph 存储系统的扩展性和性能的基础。没有 PG，Ceph 是很难去管理被复制和分布在几百个 OSD 上的成千上万个对象的。不使用 PG 去管理这些对象，将会消耗大量的计算资源。与一个一个地管理对象不同，Ceph 通过管理若干 PG 来管理无数的对象。这使得 Ceph 成为了一个易于管理的、不那么复杂的系统。

每个 PG 都需要一些系统资源来管理其对象。一个集群的 PG 数目需要被细致地计算，稍后会详细阐述其计算过程。通常，增加一个集群的 PG 数目会导致集群重新平衡 OSD 负载。我们建议每个 OSD 对应的 PG 数目在 50 到 100 之间，这样可以减少 OSD 节点上的资源消耗。当 Ceph 集群内的数据增加时，可能需要通过增加 PG 数目对集群做适当的调节。当设备被加入集群或者从集群删除时，CRUSH 会通过最优化的方式来管理 PG 迁移（relocation）。

现在，我们了解了 PG 通过将数据保存在多个 OSD 上来保证系统的可靠性和高可用性。这些 OSD 被分为主（primary）、从（secondary）、再从（tertiary）等类型，它们都在 PG 的 acting set 中，其中，第一个 OSD 是主 OSD，后面的 OSD 都是从 OSD。

操作指南

为了要更深入地理解这些，我们来找出集群中一个 PG 的 acting set。

1．添加一个名为 hosts 的临时对象到 rbd 存储池中：

```
# rados put -p rbd hosts /etc/hosts
```

2．检查 hosts 对象的 PG 名称：

```
# ceph osd map rbd hosts
```

```
[root@ceph-node1 ~]# rados put -p rbd hosts /etc/hosts
[root@ceph-node1 ~]#
[root@ceph-node1 ~]# rados ls -p rbd | grep -i hosts
hosts
[root@ceph-node1 ~]# ceph osd map rbd hosts
osdmap e4376 pool 'rbd' (0) object 'hosts' -> pg 0.ea1b298e (0.8e) -> up ([8,2,4], p8) acting ([8,2,4], p8)
[root@ceph-node1 ~]#
```

仔细观察其输出，PG（ID 为 0.8e）的 up set 为 `[8,2,4]`，acting set 为 `[8,2,4]`。因此，此时 `osd.8` 是主 OSD，`osd.2` 和 `osd.4` 都是从 OSD。主 OSD 是唯一能接收客户端写操作的 OSD。当客户端读时，默认地它从主 OSD 读。然而，我们可以通过设置读亲和性（read affinity）来改变这种行为。

处于 UP 状态的 OSD 会一直保留在 PG 的 up set 和 acting set 中。一旦主 OSD 无法提供服务（down），它首先会被从 up set 中移除，然后再从 acting set 中移除，然后从 OSD 将被升级为主 OSD。Ceph 会将故障 OSD 上的 PG 恢复到一个新 OSD 上，然后再将这个新

OSD 加入到 up 和 acting set 中来维持集群的高可用性。在一个 Ceph 集群中，一个 OSD 可以是多个 PG 的主 OSD，同时也可以是其他 PG 的从或再从 OSD。

PG 状态

在某个时间点上，根据集群的内部状况，Ceph PG 可能会呈现出几种不同的状态。要了解 PG 的状态，可以查看 ceph status 命令的输出。本节中，我们会介绍 PG 不同的状态并弄明白它们到底意味着什么。

- Creating（创建中）：PG 正在被创建。通常当存储池正在被创建或增加一个存储池的 PG 数目时，PG 会呈现这种状态。
- Active（活动的）：PG 是活动的，这意味着 PG 中的数据可以被读写，对该 PG 的操作请求都将被处理。
- Clean（清洁的）：PG 中的所有对象都已被复制了规定的份数。
- Down（失效的）：包含 PG 必需数据的一个副本失效（down）了，因此 PG 是离线的（down）。
- Replay（重做）：某 OSD 崩溃后 PG 正在等待客户端重新发起操作。
- Splitting（分割中）：PG 正在被分割为多个 PG。该状态通常在一个存储池的 PG 数增加后呈现。比如说，当你将 rbd 存储池的 PG 数目从 64 增加到 128 后，已有的 PG 将会被分割，它们的部分对象会被移动到新的 PG 上。
- Scrubbing（清理中）：PG 正在做不一致性校验。
- Degraded（降级的）：PG 中部分对象的副本数未达到规定数目。
- Inconsistent（不一致的）：PG 的副本出现了不一致。比方说，对象的大小不正确，或者恢复（recovery）结束后某副本出现了对象丢失的情形。
- Peering（对等互联中）：PG 正处于 Peering 过程中。Peering 是由主 OSD 发起的使存放 PG 副本的所有 OSD 就 PG 的所有对象和元数据的状态达成一致的过程。Peering 过程完成后，主 OSD 就能接受客户端写请求了。
- Repair（修复中）：PG 正在被检查，被发现的任何不一致都将尽可能地被修复。
- Recovering（恢复中）：PG 正在迁移或同步（migrated/synchronized）对象及其副本。一个 OSD 停止服务（down）后，其内容版本将会落后于 PG 内的其他副本，这时 PG 就会进入该状态，该 OSD 上的对象将被从其他副本迁移或同步过来。

- Backfill（回填）：一个新 OSD 加入集群后，CRUSH 会把集群现有的一部分 PG 分配给它，该过程被称为回填。回填进程完成后，新 OSD 准备好了后就可以对外服务。
- Backfill-wait（回填-等待）：PG 正在等待开始回填操作。
- Incomplete（不完整的）：PG 日志中缺失了一关键时间段的数据。当包含 PG 所需信息的某 OSD 失效或者不可用之后，往往会出现这种情况。
- Stale（陈旧的）：PG 处于未知状态 - monitors 在 PG map 改变后还没收到过 PG 的更新。启用一个集群后，常常会看到在 Peering 过程结束前 PG 处于该状态。
- Remapped（重映射）：当 PG 的 acting set 变化后，数据将会从旧 acting set 迁移到新 action set。新主 OSD 需要过一段时间后才能提供服务。因此，它会让老的主 OSD 继续提供服务，直到 PG 迁移完成。数据迁移完成后，PG map 将使用新 acting set 中的主 OSD。

在指定 OSD 上创建 Ceph 存储池

一个 Ceph 集群往往由带有多块磁盘的若干个节点组成，而且这些磁盘可以是混合类型的。比如说，你的 Ceph 节点所带的磁盘包括 SATA、NL-SAS、SAS、SSD，甚至是 PCIe 等类型。Ceph 提供了足够的灵活性让用户能够在指定类型的磁盘上创建存储池。比如说，你可以在一组 SSD 磁盘上创建一个高性能的 SSD 存储池，或者在一组 SATA 磁盘上创建一个高容量低成本的存储池。

本节中，我们将会学习如何在 SSD 磁盘上创建一个存储池 `ssd-pool`，以及在 SATA 磁盘上创建存储池 `sata-pool`。要达到这个目的，我们需要修改 CRUSH map 以及做适当的配置。

本书中我们所部署和使用的 Ceph 集群是建立在虚拟机上的，因此并没有带 SSD 磁盘。因此我们会假设我们拥有几块 SSD 磁盘。这和在实际带有 SSD 磁盘的 Ceph 集群上进行操作不会有什么不同。

以下描述中，我们假设 `osd.0`，`osd.3` 和 `osd.6` 是 SSD 磁盘，我们会在这些磁盘上创建 SSD 存储池。我们还假设 `osd.1`，`osd.5` 和 `osd.7` 是 SATA 磁盘，我们会在这些磁盘上创建 SATA 存储池。

操作指南

我们来开始以下配置。

1．获取当前 CRUSH map，反编译它：

```
# ceph osd getcrushmap -o crushmapdump
# crushtool -d crushmapdump -o crushmapdump-decompiled
```

```
[root@ceph-node1 ~]# ceph osd getcrushmap -o crushmapdump
got crush map from osdmap epoch 4443
[root@ceph-node1 ~]#
[root@ceph-node1 ~]# crushtool -d crushmapdump -o crushmapdump-decompiled
[root@ceph-node1 ~]# ls -l crushmapdump-decompiled
-rw-r--r-- 1 root root 1360 Sep  1 21:41 crushmapdump-decompiled
[root@ceph-node1 ~]# _
```

2．编辑 `crushmapdump-decompiled CRUSH map` 文件，在 root default 部分后添加以下内容：

```
root ssd {
        id -5
        alg straw
        hash 0
        item osd.0 weight 0.010
        item osd.3 weight 0.010
        item osd.6 weight 0.010
}

root sata {
        id -6
        alg straw
        hash 0
        item osd.1 weight 0.010
        item osd.4 weight 0.010
        item osd.7 weight 0.010
}
```

3．在 CRUSH map 的 rules 部分后添加如下规则来创建新 CRUSH rules，然后保存，退出编辑：

```
rule ssd-pool {
        ruleset 1
        type replicated
        min_size 1
        max_size 10
        step take ssd
        step chooseleaf firstn 0 type osd
        step emit
}

rule sata-pool {
        ruleset 2
        type replicated
        min_size 1
        max_size 10
        step take sata
        step chooseleaf firstn 0 type osd
        step emit
}
```

4．编译，并将它注入回 Ceph 集群：

```
# crushtool -c crushmapdump-decompiled -o crushmapdump-compiled
# ceph osd setcrushmap -i crushmapdump-compiled
```

5．新的 CRUSH map 被应用到 Ceph 集群后，检查 OSD tree，查看其新排列，你会看到 ssd 和 sata 根 bucket：

```
# ceph osd tree
```

```
[root@ceph-node1 ~]# ceph osd tree
ID WEIGHT  TYPE NAME            UP/DOWN REWEIGHT PRIMARY-AFFINITY
-6 0.02998 root sata
 1 0.00999     osd.1                 up  1.00000          1.00000
 4 0.00999     osd.4                 up  1.00000          1.00000
 7 0.00999     osd.7                 up  1.00000          1.00000
-5 0.02998 root ssd
 0 0.00999     osd.0                 up  1.00000          1.00000
 3 0.00999     osd.3                 up  1.00000          1.00000
 6 0.00999     osd.6                 up  1.00000          1.00000
-1 0.09000 root default
-3 0.03000     host ceph-node2
 3 0.00999         osd.3             up  1.00000          1.00000
 4 0.00999         osd.4             up  1.00000          1.00000
 5 0.00999         osd.5             up  1.00000          1.00000
-4 0.03000     host ceph-node3
 6 0.00999         osd.6             up  1.00000          1.00000
 7 0.00999         osd.7             up  1.00000          1.00000
 8 0.00999         osd.8             up  1.00000          1.00000
-2 0.03000     host ceph-node1
 1 0.00999         osd.1             up  1.00000          1.00000
 2 0.00999         osd.2             up  1.00000          1.00000
 0 0.00999         osd.0             up  1.00000          1.00000
[root@ceph-node1 ~]#
```

6．创建和验证 ssd-pool。

因为这是一个部署在虚拟机上的小集群，我们创建的存储池上将只有少数几个 PG。

（1）创建 ssd-pool：

```
# ceph osd pool create ssd-pool 8 8
```

（2）验证 sad-pool。注意它的 crush_ruleset 为 0，使用的是默认值：

```
# ceph osd dump | grep -i ssd
```

```
[root@ceph-node1 ~]# ceph osd pool create ssd-pool 8 8
pool 'ssd-pool' created
[root@ceph-node1 ~]# ceph osd dump | grep -i ssd
pool 45 'ssd-pool' replicated size 3 min_size 2 crush_ruleset 0 object_hash rjenkins pg_num 8 pgp_num 8
last_change 4446 flags hashpspool stripe_width 0
[root@ceph-node1 ~]# _
```

（3）修改其 crush_ruleset 值为 1，这会使得它将被创建在 SSD 磁盘上：

```
# ceph osd pool set ssd-pool crush_ruleset 1
```

（4）验证该存储池，注意 crush_ruleset 值的变化：

```
# ceph osd dump | grep -i ssd
```

```
[root@ceph-node1 ~]# ceph osd pool set ssd-pool crush_ruleset 1
set pool 45 crush_ruleset to 1
[root@ceph-node1 ~]# ceph osd dump | grep -i ssd
pool 45 'ssd-pool' replicated size 3 min_size 2 crush_ruleset 1 object_hash rjenkins pg_num 8 pgp_num 8
last_change 4448 flags hashpspool stripe_width 0
[root@ceph-node1 ~]# _
```

7．类似地，创建并验证 sata-pool：

```
[root@ceph-node1 ~]# ceph osd pool create sata-pool 8 8
pool 'sata-pool' created
[root@ceph-node1 ~]# ceph osd dump | grep -i sata
pool 46 'sata-pool' replicated size 3 min_size 2 crush_ruleset 0 object_hash rjenkins
pg_num 8 pgp_num 8 last_change 4450 flags hashpspool stripe_width 0
[root@ceph-node1 ~]#
[root@ceph-node1 ~]# ceph osd pool set sata-pool crush_ruleset 2
set pool 46 crush_ruleset to 1
[root@ceph-node1 ~]#
[root@ceph-node1 ~]# ceph osd dump | grep -i sata
pool 46 'sata-pool' replicated size 3 min_size 2 crush_ruleset 2 object_hash rjenkins
pg_num 8 pgp_num 8 last_change 4452 flags hashpspool stripe_width 0
[root@ceph-node1 ~]#
```

8．添加一些对象到这两个存储池中。

（1）因为它们都是新建的 pool，它们都还没有任何对象，我们使用 rados list 命令来进行验证：

```
# rados -p ssd-pool ls
# rados -p sata-pool ls
```

（2）我们使用 rados 的 put 命令添加对象到存储池中，其语法格式为 rados -p <pool_name> put <object_name> <file_name>：

```
# rados -p ssd-pool put dummy_object1 /etc/hosts
# rados -p sata-pool put dummy_object1 /etc/hosts
```

（3）使用 rados list 命令列出这些存储池中的对象，你会看到上面最后一步中创建的对象：

```
# rados -p ssd-pool ls
# rados -p sata-pool ls
```

```
[root@ceph-node1 ~]# rados -p ssd-pool ls
[root@ceph-node1 ~]# rados -p sata-pool ls
[root@ceph-node1 ~]#
[root@ceph-node1 ~]# rados -p ssd-pool put dummy_object1 /etc/hosts
[root@ceph-node1 ~]# rados -p sata-pool put dummy_object1 /etc/hosts
[root@ceph-node1 ~]#
[root@ceph-node1 ~]# rados -p ssd-pool ls
dummy_object1
[root@ceph-node1 ~]# rados -p sata-pool ls
dummy_object1
[root@ceph-node1 ~]# _
```

9. 现在是整个过程中最有意思的部分，验证这些对象是否被存放到了正确的 OSD 中。

（1）对于 ssd-pool，我们使用了 OSD 0、3、和 6。检查 ssd-pool 的 OSD map，所用命令的语法为 ceph osd map <pool_name> <object_name>:

```
# ceph osd map ssd-pool dummy_object1
```

（2）类似地，验证 sata-pool 的对象：

```
# ceph osd map sata-pool dummy_object1
```

```
[root@ceph-node1 ~]# ceph osd map ssd-pool dummy_object1
osdmap e4455 pool 'ssd-pool' (45) object 'dummy_object1' -> pg 45.71968e96 (45.6) -> up ([3,0,6], p3) acting ([3,0,6], p3)
[root@ceph-node1 ~]#
[root@ceph-node1 ~]# ceph osd map sata-pool dummy_object1
osdmap e4455 pool 'sata-pool' (46) object 'dummy_object1' -> pg 46.71968e96 (46.6) -> up ([1,7,4], p1) acting ([1,7,4], p1)
[root@ceph-node1 ~]#
```

正如上图所示，创建在 ssd-pool 中的对象实际上被保存在 OSD 集合[3,0,6]中，创建在 sata-pool 中的对象被保存到 OSD 集合[1,7,4]中。这正是我们所期望的结果，它证明了我们所创建的存储池使用了我们所要求的正确的 OSD 集合。当你在生产环境中想要创建一个基于 SSD 的快速存储池和一个基于普通磁盘的中速或低速存储池时，这种配置是非常有用的。

第 8 章 Ceph 生产计划和性能调优

本章主要包含以下内容：

- Ceph 容量、性能以及成本的动态调整
- Ceph 的软硬件选型
- Ceph 性能调优和建议
- Ceph 纠删码
- 创建一个纠删码存储池
- Ceph 缓存分层
- 创建一个缓存分层的存储池
- 创建一个缓存层
- 配置缓存层
- 测试缓存层

介绍

在本章中，我们将会学习到关于 Ceph 的一些非常有趣的概念，有软硬件选型、Ceph 组件（MON、OSD）的性能调优，以及包括操作系统调优在内的客户端调优。最后，我们将学习 Ceph 的纠删码和缓存分层，并探讨这两种技术的差异。

Ceph 的容量、性能以及成本的动态调整

Ceph 是一种运行在商业硬件上的软件定义存储方案。Ceph 的设计决定了它是能满足你的需求的一种灵活、经济的解决方案。因为它的优点全部存在于软件，所以它需要一套好的硬件来被包装成一个完整的优秀存储方案。

Ceph 的硬件选型需要根据你的存储需求和使用场景来制定缜密的计划。企业需要优化硬件配置，这样他们就可以从很小的规模开始，然后再扩展到 PB 级别的大规模。下图表示了可以确定 Ceph 集群最佳配置的若干因素：

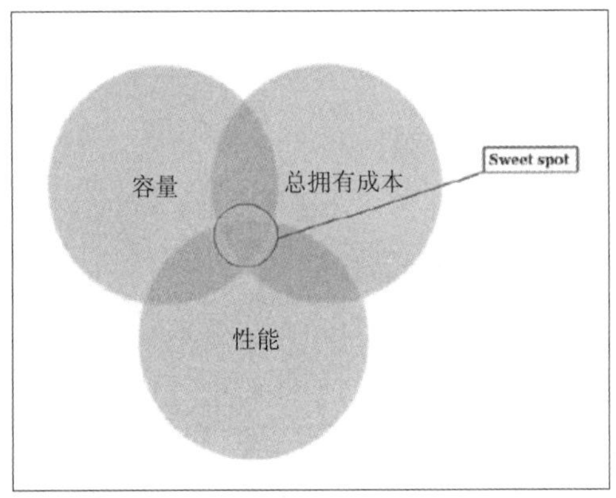

不同的企业有着不同的存储工作负载，通常需要在性能、容量、和 TCO 之间进行权衡。Ceph 是一种统一存储，也就是说，它可以从一个集群中提供文件、块、对象存储。它还能够在同一个集群中，针对不同的工作负载，提供不同类型的储存池。这种能力允许企业根据自身需求调整存储的基础设施。有多种方法定义你的存储需求，下图列举了一种方法。

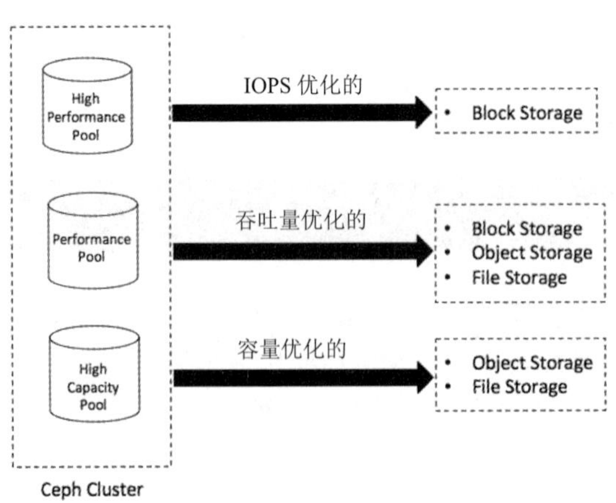

- **IOPS 优化**：这种配置类型的亮点在于它在每个 IO 的低 TCO（Total Cost of Ownership，总拥有成本）下拥有最高的 IOPS（I/O operations per second，每秒 IO 操作数目）。通常的做法是，使用包含了更快的 SSD 硬盘、PCIe SSD、NVMe 等数据存储的高性能节点。通常用于块存储，但是也可以用在其他有高 IOPS 需求的工作负载上。
- **吞吐量优化**：其亮点在于高吞吐量和每吞吐量的低成本。通常的做法是使用 SSD 和 PCIe SSD 做 OSD 日志盘，以及一个高带宽、物理隔离的双重网络。这种方法常用于块存储，如果你的应用场景需要高性能的对象存储和文件存储，也可以考虑使用它。
- **容量优化**：其亮点在于数据中心每 TB 存储的低成本，以及单元机架物理空间的低成本。也被称为经济存储、廉价存储、存档 / 长期存储。通常的做法是使用插满机械硬盘的密集服务器，一般是 36 到 72 个，每个服务器有 4 到 6T 的物理硬盘空间。通常用于低功耗、大存储容量的对象存储和文件存储。一个不错的备选方案是采用纠删码来最大化存储容量。

Ceph 的软硬件选型

正如前面所提到的，Ceph 的硬件选型需要根据你的环境和存储需求做出缜密计划。硬件的类型、网络基础设施和集群设计，是你在 Ceph 集群设计前期需要考虑的一些关键因素。Ceph 选型没有黄金法则，因为它依赖各种因素，比如预算、性能和容量、或者两种的结合、容错水平，以及使用场景。

Ceph 是硬件“不可知论者”；企业可以根据预算、性能/容量需求、使用场景自由地选择任意硬件。在存储集群和底层基础设施上，他们有完全控制权。另外，Ceph 有一个优势，它支持异构硬件。当创建 Ceph 集群时，你可以混合硬件品牌。比如可以混合使用来自不同厂家的硬件，比如 HP、DELL、Supermicro 等，混用现有的硬件可以大幅降低成本。

要记住，Ceph 的硬件选型，是由你计划放到存储集群和环境中的工作负载以及功能所驱动的。本节中，我们来学习一些常用的 Ceph 硬件选型的方法。

处理器

Ceph 的 monitor 守护进程维护了 clustermap，它不给客户端提供任何数据，因此它是轻量级的，并没有严格的处理器要求。在大多数场景下，一个普通单核服务器的处理器就可以运行 Ceph monitor 服务。另一方面，Ceph MDS 需要稍多的资源。它需要四核，甚至更高性能的 CPU 处理能力。在小的 Ceph 集群或概念环境的验证中，你可以将 Ceph monitor 和 Ceph 其他组件放在一起，比如 Ceph OSD、radosgw，甚至 Ceph MDS。对于中型至大型环境，Ceph monitor 应该被安装在专用服务器上，而不是与其他组件共享。

一个 Ceph OSD 守护进程需要相当数量的处理性能，因为它提供数据给客户端。要评估 Ceph OSD 的 CPU 需求，知道服务器上运行了多少 OSD 是非常重要的。通常建议每个 OSD 进程至少有一个 CPU 核。你可以用下面的公式计算 OSD 的 CPU 需求。

```
((CPU sockets * CPU cores per socket * CPU clock speed in GHz) / No.Of OSD) >=1
```

比如，一台服务器拥有一个单插座（socket）、6 核、2.5Ghz CPU，它就足以支持 12 个 OSD，每个 OSD 将大致得到 1.25Ghz 的计算能力：((1*6*2.5)/12)=1.25。这里有一些关于 Ceph OSD 节点处理器的例子。

- Intel® Xeon® Processor E5-2620 v3（2.40 GHz, 6 core）

*1 * 6 * 2.40 = 14.4* 适合多达 14 个 OSD 的 Ceph 节点

- Intel® Xeon® Processor E5-2680 v3（2.50 GHz, 12 core)

*1 * 12 * 2.50 = 30* 适合多达 30 个 OSD 的 Ceph 节点

如果你打算使用 Ceph 纠删码特性，最好能有一个更高性能的 CPU，因为运行纠删码需要更强的处理能力。

> 如果你打算使用 Ceph 纠删码存储池，最好有一个性能更强的 CPU，因为承载了纠删码存储池的 OSD 会比使用副本存储池的 OSD 消耗更多的 CPU。

内存

Monitor 和 metadata 守护进程需要快速收发数据，所以它们要有足够的内存用于高效处理。大拇指法则——每个守护进程实例 2G 或更多内存，对 Ceph MDS 和 monitor 来说是不错的。Ceph MDS 很大程度上取决于数据缓存，因为他们需要快速收发数据，需要大量的 RAM。RAM 越高，CephFS 性能越好。

通常，OSD 会要求数量相当可观的物理内存，对于一般性工作负载，1GB 内存足以满足一个 OSD 守护进程实例。然而，从性能上看，每个 OSD 守护进程都拥有 2GB 才会是一个好的选择，而且更多的内存会有助于数据恢复和更好地缓存。这个建议的前提是一个物理磁盘启用一个 OSD 进程。如果每个 OSD 使用多个物理硬盘，你的内存需求也会增长。一般来说配置更多的物理内存会比较好，因为在集群数据恢复过程中，内存消耗会显著增长。值得了解的是，如果再考虑到底层硬盘的裸容量，OSD 内存消耗还会增长。所以，一个 6TB 硬盘的 OSD 需求要高于一个 4TB 硬盘。你应该做出明智的决定，绝不能让内存变成集群性能的瓶颈。

> 通常，在早期集群规划阶段，预留更多的 CPU 和内存是具有成本效益的。原因是，如果该主机拥有足够的系统资源，我们可以在任何时候添加更多 JBOD 类型的物理硬盘到同一台主机上，而不是购买整个新的节点，那样的花费会很大。

网络

Ceph 是一个分布式存储系统，很大程度上依赖于底层的网络基础设施。要让 Ceph 集群变得可靠、高效，就得确保你设计了一个良好的网络。建议让所有的集群节点拥有两张冗余独立的网卡用于集群和客户端流量。

对于一个小规模的原型系统，或者少量节点的 Ceph 测试集群，1Gbps 网络速率可以满足正常运行。如果你拥有一个中型或大型的集群（数十个节点），应该考虑使用万兆甚至更高带宽的网络。数据恢复 / 重新平衡（recovery/rebalancing）期间，网络扮演了重要的角色。如果拥有一个 10Gbps 或者更高带宽网络连接，集群会快速得到恢复，否则可能会花费一段时间。所以从性能上看，一个 10Gbps 或者更高的双重网络都是一个好的选择。一个精心设计的 Ceph 集群使用两个物理隔离网络：一个是集群网络（内部网络），另一个是客户端网络（外部网络）。两个网络应该从服务器到网络交换机以及它们之间的一切环节都进行物理隔离，如下图所示。

关于网络，另一个讨论的话题是要使用以太网、InfiniBand 网络、10G 网络，还是 40G 或者更高带宽的网络。这取决于很多因素，比如工作负载、集群大小、Ceph OSD 节点的密度和数量等。在一些部署中，我见过客户在 Ceph 中同时使用 10G 和 40G 网络。这个案例中，他们的 Ceph 集群达到了若干 PB 和上百个节点，并且使用了 10G 客户端网络，内部集群网络用了高带宽、低延迟的 40G。不过，以太网的价格一直在下降，基于使用场景，你可以选择自己喜欢的网络类型。

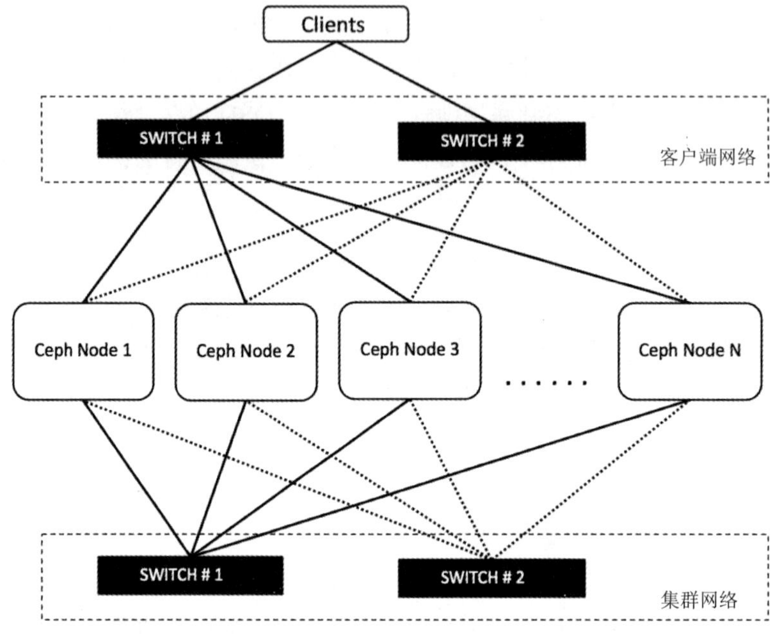

硬盘

Ceph 集群的性能和经济性在很大程度上取决于有效选择的存储介质。你应该在选择存储介质之前了解集群的工作负载和可能的性能需求。Ceph 使用存储介质有两种方法：OSD 日志盘和 OSD 数据盘。正如前面章节所提到的，每一次写操作分两步处理。当一个 OSD 接受请求写一个 object，它首先会把 object 写到 PG acting set 中的 OSD 对应的日志盘，然后发送一个写确认给客户端。很快，日志数据会同步到数据盘。值得了解的是，在写性能上，副本也是一个重要因素。副本通常要在可靠性、性能和 TCO 的因素之间做出平衡。通过这种方式，所有的集群性能就都围绕着 OSD 日志和数据盘了。

Ceph OSD 日志分区

如果你的工作负载以性能为中心，那么建议使用 SSD 做日志盘。使用 SSD，可以减少访问时间，降低写延迟，大幅提升吞吐量。使用 SSD 做日志盘，可以对每个物理 SSD 创建多个逻辑分区，每个 SSD 逻辑分区（日志）映射到一个 OSD 数据盘。这个案例中，OSD 数据盘在机械硬盘上，它的日志在速度更快的 SSD 分区上，配置如下所示。

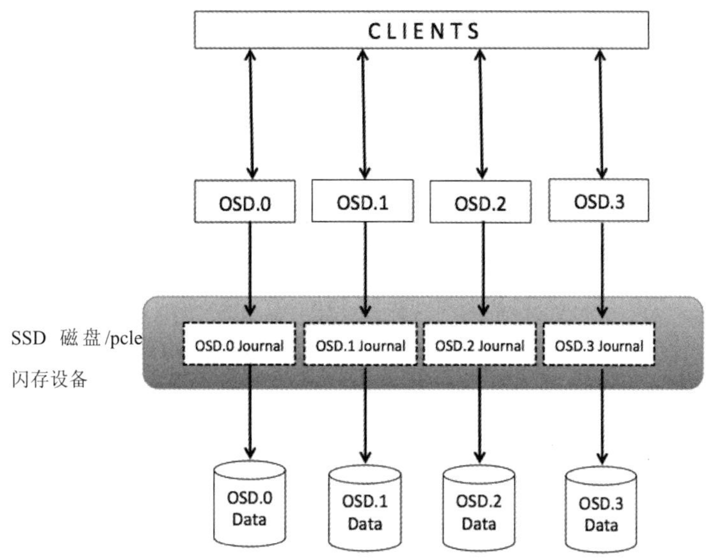

记住，这个类型的配置中，日志分区数目不要超过 SSD 的上限，否则将导致 SSD 超负荷。通常 10 到 20GB 的日志大小足以满足大多数场景。然而，如果你有一个更大的 SSD，就可以创建一个大的日志设备。这时，不要忘记为 OSD 增加 filestore 的最大和最小的同步时间间隔。

Ceph 最常使用的两种非易失性快速存储的类型是 SATA 或 SAS SSD，和 PCIe 或 NVMe SSD。要在 SATA / SAS SSD 之上获得高性能，SSD 和 OSD 的比例应该是 1:4。也就是说，4 个 OSD 数据硬盘可共享一个 SSD。PCIe 或者 NVMe 闪存设备的情况取决于设备性能，SSD 和 OSD 比例可以达到 1:12 到 1:18。那 12 到 18 个 OSD 数据硬盘可共享一个闪存设备。

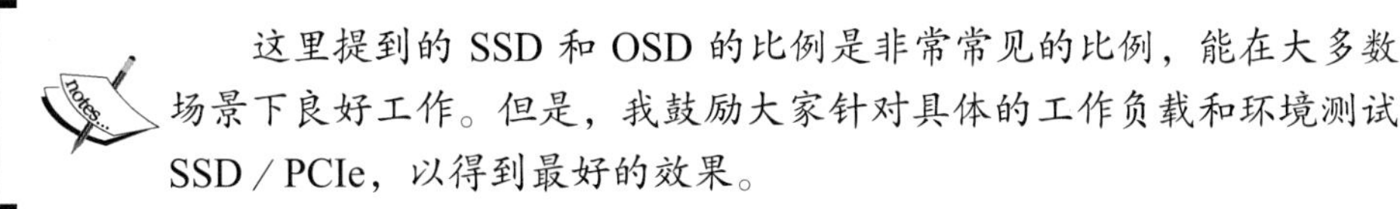

这里提到的 SSD 和 OSD 的比例是非常常见的比例，能在大多数场景下良好工作。但是，我鼓励大家针对具体的工作负载和环境测试 SSD / PCIe，以得到最好的效果。

使用单个 SSD 做多个日志分区的不足之处是，一旦丢失有多个日志分区的 SSD，所有关联这个 SSD 的 OSD 就都出问题了，你很有可能会丢失数据。不过，可以通过对日志盘做 RAID1 来解决这个问题，但这会增加成本。而且，每 GB 的 SSD 的成本近乎于 HDD 的 10 倍。所以，使用 SSD 搭建集群，会增加每 GB 的费用。然而，如果你希望能大幅提升性能，那么把钱花在 SSD 上做日志就是值得的。

我们已经学习了许多关于 SSD 日志的配置，知道这些能大幅提升写性能。然而，如果你不注重极限性能，而每 TB 的成本对你来说是一个决定性因素，那么你应该考虑将日志和数据分区配置在同一个硬盘上。这意味着，从大容量的机械硬盘中分配几个 GB 的空间给日志分区，其余的容量用于存放 OSD 数据。这种配置可能不如 SSD 单独做日志盘来的高效，但是每 TB 存储空间的价格会相当低。

Ceph OSD 数据分区

OSD 是存储所有数据的“苦力”。在生产环境中，你应该使用一个企业级、云、或者存档类硬件磁盘。通常，桌面级 HDD 不适合应用于生产环境的 Ceph 集群中。原因是，在 Ceph 集群中，上百个旋转式 HDD 非常近距离地安装时，其叠加的旋转震动对桌面级 HDD 是不小的挑战。这会增加磁盘故障率，危害到整体性能。企业级 HDD 为震动做了特别的处理，它们本身只会产生很少旋转震动。而且，它们的平均无故障时间（MTBF）远远少于桌面级 HDD。

另一件关于 Ceph OSD 数据盘的考量是接口，也就是 SATA 还有 SAS。NL-SAS HDD 拥有双重 SAS 12GB/s 端口，通常比单个端口的 6GB/s SATA 接口 HDD 具有更高性能。而且双重 SAS 端口提供了冗余，允许并行读写。SAS 设备的另一方面，是拥有比 SATA 驱动器更低的**不可恢复的读错误**（**URE**），URE 越低，清理（scrubbing）过程中发现的错误以及 PG 修复操作就越少。

Ceph OSD 节点的密度也是影响集群性能、可用容量和 TCO 的一个重要因素。通常，大量的小容量节点比少量的大容量节点要好，但这并不是定论。你应该选择适当的 Ceph OSD 节点的密度，使得单个节点容量小于总集群容量的 10%。

举例来说，在一个 1PB 的 Ceph 集群中，你应该避免使用 4 个 250TB 的 OSD 节点，因为每个节点占了 25%的集群容量。相反，你可以使用 13 个 80TB 的 OSD 节点，每个节点容量小于集群容量的 10%。然而，这会增加你的 TCO，而且会影响到许多其他的集群规划因素。

操作系统

Ceph 是一个软件定义系统，运行在基于 Linux 的操作系统的上层。Ceph 支持大多数 Linux 发行版本。截止到目前，可选的操作系统有 RHEL、CentOS、Fedora、Debain、Ubuntu、OpenSuse 和 SLES。至于 Linux 内核版本，建议你在较新的发行版本上部署 Ceph。我们也建议把 Ceph 部署在**长期支持**（**LTS**）的发行版本上。笔者在写这本书的时候，推荐使用 v3.16.3 或者更新的内核版本，这将是一个不错的开始。我们建议你关注 `http://docs.ceph.com/docs/master/start/os-recommendations`。根据文档介绍，CentOS7 和 Ubuntu14.04 是首选，它们经过了持续且全面的功能、回归、压力测试，你完全不用有任何顾虑。如果你使用了 Red Hat 的企业级 Ceph 存储产品，那么 RHEL 将是最好的选择。

OSD 文件系统

Ceph OSD 守护进程运行在文件系统的上层，文件系统可以是 XFS、EXT，甚至是 Btrfs。不过为 Ceph OSD 选择正确的文件系统是一个重要因素，因为 OSD 守护进程很大程度上依赖于底层文件系统的稳定性和性能。除了稳定性和性能之外，文件系统也提供了供 Ceph OSD 守护进程使用的**扩展属性**（**XATTR**）。XATTR 在对象状态、快照、元数据（metadata）和访问控制列表（ACL）上提供了内部信息给 Ceph OSD 进程，它们有助于数据管理。那就是为什么底层文件系统需要为 XATTR 提供足够容量。Btrfs 提供了更大的 `xattr` 元数据，它们以文件的形式存储。XFS 具有相对大的上限（64KB），大多数的部署情况都不会遇到超过该上限，但是 ext4 的上限太小导致它不能被使用。如果使用 ext4 文件系统，你需要永远在 `ceph.conf` 中 [OSD] 部分的下方添加 `filestore xattr use omap = true`。文件系统的选择对生产环境的工作负载相当重要。相对于 Ceph 而言，这些文件系统彼此各不相同。

- **XFS**：一个可靠、稳定、非常成熟的文件系统，建议用在生产环境上。但是 XFS 不如 Btrfs。XFS 在元数据扩展（metadata scaling）上有些小的性能问题。而且 XFS 是一个日志型文件系统，每次客户端发送数据写到 Ceph 集群时，会先写到日志空间，然后写 XFS 文件系统。同一份数据写两次就增加了开销，也就造成了 XFS 性能不如没有日志的 Btrfs。不过基于其可靠性和稳定性，XFS 依然是最受欢迎、被推崇的 Ceph 部署的文件系统。
- **Btrfs**：使用 Btrfs 的 OSD，与 XFS 和 ext4 相比较，有着更好的性能。使用 Btrfs 的一个主要优势是它支持写时复制和可写快照。而且这种情况下，Ceph 使用并行日志，也就是并行写日志和 OSD 数据，这在写性能上是一个很大提升。它也支持透明压缩（transparent compression）和通用校验（pervasive checksums），在一个文件系统中合并多设备管理。它还有一个非常吸引人的功能——在线文件系统检查（online FSCK）。尽管拥有这些新特性，Btrfs 目前仍不适用于生产环境，不过它也算是一个良好测试部署的备选方案。
- **Ext4**：第四代扩展文件系统（Ext4）也是一种适用于生产环境的日志型文件系统。不过没有 XFS 流行。从性能上看，ext4 也无法与 Btrfs 比肩。

> 不要混淆 Ceph 日志和文件系统日志（XFS,EXT4）的写日志，它们是不同的。Ceph 写日志是在写文件系统的时候，而文件系统写日志是写数据到底层磁盘的时候。

Ceph 性能调优和建议

本节中，我们会学习到一些 Ceph 集群的性能调优参数。这些集群范围内的配置参数定义在 Ceph 的配置文件中，因此任何一个 Ceph 守护进程启动时都将会遵循已定义的设置。缺省的配置文件是 ceph.conf，放在/etc/ceph 目录下。这个配置文件有一个 global 部分和若干个服务类型部分。任何时候一个 Ceph 服务启动，都会应用[gloabl]部分，以及进程特定部分的配置。一个 Ceph 配置文件有多个部分，如下图所示。

```
[global]
    fsid                          = {UUID}
    public network                = 192.168.0.0/24
    cluster network               = 192.168.0.0/24
    osd pool default pg num       = 128
[mon]
[mon.alpha]
    host                          = alpha
    mon addr                      = 192.168.0.10:6789
[mds]
[mds.alpha]
    host                          = alpha
[osd]
    osd recovery max active       = 3
    osd max backfills             = 5
[osd.0]
    host                          = delta
[osd.1]
    host                          = epsilon
[client]
    rbd cache                     = true
[client.radosgw.gateway]
    host                          = ceph-radosgw
```

接下来我们讨论配置文件中每个部分的含义。

- **Global 部分**：global 部分是以[global]关键字开始的。所有定义在下面的配置都将应用在 Ceph 的所有守护进程中。下面是一条定义在[global]部分中的参数例子。

```
public network = 192.168.0.0/24
```

- **Monitor 部分**：配置定义在[mon]部分下，应用于集群中所有 Ceph monitor 守护进程。定义在这个部分下的参数重载了定义在[global]下的参数。下面是一条常定义于[mon]部分的参数例子。

```
mon initial members = ceph-mon1
```

- **OSD 部分**：配置定义在[osd]部分，应用于所有的 Ceph OSD 守护进程。定义在这个部分的配置重载了[global]部分的相同配置。下面是一条配置举例。

```
osd mkfs type = xfs
```

- **MDS 部分**：配置定义在`[mds]`部分，应用于所有的 Ceph MDS 守护进程。定义在这个部分的配置重载了`[global]`部分的相同配置。下面是一条配置举例。

```
mds cache size = 250000
```

- **Client 部分**：配置定义在`[client]`部分下，应用于所有的 Ceph 客户端。定义在这个部分的配置重载了`[global]`部分的相同配置。下面是一条配置举例。

```
rbd cache size = 67108864
```

下一节中，我们来学习 Ceph 集群的性能调优技巧。性能调优是一个庞大的话题，需要理解 Ceph，以及存储栈中的其他组件。性能调优没有灵丹妙药，它很大程度上取决于底层基础设置和环境。

全局集群调优

全局性参数定义在 Ceph 配置文件的`[global]`部分。

- `network`：建议使用两个物理隔离的网络，分别作为 Public Network（公共网络，即客户端访问网络）和 Cluster Network（集群网络，即节点之间的网络）。本章前面部分，我们讨论了两个不同网络的需求，现在让我们了解下如何在 Ceph 的配置中定义它们。

    - Public Network：定义 Public Network 的语法：`Publicnetwork = {public network / netmask}`。

    ```
    public network = 192.168.100.0/24
    ```

    - Cluster Network：定义 Cluster Network 的语法：`Cluster network = {cluster network / netmask}`。

    ```
    cluster network = 192.168.1.0/24
    ```

- `max open files`：如果这个参数被设置，那么 Ceph 集群启动时，就会在操作系统层面设置最大打开文件描述符。这就避免 OSD 进程出现与文件描述符不足的情况。参数的缺省值为 0，可以设置成一个 64 位整数。

```
max open files = 131072
```

- `osd pool default min size`：处于 degraded 状态的副本数。它确定了 Ceph 在向客户端确认写操作时，存储池中的对象必须具有的最小副本数目，缺省值为 0。

```
osd pool default min size = 1
```

- `osd pool default pg`和`osd pool default pgp`：确保集群有一个切实的PG数量。建议每个OSD的PG数目是100。使用这个公式计算PG个数：（OSD总数 * 100）/副本个数。

  对于10个OSD和副本数目为3的情况，PG个数应该小于(10*100)/3 = 333。

  ```
  osd pool default pg num = 128
  osd pool default pgp num = 128
  ```

  如之前所解释的，PG和PGP的个数应该保持一致。PG和PGP的值很大程度上取决于集群大小。前面提到的这些值不会损害你的集群，但在采用这些值之前请慎重考虑。要知道这些参数不会改变已经存在的存储池的PG和PGP值。当你创建了一个新的存储池并没有指定PG和PGP的值时，它们才会生效。

- `osd pool default min size`：这是处于degraded状态的副本数目，它应该小于`osd pool default size`的值，为存储池中的object设置最小副本数目来确认写操作。即使集群处于degraded状态。如果最小值不匹配，Ceph将不会确认写操作给客户端。

  ```
  osd pool default min size = 1
  ```

- `osd pool default crush rule`：当创建一个存储池时，缺省被使用的CRUSH ruleset。

  ```
  osd pool default crush rule = 0
  ```

- Disable In-Memory Logs：每一个Ceph子系统有自己的输出日志等级，并记录在内存中。通过给debug logging（调试日志）设置一个log文件等级和内存等级，我们可以给这些子系统设置范围在1～20的不同值，其中1是轻量级的，20是重量级的。第一个设置是日志等级，第二个配置是内存等级。必须用一个正斜杠（/）隔离他们：`debug<subsystem> = <log-level>/<memory-level>`。

  缺省的日志级别能够满足你的集群的要求，除非你发现内存级别日志影响了性能和内存消耗。在这个例子中，你可以尝试关闭in-memory logging功能。要禁用in-memory logging的默认值，可以添加的参数如下。

  ```
  debug_lockdep = 0/0
  debug_context = 0/0
  debug_crush = 0/0
  debug_buffer = 0/0
  debug_timer = 0/0
  debug_filer = 0/0
  debug_objecter = 0/0
  ```

```
debug_rados = 0/0
debug_rbd = 0/0
debug_journaler = 0/0
debug_objectcatcher = 0/0
debug_client = 0/0
debug_osd = 0/0
debug_optracker = 0/0
debug_objclass = 0/0
debug_filestore = 0/0
debug_journal = 0/0
debug_ms = 0/0
debug_monc = 0/0
debug_tp = 0/0
debug_auth = 0/0
debug_finisher = 0/0
debug_heartbeatmap = 0/0
debug_perfcounter = 0/0
debug_asok = 0/0
debug_throttle = 0/0
debug_mon = 0/0
debug_paxos = 0/0
debug_rgw = 0/0
```

Monitor 调优

Monitor 调优参数定义在 Ceph 集群配置文件的`[mon]`部分下。

- `mon osd down out interval`：指定 Ceph 在 OSD 守护进程的多少秒时间内没有响应后标记其为“down”或“out”状态。当你的 OSD 节点崩溃、自行重启或者有短时间的网络故障时，这个选项就派上用场了。你不想让集群在问题出现时就立刻启动数据平衡（rebalancing），而是等待几分钟观察问题能否解决。

  ```
  mon_osd_down_out_interval = 600
  ```

- `mon allow pool delete`：要避免 Ceph 存储池的意外删除，请设置这个参数为 false。当你有很多管理员管理这个 Ceph 集群，而你又不想为客户数据承担任何风险时，这个参数将派上用场。

  ```
  mon_allow_pool_delete = false
  ```

- `mon osd min down reporters`：如果 Ceph OSD 守护进程监控的 OSD down 了，它就会向 MON 报告；缺省值为 1，表示仅报告一次。使用这个选项，可以改变 Ceph OSD 进程需要向 Monitor 报告一个 down 掉的 OSD 的最小次数。在一个大集群中，建议使用一个比缺省值大的值，3 是一个不错的值。

```
mon_osd_min_down_reporters = 3
```

OSD 调优

本节中，我们将了解到常用的 OSD 调优参数，它们定义在 Ceph 集群配置文件的`[osd]`部分。

OSD 常用设置

下面的设置允许 Ceph OSD 进程设定文件系统类型、挂载选项，以及一些其他有用的配置。

- `osd mkfs options xfs`：创建 OSD 的时候，Ceph 将使用这些 xfs 选项来创建 OSD 的文件系统：

```
osd_mkfs_options_xfs = "-f -i size=2048"
```

- `osd mount options xfs`：设置挂载文件系统到 OSD 的选项。当 Ceph 挂载一个 OSD 时，下面的选项将用于 OSD 文件系统挂载。

```
osd_mount_options_xfs = "rw,noatime,inode64,logbufs=8,logbsize=256k,
delaylog,allocsize=4M"
```

- `osd max write size`：OSD 单次写的最大大小，单位是 MB。

```
osd_max_write_size = 256
```

- `osd client message size cap`：内存中允许的最大客户端数据消息大小，单位是字节。

```
osd_client_message_size_cap = 1073741824
```

- `osd map dedup`：删除 OSD map 中的重复项。

```
osd_map_dedup = true
```

- `osd op threads`：服务于 Ceph OSD 进程操作的线程个数。设置为 0 可关闭它。调大该值会增加请求处理速率。

```
osd_op_threads = 16
```

- `osd disk threads`：用于执行像清理（scrubbing）、快照裁剪（snap trimming）

这样的后台磁盘密集性 OSD 操作的磁盘线程数量。

```
osd_disk_threads = 1
```

- osd disk thread ioprio class：和 osd_disk_thread_ioprio_priority 一起使用。这个可调参数能够改变磁盘线程的 I/O 调度类型，且只工作在 Linux 内核 CFQ 调度器上。可用的值为 idle、be 或者 rt。
  - idle：磁盘线程的优先级比 OSD 的其他线程低。当你想放缓一个忙于处理客户端请求的 OSD 上的清理（scrubbing）处理时，它是很有用的。
  - be：磁盘线程有着和 OSD 其他进程相同的优先级。
  - rt：磁盘线程的优先级比 OSD 的其他线程高。当清理（scrubbing）被迫切需要时，须将它配置为优先于客户端操作，此时该参数是很有用的。

  ```
  osd_disk_thread_ioprio_class = idle
  ```

- osd disk thread ioprio priority：和 osd_disk_thread_ioprio_ class 一起使用。这个可调参数可以改变磁盘线程的 I/O 调度优先级，范围从 0（最高）到 7（最低）。如果给定主机的所有 OSD 都处于优先级 idle，它们都在竞争 I/O，而且没有太多操作。这个参数可以用来将一个 OSD 的磁盘线程优先级降为 7，从而让另一个优先级为 0 的 OSD 尽可能更快地做清理（scrubbing）。和 osd_disk_thread_ioprio_ class 一样，它也工作在 Linux 内核 CFQ 调度器上。

  ```
  osd_disk_thread_ioprio_priority = 0
  ```

OSD 日志设置

Ceph OSD 守护进程支持下列日志配置。

- osd journal size：缺省值为 0。你应该使用这个参数来设置日志大小。日志大小应该至少是预期磁盘速度和 filestore 最大同步时间间隔的两倍。如果使用了 SSD 日志，最好创建大于 10GB 的日志，并调大 filestore 的最小、最大同步时间间隔。

  ```
  osd_journal_size = 20480
  ```

- journal max write byte：单次写日志的最大比特数。

  ```
  journal_max_write_bytes = 1073714824
  ```

- journal max write entries：单次写日志的最大条目数。

  ```
  journal_max_write_entries = 10000
  ```

- journal queue max ops：给定时间里，日志队列允许的最大 operation 数。

```
journal_queue_max_ops = 50000
```

- `journal queue max bytes`：给定时间里，日志队列允许的最大比特数。

```
journal_queue_max_bytes = 10485760000
```

- `journal dio`：启用 direct i/o 到日志。需要将 `journal block align` 配置为 `true`。

```
journal_dio = true
```

- `journal aio`：启用 libaio 异步写日志。需要将 `journal dio` 配置为 `true`。

```
journal_aio = true
```

- `journal block align`：日志块写操作对齐。需要配置了 `dio` 和 `aio`。

```
journal_block_align = true
```

OSD filestore 设置

下面是一些 OSD filestore 的配置项。

- `Filestore merge threshold`：将 libaio 用于异步写日志。需要 `journal dio` 被置为 `true`。

```
filestore_merge_threshold = 40
```

- `Filestore spilt multiple`：子目录在分裂成二级目录之前最大的文件数。

```
filestore_split_multiple = 8
```

- `Filestore op threads`：并行执行的文件系统操作线程个数。

```
filestore_op_threads = 32
```

- `Filestore xattr use omap`：给 XATTRS（扩展属性）使用 object map。在 `ext4` 文件系统中要被置为 `true`。

```
filestore_xattr_use_omap = true
```

- `Filestore sync interval`：为了创建一个一致的提交点（consistent commit point），filestore 需要停止写操作来执行 `syncfs()`，也就是从日志中同步数据到数据盘，然后清理日志。更加频繁地同步操作，可以减少存储在日志中的数据量。这种情况下，日志就能充分得到利用。配置一个越小的同步值，越有利于文件系统合并小量的写，提升性能。下面的参数定义了两次同步之间最小和最大的时间周期。

```
filestore_min_sync_interval = 10
filestore_max_sync_interval = 15
```

- `Filestore queue max ops`：在阻塞新 operation 加入队列之前，filestore 能接

受的最大 operation 数。

```
filestore_queue_max_ops = 2500
```

- Filestore queue max bytes：一个 operation 的最大比特数。

```
filestore_queue_max_bytes = 10485760
```

- Filestore queue committing max ops：filestore 能提交的 operation 的最大个数。

```
filestore_queue_committing_max_ops = 5000
```

- Filestore queue committing max bytes：filestore 能提交的 operation 的最大比特数。

```
filestore_queue_committing_max_bytes = 10485760000
```

OSD Recovery 设置

如果相比数据恢复（recovery），你更加在意性能，可以使用这些配置，反之亦然。如果 Ceph 集群健康状态不正常，处于数据恢复状态，它就不能表现出正常性能，因为 OSD 正忙于数据恢复。如果你仍然想获得更好的性能，可以降低数据恢复的优先级，使数据恢复占用的 OSD 资源更少。如果想让 OSD 更快速地做恢复，从而让集群快速恢复其状态，你也可以设置以下这些值。

- osd recovery max active：某个给定时刻，每个 OSD 上同时进行的所有 PG 的恢复操作（active recovery）的最大数量。

```
osd_recovery_max_active = 1
```

- osd recovery max single start：和 osd_recovery_max_active 一起使用，要理解其含义。假设我们配置 osd_recovery_max_single_start 为 1，osd_recovery_max_active 为 3，那么，这意味着 OSD 在某个时刻会为一个 PG 启动一个恢复操作，而且最多可以有三个恢复操作同时处于活动状态。

```
osd_recovery_max_single_start = 1
```

- osd recovery op priority：用于配置恢复操作的优先级。值越小，优先级越高。

```
osd_recovery_op_priority = 50
```

- osd recovery max chunk：数据恢复块的最大值，单位是字节。

```
osd_recovery_max_chunk = 1048576
```

- osd recovery threads：恢复数据所需的线程数。

```
osd_recovery_threads = 1
```

OSD backfilling（回填）设置

OSD backfilling 设置允许 Ceph 配置回填操作（backfilling operation）的优先级比请求读写更低。

- `osd max backfills`：允许进或出单个 OSD 的最大 backfill 数。

```
osd_max_backfills = 2
```

- `osd backing scan min`：每个 backfill 扫描的最小 object 数。

```
osd_backfill_scan_min = 8
```

- `osd backfill scan max`：每个 backfill 扫描的最大 object 数。

```
osd_backfill_scan_max = 64
```

OSD scrubbing（清理）设置

OSD scrubbing 对维护数据完整性来说是非常重要的，但是也会降低其性能。你可以采用以下配置来增加或减少 scrubbing 操作。

- `osd max scrube`：一个 OSD 进程最大的并行 scrub 操作数。

```
osd_max_scrubs = 1
```

- `osd scrub sleep`：两个连续的 scrub 之间的 scrub 睡眠时间，单位是秒。

```
osd_scrub_sleep = .1
```

- `osd scrub chunk min`：设置一个 OSD 执行 scrub 的数据块的最小个数。

```
osd_scrub_chunk_min = 1
```

- `osd scrub chunk max`：设置一个 OSD 执行 scrub 的数据块的最大个数。

```
osd_scrub_chunk_max = 5
```

- `osd deep scrub stride`：深层 scrub 时读大小，单位是字节。

```
osd_deep_scrub_stride = 1048576
```

- `osd scrub begin hour`：scrub 开始的最早时间。和 `osd_scrub_end_hour` 一起使用来定义 scrub 时间窗口。

```
osd_scrub_begin_hour = 19
```

- `osd scrub end hour`：scrub 执行的结束时间。和 osd_scrub_begin_hour 一起使用来定义 scrub 时间窗口。

```
osd_scrub_end_hour = 7
```

客户端（Client）调优

客户端调优参数应该定义在配置文件的[client]部分。通常[client]部分存在于客户端节点的配置文件中。

- rbd cache：启用 RBD（RAPOS Block Device）缓存。

```
rbd_cache = true
```

- rbd cache writethrough until flush：一开始使用 write-through 模式，在第一次 flush 请求被接收后切换到 writeback 模式。

```
rbd_cache_writethrough_until_flush = true
```

- rbd concurrent management：可以在 rbd 上执行的并发管理操作数。

```
rbd_concurrent_management_ops = 10
```

- rbd cache size：rbd 缓存大小，单位为字节。

```
rbd_cache_size = 67108864 #64M
```

- rbd cache max dirty：缓存触发 writeback 时的上限字节数。配置该值要小于 rbd_cache_size。

```
rbd_cache_max_dirty = 50331648  #48M
```

- rbd cache target dirty：在缓存开始写数据到后端存储之前，脏数据大小的目标值。

```
rbd_cache_target_dirty = 33554432  #32M
```

- rdb cache max dirty age：在 writeback 开始之前，脏数据在缓存中存在的秒数。

```
rbd_cache_max_dirty_age = 2
```

- rbd default format：使用了第二种 rbd 格式，它已经在 librbd 和 3.11 之后的 Linux 内核版本中被支持。它添加了对克隆（cloning）的支持，更加容易扩展，未来会支持更多的特性。

```
rbd_default_format = 2
```

操作系统调优

上一节中，我们已经讨论了 Ceph monitor、OSD、客户端的调优参数。本节中，我们来讨论下操作系统中的一些常用调优参数。

- Kernel pid max：这是一个 Linux 内核参数，它负责设置线程的最大个数和进程 ID。缺省情况下，Linux 内核拥有一个相对较小的 kernel.pid_max 值。你应该在运行多个 OSD，通常是多余 20 个的 Ceph 节点上，将它配置为一个更高的值。这个配置有助于孵化多个线程用于更快地做数据恢复和重新平衡。要使用这个参数，用 root 用户执行以下命令。

```
# echo 4194303 > /proc/sys/kernel/pid_max
```

- File max：linux 系统打开文件的最大数目。通常这个参数的值调大些比较好。

```
# echo 26234859 > /proc/sys/fs/file-max
```

- Jumbo frames：当网络帧的有效载荷 MTU 大于 1500 字节时，这些帧被称为巨帧（umbo frames）。在 Ceph 集群网络和客户端网络的所有网卡上启用巨帧能够提高网络吞吐量以及集群的总体性能。

  Jumbo frames 需要在主机以及网络交换机上都被启用，否则，MTU 的不匹配将导致丢包。在网卡 eth0 上启用巨帧，执行以下命令。

```
# ifconfig eth0 mtu 9000
```

  类似地，你需要在 Ceph 网络的其他网卡上做相同的操作。为了让配置永久生效，应该将配置添加到网卡配置文件中。

- Disk read_ahead：read_ahead 参数通过在随机存取存储器（RAM）中预取和加载数据，来加速磁盘读操作。配置一个相对较高的 read_ahead，有利于客户端执行顺序读操作。

  假设磁盘 vda 是一个 RBD，被挂载到了一个客户端节点。大多数情况下都可以默认地使用以下命令检查 read_ahead 的值。

```
# cat /sys/block/vda/queue/read_ahead_kb
```

  要给 vda 的 read_ahead 设置一个更高值，比如 8MB，执行以下命令。

```
# echo "8192" > /sys/block/vda/queue/read_ahead_kb
```

  read_ahead 配置用于挂载 RDB 的 Ceph 客户端。为了得到读性能的提升，你可以将它设置为几 MB，这取决于你的硬件和所有 RBD 设备。

- Virtual memory（**虚拟内存**）：由于其以 I/O 为中心，内存交换（swap）的使用会导致整个服务器变得反应迟钝。建议为高 IO 工作负载配置一个低的 swappiness 值。在/etc/sysctl.conf 中设置 vm.swappiness 为 0 来避免上述问题。

```
# echo "vm.swappiness=0" >> /etc/sysctl.conf
```

- min_free_kbytes：为系统保留的内存空间最小值，单位是 KB。可以执行以下命令，配置整个系统保留内存为 1%到 3%。

```
# echo 262144 > /proc/sys/vm/min_free_kbytes
```

- `I/O scheduler`（**调度器**）：Linux 给我们提供了若干选项来选择 I/O 调度器，不用重启就能生效。I/O 调度器有三个选择，将会在下面提到。
- Deadline：在 Red Hat 企业级 Linux7 及其衍生版本和 Ubuntu Trusty 版本中，deadline I/O 调度器替换了 CFQ，后者原先是这些版本的默认 I/O 调度器。Deadline 调度器的好处是每个调度器通过使用单独的 IO 队列，因此与写相比，更利于读。这个调度器适用于大多数使用场景，尤其是读操作多于写操作的情况。已经在队列中的 I/O 请求被分类到读和写批次，然后以 LBA 升序被调度执行。默认情况下，读批次的优先级高于写批次，因为应用程序更容易阻塞在读 I/O 上。对于有时限要求的 Ceph OSD 负载来说，这种 I/O 调度器看起来更加可信。
- CFQ：完全公平队列（Completely Fair Queuing）调度器是 Red Hat 企业级 Linux（4,5 和 6 版本）及其衍生版本的默认调度器。默认的调度器只适用于 SATA 磁盘。CFQ 调度器将进程划分为三大类：real time（实时的），best effort（尽力而为的）和 idle（空闲的）。Real time 类型进程永远优先于 best effort 类型进程执行，这两者又永远优先于 idle 类型进程执行。这就意味着 real time 类型的进程可以抢占 best effort 和 idle 类型进程的时间片。进程默认被分配为 best effort 类型。
- Noop：Noop I/O 调度器实现了一个简单的 FIFO（first-in first-out，先进先出）调度器。通过使用 last-hit（最后命中）缓存，请求在通用块层（generic block layer）中被合并。对于使用快速存储的计算密集型（CPU-bound）系统来说，这是最好的调度器。比如对 SSD，NOOP I/O 调度器可以减少延迟（latency），增加吞吐量（throughput），以及消除了 CPU 花费在重新排序 I/O 请求上的时间。这个调度器一般可以良好地工作在 SSD、虚拟机，甚至是 NVMe 卡上。因此，Noop IO 调度器对于使用 SSD 盘作为 Ceph 日志盘的情形来说，是一个不错的选择。

  执行以下命令，来检查磁盘 sda 默认使用的调度器。默认的调度器会出现在`[]`中。

  ```
  # cat /sys/block/sda/queue/scheduler
  ```

  修改磁盘 sda 默认的 I/O 调度器为 deadline。

  ```
  # echo deadline > /sys/block/sda/queue/scheduler
  ```

  修改磁盘 sda 默认的 I/O 调度器为 Noop。

  ```
  # echo noop > /sys/block/sda/queue/scheduler
  ```

基于你对所有磁盘的需求，你必须重复这些命令，来改变每个磁盘的默认调度器为 deadline 或者 `noop`。为了使修改永久生效，你需要更新 grub boot loader 中的相关 elevator 选项。

- `I/O Scheduler queue`（调度队列）：缺省的 I/O 调度队列大小是 `128`。调度队列对 I/O 进行排序，并试图通过对顺序 I/O 进行优化以减小寻道（seek）时间的方式将它们写入。修改调度队列的深度为 `1024`，可以增加磁盘执行顺序 I/O 的比例，提升整体吞吐量。

  要检查块设备 sda 的调度器深度，使用以下命令。

  ```
  # cat /sys/block/sda/queue/nr_requests
  ```

  要增加调度器深度为 1024，使用以下命令。

  ```
  # echo 1024 > /sys/block/sda/queue/nr_requests
  ```

Ceph 纠删码

Ceph 中默认的数据保护机制是副本。事实证明这是最流行的数据保护方式。不过，副本的缺点是需要占用两倍的存储空间来提供冗余。举个例子，如果你计划用三副本搭建一个 1PB 可用容量的存储方案，那就需要为 1PB 的可用容量准备 3PB 的原始存储容量，也就是 200%，甚至更多。这种情况下，使用副本机制，会使每 GB 的存储费用大幅上升。对于一个小的集群，你可以忽略副本开销，但是在大环境中，这就不容忽视了。

从 Firefly 发行版本开始，Ceph 就已经推出了另一种被称为纠删码的数据保护方法。这种数据保护方法和副本方法大相径庭。这种方法将每个 object 划分成更小的数据块（chunk），每一块称为数据块（data chunk），再用编码块（coding chunk）对它们进行编码，最后将这些数据块存储到 Ceph 集群中的不同故障域中，从而保证数据安全。纠删码概念的核心在公式 $n = k + m$。解释如下：

- k：原始 object 被划分成的数据块的个数。
- m：附加到所有原始数据块的额外编码块的个数，它将提供数据保护。为了便于理解，你可以把它当作一种可靠等级（reliability level）。
- n：执行纠删码处理后，所创建的块的总数。

基于前面的公式，纠删码类型的存储池中的每个 object 会被存储到 `k+m` 个块中，每个块被存到 PG acting set 中的每一个 OSD 上。这样，一个 object 的所有块将分散到整个 Ceph 集群中，这提供了一个更高级别的可靠性。现在，我们来讨论一些关于纠删码的有用的术语。

- **恢复**（recovery）：执行数据恢复时，我们需要 n 个块中的任意 k 个块来恢复数据。
- **可靠性等级**（reliability level）：通过使用纠删码，对于每个对象，Ceph 能容忍 m 个块出错。

- **编码率（Encoding Rate(r)）**：编码率可以使用公式 $r = k / n$ 计算，其中 r 小于 1。
- **所需存储（Storage required）**：所需存储使用公式 1/r 计算。

为了更好地理解这些术语，我们来举个例子。基于纠删码（*3*，*2*）规则在五个 OSD 上创建了一个存储池。每个保存到这个存储池中的 object，根据公式 $n = k + m$ 被分为若干个数据块和编码块。

考虑 5 = 3 + 2，因此 n =5，k = 3，m = 2。所以，每个 object 被分成 3 个原始数据块，然后加入两个额外的纠删码块，这样的话，总共 5 个块会被存储到分散在 5 个 OSD 上的纠删码存储池中。一旦出现故障，要构造原始数据时，我们需要 5 个块中的 3 个来恢复原始数据。因此，我们能够容忍任意 2（m）个 OSD 故障，因为数据可以从 3（k）个 OSD 中的数据被恢复出来。

- **编码率(r)** = 3 / 5 = 0.6 < 1
- **所需存储** = 1 / r = 1 / 0.6 = 原始文件的 1.6 倍

假设有一个 1GB 的文件。要存储这个文件到纠删码（3，5）池中，它需要 1.6GB 的存储空间，同时可以保障你的存储文件在连续的 2 个 OSD 故障时不受影响。

相比副本方式，同样的文件存到副本池中，为了支持两个 OSD 故障，Ceph 需要一个三副本的池，因此需要 3GB 的存储空间才能可靠地保存 1GB 的文件。这样，通过使用 Ceph 的纠删码特性，你就能减少将近 40%的存储成本，但却得到和副本方式一样的可靠性。

相比副本方式，纠删码池只需要更少的存储空间。不过这种数据存储方式是以牺牲性能为代价的，因为纠删码进程将每个 object 划分为更小的数据块，少量较新的编码块混合到这些数据块中。最终，这些块被存储在 Ceph 集群中的不同故障域中。整个机制需要用到 OSD 节点上更多一点的计算能力。所以你会发现，纠删码机制存储数据会稍微慢于副本机制。纠删码主要取决于使用场景，你可以根据数据存储需求自行选择存储方式。

纠删码插件

当我们创建纠删码 profile（配置）时，Ceph 提供了若干个纠删码插件（plugin）供我们选择。你可以使用不同的插件创建不同的纠删码 profile。Ceph 支持下列插件。

- **Jerasure 纠删码插件**：Jerasure 插件是最为通用和灵活的插件，也是 Ceph 纠删码存储池所使用的默认插件，该插件封装了 Jerasure 库。Jerasure 使用了 RS 码（Reed Solomon Code，即里德—所罗门码）技术。下图介绍了 Jerasure 码（*3*，*2*）。正如之前提到的，原始数据先被划分到 3 个数据块中，2 个编码块被添加进来，最终 5 个数据库存储到 Ceph 集群不同的故障域中。

使用 Jerasure 插件，当一个被纠删码编码的 object 存储到多个 OSD 时，一个 OSD 丢失的话，恢复数据需要从所有其他 OSD 上读取数据。举例来说，如果 Jerasure 配置为 k=3，m=2，丢失一个 OSD 需要读取所有 5 个 OSD 才能修复，这对数据恢复过程而言并不高效。

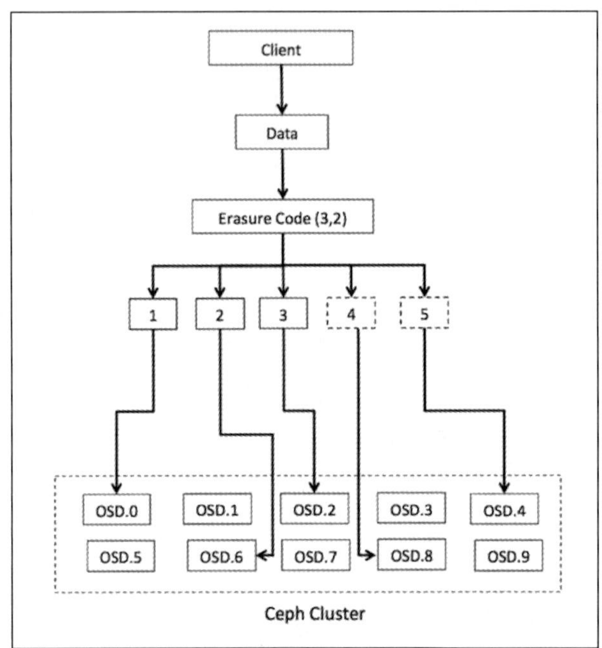

- **（本地可修复的纠删码插件）Locally repairable erasure code plugin**：因为 Jerasure 不能有效地做数据恢复，它被采用本地校验（local parity）的方法改进了，这种新方法被称为 Locally Repairable erasure Code（LRC）。该插件创建了本地校验块（local parity chunk），它可以从更少的 OSD 上恢复数据，从而使恢复的过程更为高效。

为便于理解，我们假设 LRC 配置 k=8，m=4，l=4（locality），它将为每 4 个 OSD 创建一个附加的校验块，在使用 Jerasure 的情况下，当单个 OSD 丢失时，只要从 4 个而不是 11 个 OSD 上恢复。

LRC 的设计致力于降低当某个 OSD 丢失后需要恢复数据时所需的带宽。正如前面所示，1 个本地校验块（L）通常用于每 4 个数据块（k）。当 k3 丢失后，并不需要从所有的[(K+M)-K3]个块，也就是 11 个块中恢复。使用了 LRC 之后，数据完全可以从 K1，K2，K4 和 L1 中恢复。

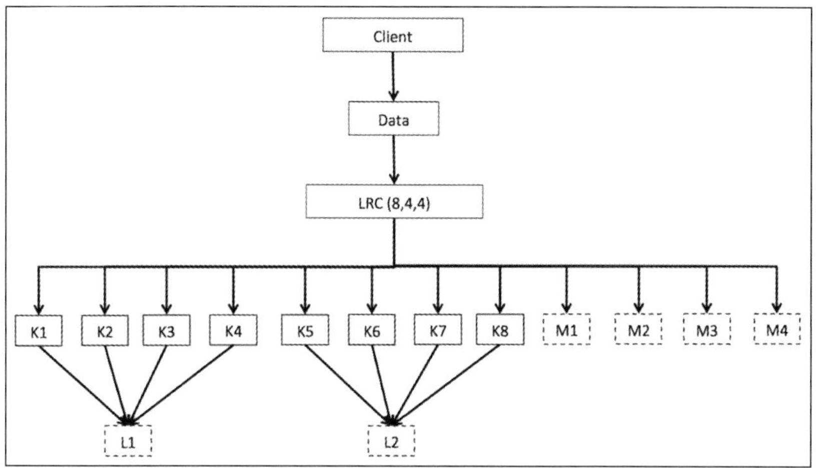

- Shingled erasure code plugin（SHEC，瓦式纠删码插件）：LRC 为单个 OSD 故障做了优化。考虑到多个 OSD 故障，LRC 的恢复开销是很大的，因为它要使用全局校验（M）来恢复。我们重新考虑一下之前的场景，并假设多个数据块 K3 和 K4 丢失了。要使用 LRC 来恢复丢失的块，需要从 K1、K2、L1（本地校验块）和 M1（全局校验块）中恢复。因此，LRC 在多磁盘故障时存在开销。

为了解决这个问题，SHEC 被提出了。SHEC 插件封装了多个 SHEC 库，比起 Jerasure 和 LRC，能更有效地恢复数据。SHEC 的目的是有效处理多个磁盘故障。使用这种方法，本地校验块的计算范围已经被改变，而校验彼此重叠部分（好比屋顶上的瓦片）就能够保持足够的数据持久性。

举例理解，SHEC（*10,6,5*），其中 *k*=10（数据块），*m*=6（校验块），*l*=5（计算范围）。这种情况下，SHEC 的表示图如下：

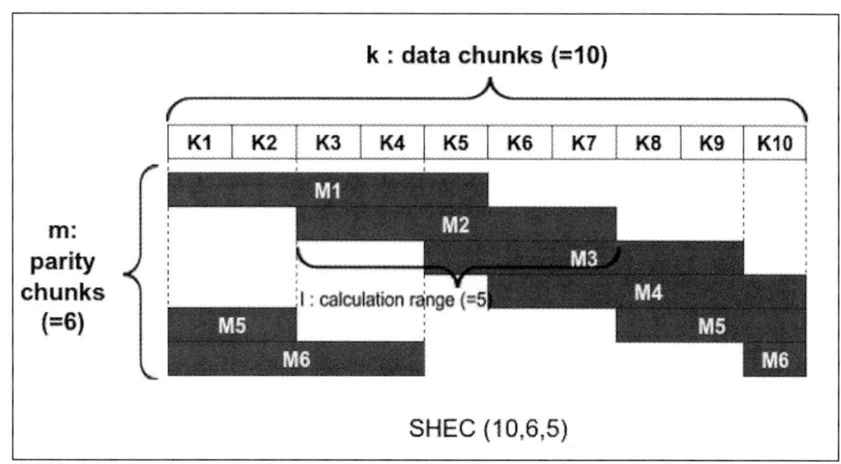

数据恢复效率是 SHEC 的重要特征。它最小化了数据恢复期间从磁盘读取的数据量。如果块 K6 和 K9 丢失了，SHEC 会使用 M3 和 M4 校验块和 K5、K7、K8、K10 数据块做数据恢复。也就是如下图所示。

针对多磁盘故障，SHEC 有望比其他方法更有效地做数据恢复。在两个磁盘故障的情况下，SHEC 的恢复时间比 RS 纠删码（solomon code）快 18.6%。

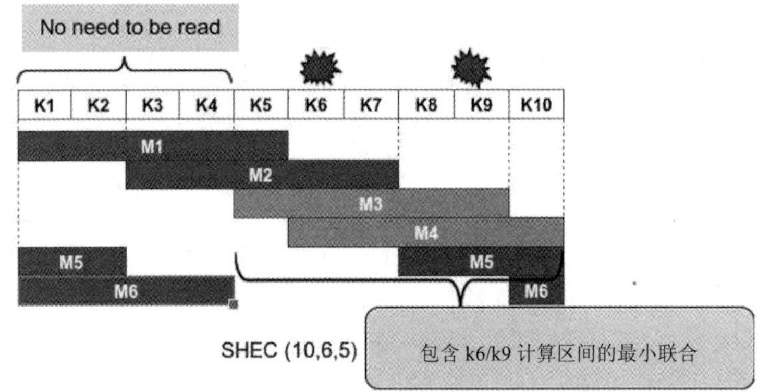

- ISA-I erasure code plugin（**ISA-I 纠删码插件**）：Intelligent storage Acceleration（ISA，**智能存储加速**）插件封装了 ISA 库。ISA-I 使用了平台特定指令为 Intel 平台做了优化。因此只能运行在 Intel 架构上。ISA 可以使用两种形式的 RS 码，即 Vandermonde 和 Cauchy。

创建一个纠删码存储池

当创建一个纠删码类型的存储池时，我们会用到纠删码编码。这个存储池基于定义了纠删码特性的纠删码 profilee。我们先创建一个纠删码 profile，然后基于这个 profile 创建一个纠删码类型的存储池。

操作指南

1．本节所提及的命令将会创建一个名叫 EC-profile 的纠删码 profile，其特征是 k=3，m=2，也就是 3 个数据块，2 个编码块。所以，每个存储到纠删码存储池的 object 会被划分成 3 个数据块，并且 2 个额外的编码块被添加进来，总共 5 个块。最终，这 5 个块被分布在不同的 OSD 故障域中。

- 创建纠删码 profile：

ceph osd erasure-code-profile set EC-profile rulesetfailure-domain=osd k=3 m=2

❑ 列出 profile：

ceph osd erasure-code-profile ls

❑ 获取纠删码 profile 中的内容：

ceph osd erasure-code-profile get EC-profile

```
[root@ceph-node1 ~]# ceph osd erasure-code-profile set EC-profile rulesetfailure-domain=osd k=3 m=2
[root@ceph-node1 ~]# ceph osd erasure-code-profile ls
EC-profile
default
[root@ceph-node1 ~]# ceph osd erasure-code-profile get EC-profile
directory=/usr/lib64/ceph/erasure-code
k=3
m=2
plugin=jerasure
rulesetfailure-domain=osd
technique=reed_sol_van
[root@ceph-node1 ~]#
```

2. 基于第一步创建的纠删码 profile 创建一个纠删码类型的 Ceph 存储池：

ceph osd pool create EC-pool 16 16 erasure EC-profile

检查新创建的存储池的状态，你可以看到存储池的大小（size）是 5（k+m），也就是纠删大小是 5。所以，数据会被写到 5 个不同的 OSD 中：

ceph osd dump |grep-i EC-pool

```
[root@ceph-node1 ~]# ceph osd pool create EC-pool 16 16 erasure EC-profile
pool 'EC-pool' created
[root@ceph-node1 ~]# ceph osd dump | grep -i EC-pool
pool 47 'EC-pool' erasure size 5 min_size 3 crush_ruleset 3 object_hash rjenkins pg_num 16 pgp_num 16
last_change 4504 flags hashpspool stripe_width 4128
[root@ceph-node1 ~]#
```

3. 现在添加一些数据到这个新建的存储池中。创建一个测试文件 hello.txt，添加这个文件到 EC-pool。

```
[root@ceph-node1 ~]# echo "Hello Ceph" >> hello.txt
[root@ceph-node1 ~]# cat hello.txt
Hello Ceph
[root@ceph-node1 ~]# rados -p EC-pool ls
[root@ceph-node1 ~]# rados -p EC-pool put object1 hello.txt
[root@ceph-node1 ~]# rados -p EC-pool ls
object1
[root@ceph-node1 ~]#
```

4. 确认纠删码存储池是否正常工作。我们可以检查 EC-pool 和 object1 的 OSD map。

```
[root@ceph-node1 ~]# ceph osd map EC-pool object1
osdmap e4601 pool 'EC-pool' (47) object 'object1' -> pg 47.bac5debc (47.c) -> up ([5,3,2,8,0], p5) acting ([5,3,2,8,0], p5)
[root@ceph-node1 ~]#
```

如果你仔细观察以上输出，你就会注意到 object1 被存储到 47.c 这个 PG 中，也就是存储到 EC-pool 中了。你还会发现这个 PG 存储在 5 个 OSD 上，即 osd.5、osd.3、osd.2、osd.8、osd.0。回到第一步，回想我们创建的（3，2）规格的纠删码 profile。这就是为什么 object1 会存储到 5 个 OSD 上。

这个阶段，我们完成了纠删码类型存储池的配置。现在我们故意损坏 OSD，来看下纠删码存储池在 OSD 不可用时发生了什么。

5．现在我们一个接一个地停止 OSD.5 和 OSD.3。

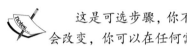

这是可选步骤，你不能在生产环境上执行。而且 OSD 的个数可能会改变，你可以在任何需要的地方替换掉它们。

停止 osd.5，检查 EC-pool 和 object1 的 OSD map。你应该注意到 osd.5 被替换成了一个随机数 2147483647，也就是意味着 osd.5 在这个存储池中不再可用。

```
# ssh ceph-node2 service ceph stop osd.5
# ceph osd map EC-pool object1
```

```
[root@ceph-node1 ~]# ssh ceph-node2 service ceph stop osd.5
=== osd.5 ===
Stopping Ceph osd.5 on ceph-node2...kill 23469...kill 23469...done
[root@ceph-node1 ~]# ceph osd map EC-pool object1
osdmap e4603 pool 'EC-pool' (47) object 'object1' -> pg 47.bac5debc (47.c) -> up ([2147483647,3,2,8,0], p3) acting ([2147483647,3,2,8,0], p3)
[root@ceph-node1 ~]#
```

6．类似的，再停止一个 OSD，也就是 osd.3，观察 EC-pool 和 object1 的 OSD map。你会发现，像 osd.5 一样，osd.3 也被随机数 2147483647 替换了，意味着 osd.3 在 EC-pool 中也不再可用。

```
# ssh ceph-node2 service ceph stop osd.3
# ceph osd map EC-pool object1
```

```
[root@ceph-node1 ~]# ssh ceph-node2 service ceph stop osd.3
=== osd.3 ===
Stopping Ceph osd.3 on ceph-node2...kill 22954...kill 22954...done
[root@ceph-node1 ~]# ceph osd map EC-pool object1
osdmap e4605 pool 'EC-pool' (47) object 'object1' -> pg 47.bac5debc (47.c) -> up ([2147483647,2147483647,2,8,0], p2) acting ([2147483647,214748
3647,2,8,0], p2)
[root@ceph-node1 ~]#
```

7．现在 EC-pool 运行在 3 个 OSD 上，这是纠删码存储池的所需的最小配置。正如之前讨论的，EC-pool 需要读取 5 个数据块中的 3 块来读取原始数据。现在我们只剩下 3 个块，即 osd.2，osd.8 和 osd.0，因此我们依然能访问到数据。我们来验证下数据读取：

```
# rados-p EC-pool ls
# rados-p EC-pool get object1 /tmp/object1
# cat /tmp/object1
```

```
[root@ceph-node1 ~]# rados -p EC-pool ls
object1
[root@ceph-node1 ~]# rados -p EC-pool get object1 /tmp/object1
[root@ceph-node1 ~]# cat /tmp/object1
Hello Ceph
[root@ceph-node1 ~]#
```

纠删码特性很大程度收益于 Ceph 健壮的架构。当 Ceph 检测到任意故障域不可用时，它就会启动基础的数据恢复操作。在数据恢复操作过程中，纠删码存储池通过解码故障块到新的 OSD 上做原始数据重建，然后自动地使所有块变得可用。

8. 在提到的最后两步中，我们故意损坏了 `osd.5` 和 `osd.3`。一段时间后，Ceph 开始做数据恢复并且在不同的 OSD 上重新生成丢失的块。一旦数据恢复操作完成，检查 OSD map 中的 `EC-pool` 和 `object1`，你将惊讶地发现新的 OSD ID 变成了 `osd.7` 和 `osd.4`。接着，纠删码存储池在未进行任何管理性操作就自动变成健康了。

```
[root@ceph-node1 ~]# ceph osd stat
     osdmap e4645: 9 osds: 7 up, 7 in; 336 remapped pgs
[root@ceph-node1 ~]# ceph osd map EC-pool object1
osdmap e4645 pool 'EC-pool' (47) object 'object1' -> pg 47.bac5debc (47.c) -> up ([7,4,2,8,0], p7) acting ([7,4,2,8,0], p7)
[root@ceph-node1 ~]#
```

Ceph 缓存分层

和纠删码一样，缓存分层（cache tiering）特性也是在 Ceph Firefly 版本中引入的。缓存分层通过将一部分数据存到缓存层（cache tier），给 Ceph 客户端提供了更好的 IO 性能。缓存分层在更快的磁盘上创建存储池，通常是在 SSD 上。缓存存储池（Cache pool）应该放在常规的副本存储池（replicate pool）或者纠删码存储池（erasure pool）之前，这样所有的客户端 I/O 操作先被缓存存储池处理；然后，数据被刷新（flush）到已经存在的数据存储池中。客户端喜欢从缓存存储池中获得高性能，而数据则会被透明化地写入常规的存储池中。下图说明了 Ceph 的缓存分层。

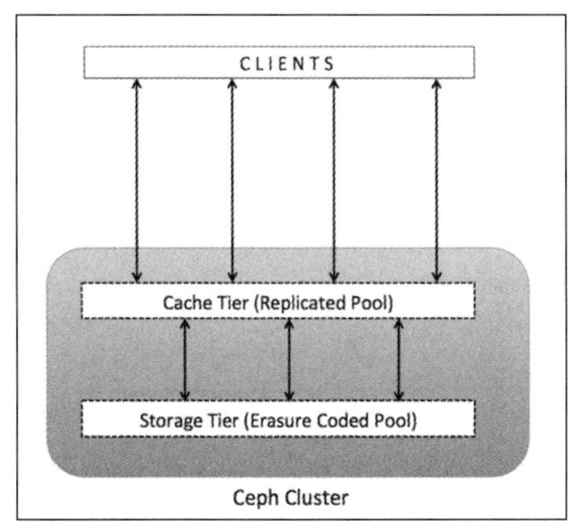

缓存层创建在昂贵的、更快的 SSD/NVMe 上，因此也给客户端提供了更高的 I/O 性能。缓存层的数据最终会被写回存储层（storage tier），它们由副本或纠删码类型存储池所构建。全部的客户端 I/O 请求，不管是读还是写，都会从缓存中获得更快的响应，这是因为是由更快的缓存层来处理用户请求。基于我们为缓存层创建的策略，它会刷新所有的数据到后端存储层，这样它就能缓存客户端的新请求了。缓存层和存储层的之间的所有数据迁移都是自动化的，对客户端透明，管理员可以配置迁移进行的方式。缓存分层主要有两种模式。

Writeback 模式（回写）

当缓存分层被配置成 `writeback` 模式时，客户端写数据到缓存层中更快的存储池，就会立刻收到确认回复。基于所配置的刷新/删除（flush/evict）策略，数据从缓存层迁移到存储层，最后被缓存分层代理（cache-tiering agent）从缓存层中删除。当客户端执行读操作时，数据通过缓存分层代理，先从存储层传输到缓存层，然后发送给客户端。数据会保留在缓存层直到变为无效数据或冷数据。`writeback` 模式的缓存层是用于可变数据，如图片或视频编辑、交易性数据等的理想模式。

Read-only 模式（只读）

当缓存分层被配置成 `read-only` 模式时，它只服务于客户端的读操作。写操作在这种模式下不会被它处理，而是直接存到后端的存储层。当客户端执行读操作时，缓存分层代理从存储层复制请求数据到缓存层。基于已经配置在缓存层上的策略，过期的 object 会从缓存层中被删除。这种方法适用于多个客户端读取相同的数据时，比如社交媒体内容。不可变数据是 read-only 缓存层的理想备选方案。

创建一个缓存分层的存储池

为了从缓存分层中获取最佳性能，应该使用更快的磁盘，如 SSD，在普通的 HDD 存储池的上层创建更快的缓存池。在第 8 章，生产计划和性能调优中，我们讨论了通过修改 CRUSH map 在指定 OSD 上创建存储池的过程。要配置缓存层，需要先修改 CRUSH map，为 SSD 磁盘创建一个规则集（ruleset）。既然已经在第 8 章中讨论过了，我们就使用原来的基于 osd.0，osd.3，osd.6 的 ruleset。这只是个测试配置，我们并没有真正的 SSD，假设 osd.0、osd.3、osd.6 就是 SSD，我们创建一个缓存池在上面，如下图所示：

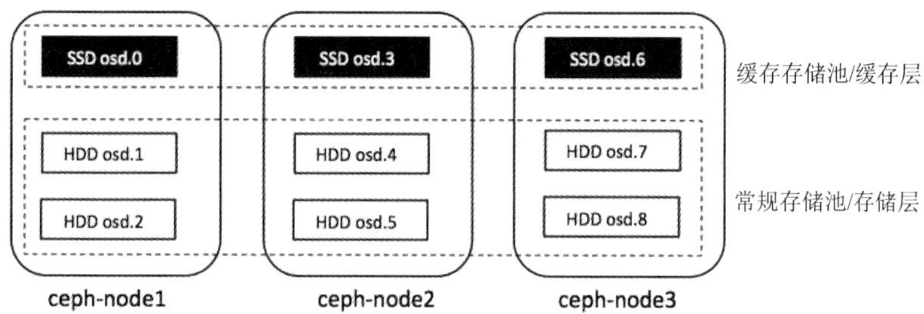

使用 ceph osd crush rulels 命令检查 CRUSH 布局，截图如下。我们已经在第 7 章创建了 ssd-pool CRUSH 规则。你可以通过执行 ceph osd crush dump ssd-pool 命令来获取更多关于这条 CRUSH rule 的信息。

```
[root@ceph-node1 ~]# ceph osd crush rule ls
[
    "replicated_ruleset",
    "ssd-pool",
    "sata-pool",
    "EC-pool"
]

[root@ceph-node1 ~]#
```

操作指南

1. 创建一个新的存储池，名叫 cache-pool，设置 crush_ruleset 为 1，这样它就会创建在 SSD 磁盘上了。

```
# ceph osd pool create cache-pool 16 16
# ceph osd pool set cache-pool crush_ruleset 1
```

```
[root@ceph-node1 ~]# ceph osd pool create cache-pool 16 16
pool 'cache-pool' created
[root@ceph-node1 ~]# ceph osd pool set cache-pool crush_ruleset 1
set pool 48 crush_ruleset to 1
[root@ceph-node1 ~]#
```

2. 确保存储池被正确地创建了，也就是说所有的 object 都存储在 osd.0、osd.3 和 osd.6 上。

- 列出 cache-pool 的内容；因为它是新建的，因此没有任何内容。

```
# rados-p cahce-pool ls
```

- 添加一个临时的 object 到 cache-pool 中，确保它存储在正确的 OSD 中了。

```
# rados-p cache-pool put object1 /etc/hosts
# rados-p cache-pool ls
```

- 确认 ceph-pool 和 object1 的 OSD map，应该被存储在 osd.0、osd.3、osd.6 上。

```
# ceph osd map cache-pool object1
```

- 最后删除 object。

```
# rados-p cache-pool rm object1
```

```
[root@ceph-node1 ~]# rados -p cache-pool ls
[root@ceph-node1 ~]# rados -p cache-pool put object1 /etc/hosts
[root@ceph-node1 ~]# rados -p cache-pool ls
object1
[root@ceph-node1 ~]# ceph osd map cache-pool object1
osdmap e4767 pool 'cache-pool' (48) object 'object1' -> pg 48.bac5debc (48.c) -> up ([3,6,0], p3) acting ([3,6,0], p3)
[root@ceph-node1 ~]# rados -p cache-pool rm object1
[root@ceph-node1 ~]# rados -p cache-pool ls
[root@ceph-node1 ~]#
```

参见…

- 参考本章中的创建缓存层 一节

创建一个缓存层

在上一节中，我们创建了基于 SSD 的 cache-pool。现在使用这个存储池作为纠删码池的缓存层，也就是我们在本章之前创建好的 EC-pool。

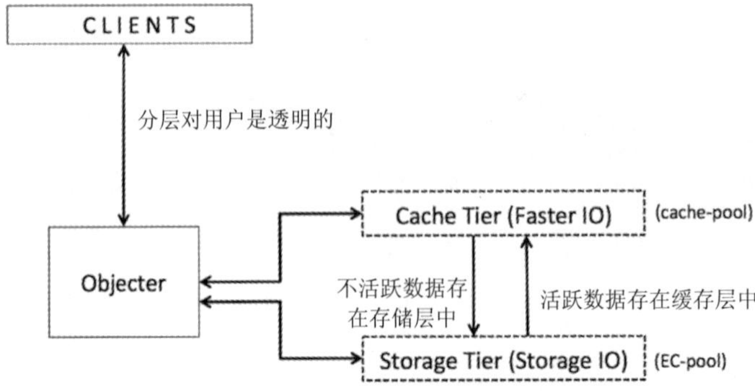

接下来的介绍会指导你用 writeback 模式创建缓存层并关联到 EC-pool 上。

操作指南

1. 创建一个缓存层用于关联后端存储池和缓存存储池。语法是 ceph osd tier add <storage_pool><cache_pool>。

```
# ceph osd tier add EC-pool cache-pool
```

2. 设置缓存模式为 writeback 或 read-only。这个示例中我们使用 writeback，语法是 ceph osd tier cachemode <cache_pool> writeback。

```
# ceph osd tier cahce-mode cache-pool writeback
```

3. 要引导所有客户端请求从标准池流向缓存池，设置存储池的 overlay，用这个语法：ceph osd tier set-overlay <storage_pool><cache_pool>。

```
# ceph osd tier set-overlay EC-pool cache-pool
```

```
[root@ceph-node1 ~]# ceph osd tier add EC-pool cache-pool
pool 'cache-pool' is now (or already was) a tier of 'EC-pool'
[root@ceph-node1 ~]# ceph osd tier cache-mode cache-pool writeback
set cache-mode for pool 'cache-pool' to writeback
[root@ceph-node1 ~]# ceph osd tier set-overlay EC-pool cache-pool
overlay for 'EC-pool' is now (or already was) 'cache-pool'
[root@ceph-node1 ~]# _
```

4. 检查存储池的详情，你会发现 EC-pool 已经有 tier（分层），read_tier，write_tier 也就是 cache-pool 的 pool ID，被配置为 48。同样地，对于 cahce-pool，tier_of 被配置为 47，cache_mode 是 writeback。所有这些设置都暗示了缓存池配置是正确的。

```
# ceph osd dump | egrep -I"EC-pool|cache-pool"
```

```
[root@ceph-node1 ~]# ceph osd dump | egrep -i "EC-pool|cache-pool"
pool 47 'EC-pool' erasure size 5 min_size 3 crush_ruleset 3 object_hash rjenkins pg_num 16 pgp_num 16 last_change 4770
lfor 4770 flags hashpspool tiers 48 read_tier 48 write_tier 48 stripe_width 4128
pool 48 'cache-pool' replicated size 3 min_size 2 crush_ruleset 1 object_hash rjenkins pg_num 16 pgp_num 16 last_change
 4770 flags hashpspool,incomplete_clones tier_of 47 cache_mode writeback stripe_width 0
[root@ceph-node1 ~]# _
```

配置缓存层

缓存层有若干配置项来定义其策略。writeback 模式下，缓存层策略需要把来自缓存层的数据刷新（flush）到存储层。如果是 read-only 模式的缓存层，数据会被从存储层迁移到缓存层。本节中，我示范的是 writeback 模式的缓存层。这里有一些配置项可用于你的生产环境，可根据需要配置不同的值。

操作指南

1. 对于生产环境上的部署，应该使用 bloom filters 数据结构。

```
# ceph osd pool set cache-pool hit_set_type bloom
```

2. hit_set_count 定义了每个 hit set（命中集合）应该被覆盖（cover）多少秒，hit_set_period 定义了需要多少个这样的 hit set 被持久化。

```
# ceph osd pool set cache-pool hit_set_count 1
# ceph osd pool set cache-pool hit_set_period 300
```

3. target_max_bytes 是要达到的最大比特数，之后缓存分层代理（cache-tiering agent）就开始从缓存池刷新/清除（flush/evict）object。而 target_max_objects 是要达到的最大的 object 个数，之后缓存分层代理开始从缓存池刷新/清除 object。

```
# ceph osd pool set cahce-pool target_max_bytes 1 000 000
# ceph osd pool set cache-pool target_max_objects 10 000
```

```
[root@ceph-node1 ~]# ceph osd pool set cache-pool hit_set_type bloom
set pool 48 hit_set_type to bloom
[root@ceph-node1 ~]# ceph osd pool set cache-pool hit_set_count 1
set pool 48 hit_set_count to 1
[root@ceph-node1 ~]# ceph osd pool set cache-pool hit_set_period 300
set pool 48 hit_set_period to 300
[root@ceph-node1 ~]# ceph osd pool set cache-pool target_max_bytes 1000000
set pool 48 target_max_bytes to 1000000
[root@ceph-node1 ~]#
```

4. 启用 cache_min_flush_age 和 cache_min_evict_age，也就是定义多少秒之后，缓存分层代理开始把 object 从缓存层刷新 / 清除（flush / evict）到存储层。

```
# ceph osd pool set cache-pool cache_min_flush_age 300
# ceph osd pool set cache-pool cahce_min_evict_age 300
```

```
[root@ceph-node1 ~]# ceph osd pool set cache-pool target_max_objects 10000
set pool 48 target_max_objects to 10000
[root@ceph-node1 ~]# ceph osd pool set cache-pool cache_min_flush_age 300
set pool 48 cache_min_flush_age to 300
[root@ceph-node1 ~]# ceph osd pool set cache-pool cache_min_evict_age 300
set pool 48 cache_min_evict_age to 300
[root@ceph-node1 ~]#
```

5. 启用 cache_target_dirty_ratio，指定缓存池含有的脏（被修改）object 的百分比，在缓存层将 object 刷新到存储层之前。

```
# ceph osd pool set cache-pool cache_target_dirty_ratio .01
```

6. 启用 cache_target_full_ratio，指定缓存池含有的未被修改的 object 的百分比，在缓存层代理将 object 刷新到存储池之前。

```
# ceph osd pool set cache-pool cache_target_full_ratio .02
```

一旦你已经完成了这些步骤，缓存分层的配置就完成了，就可以在上面添加工作负载。

7．创建一个 500MB 的临时文件用于写 `EC-pool`，当然最后会被写到 `cache-pool`：

```
# dd if=/dev/zero of=/tmp/file1 bs=1M count=500
```

```
[root@ceph-node1 ~]# ceph osd pool set cache-pool cache_target_dirty_ratio .01
set pool 48 cache_target_dirty_ratio to .01
[root@ceph-node1 ~]# ceph osd pool set cache-pool cache_target_full_ratio .02
set pool 48 cache_target_full_ratio to .02
[root@ceph-node1 ~]# dd if=/dev/zero of=/tmp/file1 bs=1M count=500
500+0 records in
500+0 records out
524288000 bytes (524 MB) copied, 5.81312 s, 90.2 MB/s
[root@ceph-node1 ~]#
```

测试缓存层

既然我们的缓存层已经创建好了，在写操作时，客户端看到的是数据写到了普通池里，但实际上，数据先被写到了缓存池，然后基于缓存层策略，数据被 flush 到存储层。这里的数据迁移对客户端是透明的。

操作指南

1．前一节中，我们创建了一个 500MB 的测试文件并命名为`/tmp/file1`；我们把这个文件放进 EC-pool 中。

```
# rados-p EC-pool put object1 /tmp/file1
```

2．因为 `EC-pool` 配置了缓存池 `cache-pool`，在第一步中 `file1` 不会被写到 `EC-pool`，而是被写到了 `cache-pool`。要验证这步，列出每个存储池以获取 object 名字。使用 date 命令追踪时间及其变化。

```
# rados-p EC-pool ls
# rados-p cache-pool ls
# date
```

```
[root@ceph-node1 ~]# rados -p EC-pool put object1 /tmp/file1
[root@ceph-node1 ~]# rados -p EC-pool ls
[root@ceph-node1 ~]# rados -p cache-pool ls
object1
[root@ceph-node1 ~]#
[root@ceph-node1 ~]# date
Sun Sep 14 02:14:58 EEST 2014
[root@ceph-node1 ~]#
```

3．300 秒之后（因为我们配置了 `cache_min_evict_age` 为 300 秒），缓存分层代

理（cache-tiering agent）将 object1 从 cache-pool 迁移到 EC-pool，object1 会被从 cache-pool 中删除。

```
# rados-p EC-pool ls
# rados-p cache-pool ls
# date
```

```
[root@ceph-node1 ~]# date
Sun Sep 14 02:27:41 EEST 2014
[root@ceph-node1 ~]# rados -p EC-pool ls
object1
[root@ceph-node1 ~]# rados -p cache-pool ls
[root@ceph-node1 ~]#
```

如果你仔细观察了第 2、3 步，你会看到数据在一定时间后从 cache-pool 迁移到了 EC-pool，这整个过程对用户来说是完全透明的。

第 9 章 Ceph 虚拟存储管理器（VSM）

本章主要包含以下内容：

- 理解 VSM 架构
- 搭建 VSM 环境
- 准备 VSM
- 安装 VSM
- 使用 VSM 创建 Ceph 集群
- 探索 VSM 仪表板
- 通过 VSM 升级 Ceph 集群
- VSM 路线图
- VSM 参考资料

介绍

虚拟存储管理软件（Virtual Storage Manager，VSM）一开始是基于英特尔 Ceph 集群管理软件演化而来的；后来英特尔基于 Apache 2.0 许可证将它开源了。Ceph 为集群部署提供了 `ceph-deploy` 工具，同时提供了丰富的命令行。另一方面，VSM 还提供了基于 Web

的用户界面，来简化集群的创建和管理。通过使用 VSM GUI，管理员可以监控集群的健康状态，管理集群硬件和存储容量，同时将 Ceph 存储池挂载到 OpenStack Cinder。

VSM 基于 Python 语言开发，使用 OpenStack Horizon 作为其应用程序框架的基础。因此，对软件开发人员和 OpenStack 管理员来说，VSM 将具有同 OpenStack Horizon 相似的外观和感觉。它的关键特性如下：

- 易于管理 Ceph 集群的基于 Web 的用户界面。
- 更好地组织和管理服务器与存储设备。
- 它有助于部署及通过添加 MON、OSD 和 MDS 节点来扩展 Ceph 集群。
- 它有助于 Ceph 集群组件和容量监控。
- 它有助于整个集群和单个节点的性能监测。
- 它支持创建纠删码类型和缓存层（cache tier）存储池。
- 它有助于创建并将存储池挂载到 OpenStack Cinder。
- 它增加了 Ceph 集群多用户管理接口。
- 它支持 Ceph 集群升级。

当前，凡是非 VSM 创建的 Ceph 集群，VSM 都无法管理。

理解 VSM 架构

本节中，我们将快速了解 VSM 的架构，它由以下几个组件组成。

VSM 控制器（Controller）

VSM 是一个基于 Web 的应用，它通常运行在一台控制器机器上，它被称为 VSM 控制节点。你可以使用一台专有物理机或者虚拟机来充当 VSM 控制节点。VSM 控制器软件是 VSM 核心组件，它通过 VSM 代理连接 Ceph 集群。VSM 控制器通过 VSM 代理收集所有数据，并监控 Ceph 集群。对于像创建集群和存储池这样的操作，VSM 控制器向 VSM 代理发送指令去执行所需要的操作。如下页图所示，Ceph 管理员和运维人员通过 HTTPS 或者 API 连接到 VSM 控制节点，当然他们也可以使用 VSM 软件。同样，VSM 控制节点通过连接 OpenStack 控制器去配置 OpenStack 使用 Ceph。除了 Web 用户界面服务，VSM 控制器上也能部署 MariaDB 和 RabbitMQ。

VSM 代理（Agent）

VSM 代理是运行在所有 Ceph 集群节点上的一个进程。VSM 代理的工作是向 VSM 控制器发送服务器配置、集群健康和状态信息及性能数据。VSM 代理用服务器 manifest 文件来识别 VSM 控制器节点，对它做身份认证，并确认服务器配置。

下图显示了 VSM 不同组件、OpenStack 基础架构和 VSM 维护人员之间的交互：

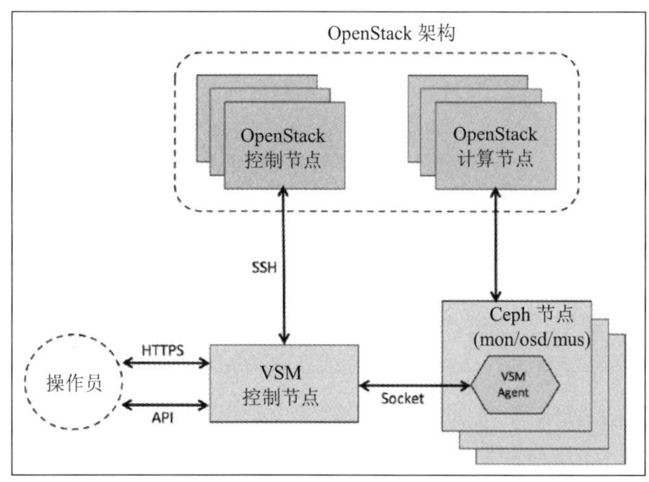

搭建 VSM 环境

要使用 VSM，你需要使用 VSM 搭建一个 Ceph 集群。VSM 无法控制或者管理已有的 Ceph 集群。本节中，我们用 Vagrant 启动四个虚拟机，分别命名为 `vsm-controller`、`vsm-node1`、`vsm-node2` 和 `vsm-node3`。其中，`vsm-controller` 虚拟机将是 VSM 控制节点，`vsm-nodes {1,2,3}`将充当运行 Ceph 集群的 VSM 代理节点。

操作指南

1. 用于启动虚拟机的 Vagrantfile 文件可以从 `ceph-cookbook` GitHub 库中获取。如果你还没有复制这个库，可以这样做：

```
$ git clone https://github.com/ksingh7/ceph-cookbook.git
```

2. 用于启动 VSM 节点的 Vagrantfile 文件位于 vsm 目录中：

```
$ cd vsm
```

3. 启动虚拟机：

```
$ vagrant up vsm-controller vsm-node1 vsm-node2 vsm-node3
```

```
teeri:vsm ksingh$ vagrant up vsm-controller vsm-node1 vsm-node2 vsm-node3
Bringing machine 'vsm-controller' up with 'virtualbox' provider...
Bringing machine 'vsm-node1' up with 'virtualbox' provider...
Bringing machine 'vsm-node2' up with 'virtualbox' provider...
Bringing machine 'vsm-node3' up with 'virtualbox' provider...
```

4. 虚拟机启动后，你应该有运行在适当网络上的四个虚拟机：

```
teeri:vsm ksingh$ vagrant status
Current machine states:

vsm-node1                 running (virtualbox)
vsm-node2                 running (virtualbox)
vsm-node3                 running (virtualbox)
vsm-controller            running (virtualbox)

This environment represents multiple VMs. The VMs are all listed
above with their current state. For more information about a specific
VM, run `vagrant status NAME`.
```

5. 登录这些虚拟机，用户名和密码都是 cephuser。用 root 登录时密码是 vagrant。Vagrant 可自动配置这些虚拟机之间的网络连接：

```
192.168.123.100 vsm-controller
192.168.123.101 vsm-node1
192.168.123.102 vsm-node2
192.168.123.103 vsm-node3
```

准备 VSM

上一节中，我们使用 Vagrant 预配置了虚拟机，它们将被用于 VSM。本节中，我们将学习需要在这些虚拟机上所做的配置，以使它们可以被用于 VSM。

请注意，使用 Vagrant 时，我们已经使用 shell 脚本文件 ceph-cookbook/vsm/post-deploy.sh 完成了大部分的预配置，该文件在上一节复制的 GIT 库中。你可能不愿意重复这四个开始的步骤，因为 Vagrant 已经完成这些步骤了。接下来将解释这些步骤，以便你了解 Vagrant 在背后都做了些什么。

操作指南

1. 在所有将用于 VSM 部署的节点上创建用户 cephuser。简单起见，我们将用户的密码也设置为 cephuser，你也可以自行选择用户名。另外要为用户提供 sudo 权限：

```
# useradd cephuser
# echo 'cephuser:cephuser' | chpasswd
# echo "cephuser ALL=(ALL) NOPASSWD: ALL" >>/etc/sudoers
```

2. 确认拥有 NTP 并配置完成：

```
# systemctl stop ntpd
# systemctl stop ntpdate
# ntpdate 0.centos.pool.ntp.org > /dev/null 2> /dev/null
# systemctl start ntpdate
# systemctl start ntpd
```

3. 安装 tree（可选）、git 及 epel 包：

```
# yum install -y tree git epel-release
```

4. 将主机信息添加到/etc/hosts 文件中：

```
192.168.123.100 vsm-controller
192.168.123.101 vsm-node1
192.168.123.102 vsm-node2
192.168.123.103 vsm-node3
```

我们已经使用 Vagrant 使这些步骤自动化，它使用了 post-deploy.sh 脚本。如果你在使用我们为 VSM 创建的 GitHub ceph-cookbook 库，就不需要再执行这些步骤了。

以下的步骤必须要在指定的节点上进行。

1. 登录 vsm-controller 节点，产生 SSH 密钥并将其复制到 VSM 其他节点上。在本步骤中，你需要输入用户 cephuser 的密码 cephuser。

```
# ssh cephuser@192.168.123.100
$ mkdir .ssh;ssh-keygen -f .ssh/id_rsa -t rsa -N ''
$ ssh-copy-id vsm-node1
$ ssh-copy-id vsm-node2
$ ssh-copy-id vsm-node3
```

2. 我们已经使用 Vagrant 在每个 vsm-node{1,2,3}节点上附加了三个 VirtualBox 虚

拟磁盘，它们将用作 Ceph OSD 磁盘。我们需要手工将这些磁盘分区为 Ceph OSD 和日志盘，这样 VSM 就能将它们用于 VSM。在 vsm-node{1,2,3}上执行下面的命令。

```
$ sudo parted /dev/sdb -- mklabel gpt
$ sudo parted -a optimal /dev/sdb -- mkpart primary 10% 100%
$ sudo parted -a optimal /dev/sdb -- mkpart primary 0 10%
$ sudo parted /dev/sdc -- mklabel gpt
$ sudo parted -a optimal /dev/sdc -- mkpart primary 10% 100%
$ sudo parted -a optimal /dev/sdc -- mkpart primary 0 10%
$ sudo parted /dev/sdd -- mklabel gpt
$ sudo parted -a optimal /dev/sdd -- mkpart primary 0 10%
$ sudo parted -a optimal /dev/sdd -- mkpart primary 10% 100%
```

```
[cephuser@vsm-node1 ~]$ sudo parted /dev/sdb -- mklabel gpt
Warning: The existing disk label on /dev/sdb will be destroyed and all data on this disk will be
lost. Do you want to continue?
Yes/No? yes
Information: You may need to update /etc/fstab.

[cephuser@vsm-node1 ~]$
[cephuser@vsm-node1 ~]$ sudo parted -a optimal /dev/sdb -- mkpart primary 10% 100%
Information: You may need to update /etc/fstab.

[cephuser@vsm-node1 ~]$ sudo parted -a optimal /dev/sdb -- mkpart primary 0 10%
Warning: The resulting partition is not properly aligned for best performance.
Ignore/Cancel? Ignore
Information: You may need to update /etc/fstab.

[cephuser@vsm-node1 ~]$
```

3. 在所有磁盘上创建好分区后，在这些节点上列出块设备来验证这些分区，显示如下。

```
$ lsblk
```

```
[cephuser@vsm-node1 ~]$ lsblk
NAME              MAJ:MIN RM   SIZE RO TYPE MOUNTPOINT
sda                 8:0    0     8G  0 disk
├─sda1              8:1    0   500M  0 part /boot
└─sda2              8:2    0   7,5G  0 part
  ├─centos-swap   253:0    0   820M  0 lvm  [SWAP]
  └─centos-root   253:1    0   6,7G  0 lvm  /
sdb                 8:16   0    20G  0 disk
├─sdb1              8:17   0    18G  0 part
└─sdb2              8:18   0     2G  0 part
sdc                 8:32   0    20G  0 disk
├─sdc1              8:33   0    18G  0 part
└─sdc2              8:34   0     2G  0 part
sdd                 8:48   0    20G  0 disk
├─sdd1              8:49   0     2G  0 part
└─sdd2              8:50   0    18G  0 part
sr0                11:0    1  1024M  0 rom
[cephuser@vsm-node1 ~]$
```

4. 到目前为止，我们已经完成了部署 VSM 所需的所有准备工作。此外最好对所有虚拟机做快照，这样的话，如果以后出错了可以将它们都恢复回来：

```
teeri:vsm ksingh$ for i in controller node1 node2 node3 ; do VBoxManage snapshot vsm-$i take good-state ; done
0%...10%...20%...30%...40%...50%...60%...70%...80%...90%...100%
0%...10%...20%...30%...40%...50%...60%...70%...80%...90%...100%
0%...10%...20%...30%...40%...50%...60%...70%...80%...90%...100%
0%...10%...20%...30%...40%...50%...60%...70%...80%...90%...100%
teeri:vsm ksingh$
```

安装 VSM

在上一节中，我们完成了部署 VSM 所需要的所有准备工作。本节中，我们将学习如何在所有节点上自动部署 VSM。

操作指南

1. 现在的演示中，我们将使用 CentOS7 作为基础操作系统，我们将从 CentOS7 下载 VSM 库。以 cephuser 用户身份登录到 vsm-controller 节点并下载 VSM。

```
$ wget https://github.com/01org/virtual-storage-manager/releases/download/
v2.0.0/2.0.0-216_centos7.tar.gz
```

Ubuntu 操作系统已经包含了 VSM，你可以从以下地址下载：https://github.com/01org/virtual-storage-manager。

2. 提取 VSM。

```
$ tar -xvf 2.0.0-216_centos7.tar.gz
$ cd 2.0.0-216
$ ls -la
```

```
[cephuser@vsm-controller 2.0.0-216]$ ll
total 500
-rw-r--r--. 1 cephuser cephuser  27471 Sep 30 09:44 CHANGELOG.md
-rw-r--r--. 1 cephuser cephuser 124686 Sep 30 09:44 CHANGELOG.pdf
-rwxr-xr-x. 1 cephuser cephuser     94 Sep 30 09:44 get_pass.sh
-rw-r--r--. 1 cephuser cephuser  29959 Sep 30 09:44 INSTALL.md
-rw-r--r--. 1 cephuser cephuser 251846 Sep 30 09:44 INSTALL.pdf
-rw-r--r--. 1 cephuser cephuser    684 Sep 30 09:44 installrc
-rw-r--r--. 1 cephuser cephuser  21758 Sep 30 09:44 install.sh
-rw-r--r--. 1 cephuser cephuser    580 Sep 30 09:44 LICENSE
drwxr-xr-x. 2 cephuser cephuser     65 Sep 30 09:44 manifest
-rw-r--r--. 1 cephuser cephuser    320 Sep 30 09:44 NOTICE
-rwxr-xr-x. 1 cephuser cephuser   1155 Sep 30 09:44 prov_node.sh
-rw-r--r--. 1 cephuser cephuser   3121 Sep 30 09:44 README.md
-rw-r--r--. 1 cephuser cephuser      3 Sep 30 09:44 RELEASE
-rw-r--r--. 1 cephuser cephuser   1176 Sep 30 09:44 rpms.lst
-rwxr-xr-x. 1 cephuser cephuser   1353 Sep 30 09:44 uninstall.sh
-rw-r--r--. 1 cephuser cephuser      5 Sep 30 09:44 VERSION
drwxr-xr-x. 3 cephuser cephuser   4096 Sep 30 09:44 vsmrepo
[cephuser@vsm-controller 2.0.0-216]$
```

3．设置控制器节点和代理节点的地址；在 installrc 文件中添加以下命令行。

```
AGENT_ADDRESS_LIST="192.168.123.101 192.168.123.102 192.168.123.103"
CONTROLLER_ADDRESS="192.168.123.100"
```

4．验证 installrc 文件。

```
$ cat installrc | egrep -v "#|^$"
```

```
[cephuser@vsm-controller 2.0.0-216]$ cat installrc | egrep -v "#|^$"
AGENT_ADDRESS_LIST="192.168.123.101 192.168.123.102 192.168.123.103"
CONTROLLER_ADDRESS="192.168.123.100"
[cephuser@vsm-controller 2.0.0-216]$
```

5．在 vsm-controller 和 vsm-nodes 节点上的 manifest 文件夹中，分别创建以管理 IP 地址命名的文件夹。

```
$ cd manifest
$ mkdir 192.168.123.100 192.168.123.101 192.168.123.102 192.168.123.103
```

6．将示例 manifest 文件复制到 192.168.123.100/cluster.manifest，这是 vsm-controller 节点。

```
$ cp cluster.manifest.sample 192.168.123.100/cluster.manifest
```

7．编辑上一步中添加的集群 manifest 文件，并做如下改动。

```
$ vim 192.168.123.100/cluster.manifest
```

```
[management_addr]
192.168.123.0/24

[ceph_public_addr]
192.168.123.0/24

[ceph_cluster_addr]
192.168.123.0/24
```

你应该知道，在生产环境下，我们建议你将 Ceph 管理网络、公共网络和集群网络分开。使用 cluster.mainfest 文件，VSM 将使用 Ceph 集群的不同网络。

8．编辑 manifest/server.manifest.sample 文件并做以下改动。

（1）在[vsm_controller_ip]部分添加 VSM 控制 IP 地址 192.168.123.100。

（2）在[sata_device]和[journal_device]部分添加磁盘设备名称，如下页的第一幅屏幕截图所示。请确认 sata_device 和 journal_device 之间用空格隔开了。

```
[7200_rpm_sata]
#format [sata_device]  [journal_device]
/dev/sdb1 /dev/sdb2
/dev/sdc1 /dev/sdc2
/dev/sdd1 /dev/sdd2
```

> 在 server.mainfest 文件中，为不同类型的磁盘提供了若干个配置选项。在生产环境中，我们建议你根据硬件的类型使用正确的磁盘类型。

（3）如果你不使用 10krpm_sas 磁盘 OSD 和日志，请将[10krpm_sas]部分的%osd-by-path-1%%journal-by-path-1%注释掉，截图如下所示：

```
[10krpm_sas]
#format [sas_device]  [journal_device]
#%osd-by-path-1%   %journal-by-path-1%
#%osd-by-path-2%   %journal-by-path-2%
#%osd-by-path-3%   %journal-by-path-3%
#%osd-by-path-4%   %journal-by-path-4%
#%osd-by-path-5%   %journal-by-path-5%
#%osd-by-path-6%   %journal-by-path-6%
#%osd-by-path-7%   %journal-by-path-7%
```

9. 一旦变更了 manifest/server.manifest.sample 文件，就需要确认以下所有的变更：

```
$ cat server.manifest.sample | egrep -v "#|^$"
```

```
[cephuser@vsm-controller manifest]$ cat server.manifest.sample | egrep -v "#|^$"
[vsm_controller_ip]
192.168.123.100
[role]
storage
monitor
[auth_key]
token-tenant
[ssd]
[7200_rpm_sata]
/dev/sdb1 /dev/sdb2
/dev/sdc1 /dev/sdc2
/dev/sdd1 /dev/sdd2
[10krpm_sas]
[ssd_cached_7200rpm_sata]
[ssd_cached_10krpm_sas]
[cephuser@vsm-controller manifest]$
```

10. 将以上步骤中编辑的 manifest/server.manifest.sample 文件复制到所有的 vsm-node {1,2,3}节点上。

```
$ cp server.manifest.sample 192.168.123.101/server.manifest
$ cp server.manifest.sample 192.168.123.102/server.manifest
```

```
$ cp server.manifest.sample 192.168.123.103/server.manifest
```

11．确认 manifest 文件夹目录结构。

```
$ tree
```

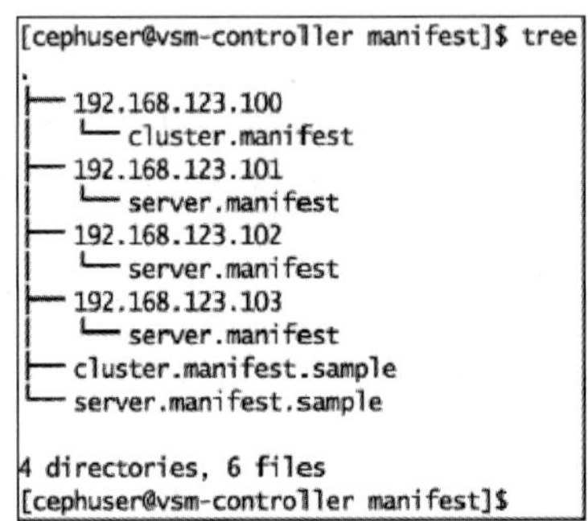

```
[cephuser@vsm-controller manifest]$ tree
.
├── 192.168.123.100
│   └── cluster.manifest
├── 192.168.123.101
│   └── server.manifest
├── 192.168.123.102
│   └── server.manifest
├── 192.168.123.103
│   └── server.manifest
├── cluster.manifest.sample
└── server.manifest.sample

4 directories, 6 files
[cephuser@vsm-controller manifest]$
```

12．开始安装 VSM 前，添加 `install.sh` 文件的执行权限。

```
$ cd ..
$ chmod +x install.sh
```

13．最后，带`--checkdependence-package` 参数运行脚本 install.sh 来安装 VSM。它将从 https//github.com/01org/vsm-dependencies 下载 VSM 所需的安装包。

```
$ ./install.sh -u cephuser -v 2.0 --check-dependence-package
```

```
[cephuser@vsm-controller 2.0.0-216]$ ./install.sh -u cephuser -v 2.0 --check-dependence-package
+ echo 'Before auto deploy the vsm, please be sure that you have set the manifest
such as manifest/192.168.100.100/server.manifest. And you have changed the file, too.'
Before auto deploy the vsm, please be sure that you have set the manifest
such as manifest/192.168.100.100/server.manifest. And you have changed the file, too.
+ sleep 5
+++ dirname ./install.sh
++ cd .
++ pwd
+ TOPDIR=/home/cephuser/2.0.0-216
```

VSM 安装过程会持续几分钟。在安装进程中，你可能需要在 `vsm-controller` 节点上输入 `cephuser` 用户的密码。本例中，请输入密码 cephuser。

如果在安装过程中遇到问题，或者希望重新安装 VSM，我建议你在重新安装之前清理系统。你可以执行 `uninstall.sh` 脚本来进行系统清理。

你也可以查看 ceph-cookbook 库的 `ceph-cookbook/vsm/vsm_install_log` 文件来看看作者安装 VSM 时的情形。

14．VSM 安装完成后，在 `vsm-controller` 节点上执行 `get_pass.sh` 以提取管理

员密码。

```
$ ./get_pass.sh
```

```
[cephuser@vsm-controller 2.0.0-216]$ ./get_pass.sh
f409fc062564b9a937d1
[cephuser@vsm-controller 2.0.0-216]$
```

15．最后，登录 VSM 仪表板，地址是 https://192.168.123.100/dashboard/vsmVSM，使用用户名 admin，以及在上面一步中提取的密码。

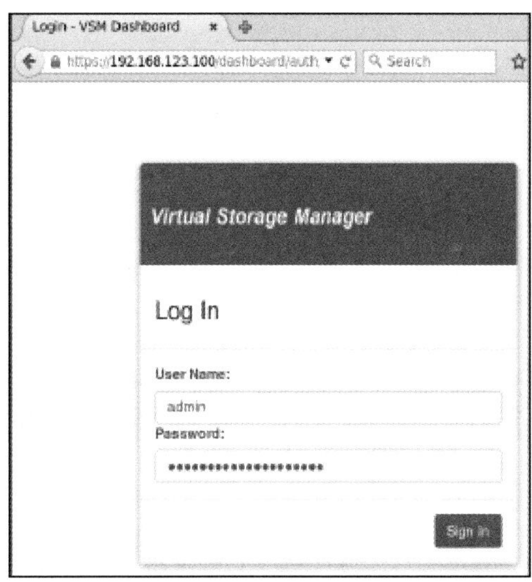

16．vsm-dashboard 打开后的界面是这样子的。

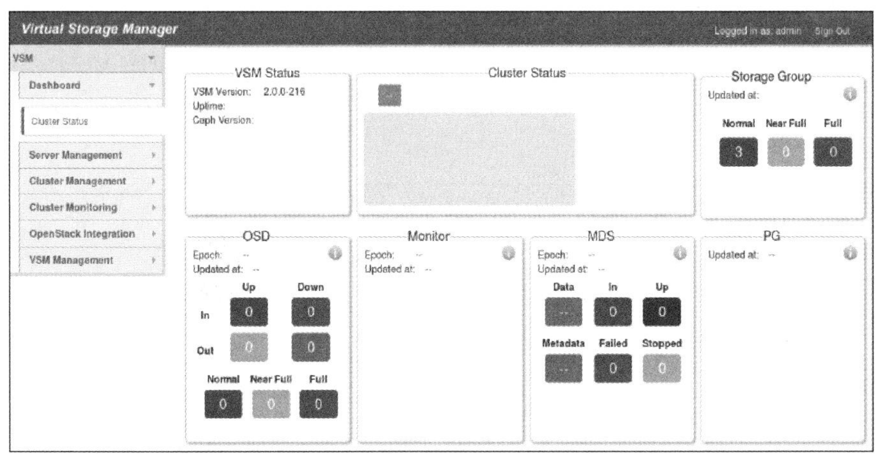

VSM 集群监控选项展示了一些漂亮的图形，如 IPOS、延迟、带宽、CPU 利用率，它

们会向你提供集群的全景图。

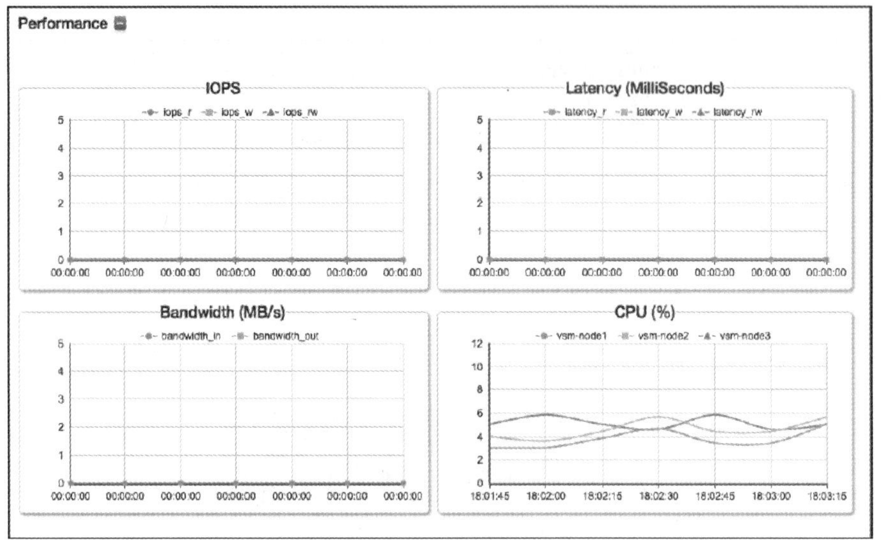

使用 VSM 创建 Ceph 集群

在上一节中，我们只是安装了 VSM，还没有开始部署 Ceph 集群。本节中，我们将利用 VSM 来创建 Ceph 集群，这样就可以用 VSM 来管理集群了。你会发现使用 VSM 部署 Ceph 集群会非常容易。

操作指南

1. 要从 VSM 仪表板上创建 Ceph 集群，导航到 Cluster Management | Create Cluster，单击 Create Cluster 按钮。

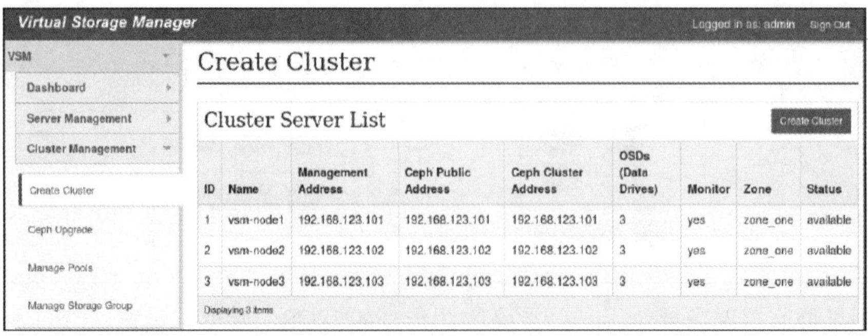

2. 点击 ID 前面的复选框，选中所有节点，然后点击 Create Cluster 按钮。

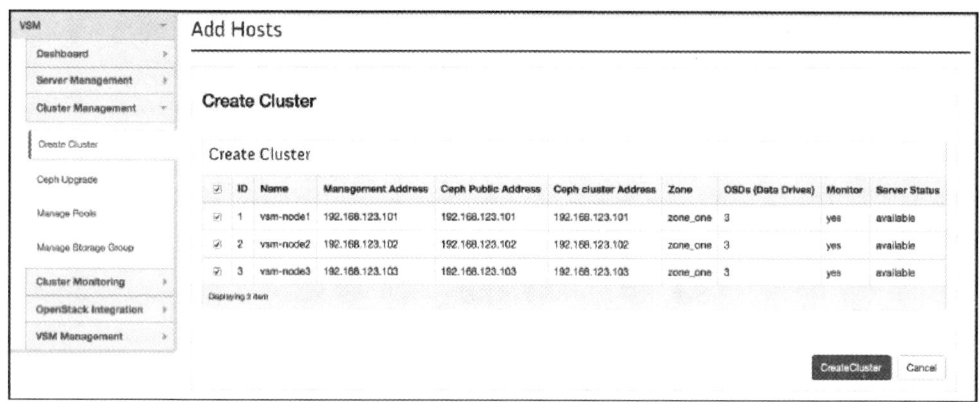

3. Ceph 集群的创建过程需要几分钟时间。VSM 将在仪表盘的状态部分简要显示创建过程背后的状态，如下图所示。

Monitor	Zone	Status
yes	zone_one	Cleaning
yes	zone_one	Cleaning
yes	zone_one	Cleaning

Cleaning 之后，将挂载磁盘，如下面的截图所示。

Monitor	Zone	Status
yes	zone_one	Mount disks
yes	zone_one	Mount disks
yes	zone_one	Mount disks

4. Ceph 集群部署完成后，VSM 将显示节点状态为 Active。

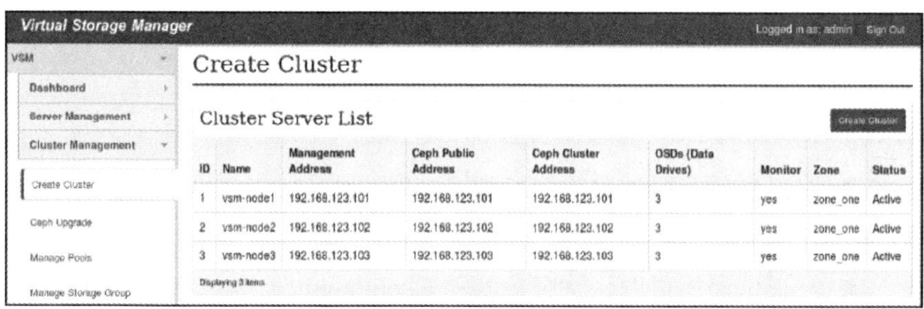

5．最后，从 Dashboard | Cluster Status 检查集群状态。

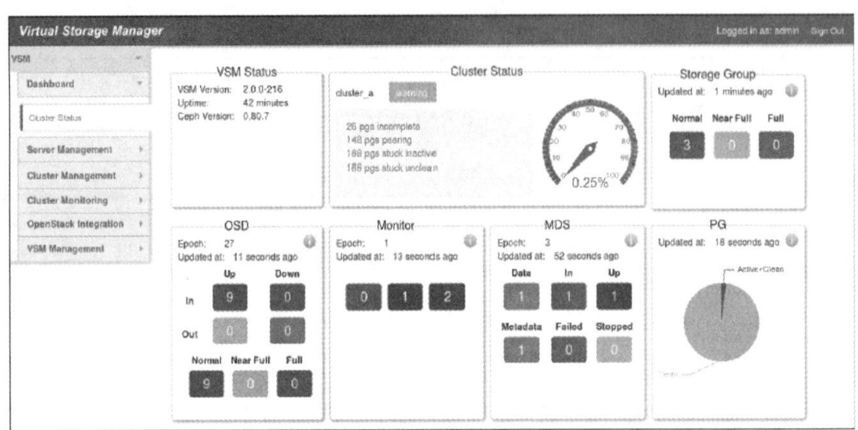

探索 VSM 仪表板

VSM 仪表板可以使 Ceph 集群的绝大部分操作都变得非常容易，无论是部署、服务器管理、集群管理和监控，还是整合 OpenStack。VSM 界面非常友好，你可以自己探索大部分的功能。VSM 仪表板提供了如下选项。

- Dashboard（**仪表板**）：提供了系统的完整状态，包括如下内容。
  - VSM Status（**VSM 状态**）：包括 VSM 版本、运行时间、Ceph 版本等。
  - Cluster Summary（**集群总览**）：包括 Ceph 集群状态，它与 `ceph -s` 命令相似。
  - OSD Summary（**OSD 总览**）。
  - Monitor Summary（**MON 总览**）。
  - MDS Summary（**MDS 总览**）。
  - PG Summary（**PG 总览**）。

  它同时提供 Ceph 所有节点的性能指标，比如 IOPS、延时、带宽和 CPU 使用率等。
- Server Management（**服务器管理**）：包括以下内容。
  - Manage Servers（**管理服务器**）：其功能描述如下。
    - 它提供所有服务器的信息列表，例如管理网络、集群网络和公共网络地址、Ceph 版本、状态等。
    - 它提供增加或者删除服务器和 Ceph monitor 节点的功能，以及关闭或者启动服务功能。

Virtual Storage Manager　Logged in as: admin　Sign Out

VSM: Dashboard / Server Management / Manage Servers / Manage Devices / Cluster Management / Cluster Monitoring / OpenStack Integration / VSM Management

All Servers

Cluster Server List　Add Servers　Remove Servers　Add Monitors　Remove Monitors　Start Servers　Stop Servers

ID	Name	Management Address	Ceph Public Address	Ceph Cluster Address	Ceph Version	OSDs (Data Drives)	Monitor	Zone	Status	Actions
1	vsm-node1	192.168.123.101	192.168.123.101	192.168.123.101	0.80.7	3	yes	zone_one	Active	
2	vsm-node2	192.168.123.102	192.168.123.102	192.168.123.102	0.80.7	3	yes	zone_one	Active	
3	vsm-node3	192.168.123.103	192.168.123.103	192.168.123.103	0.80.7	3	yes	zone_one	Active	

Displaying 3 item

❑ Manage Devices（管理设备）：功能描述如下。

■ 它提供 Ceph OSD 列表的详细信息，包括状态、权重、所在的服务器，以及存储类型。

■ 它提供新增 OSD，以及重启、删除和恢复 OSD 功能。

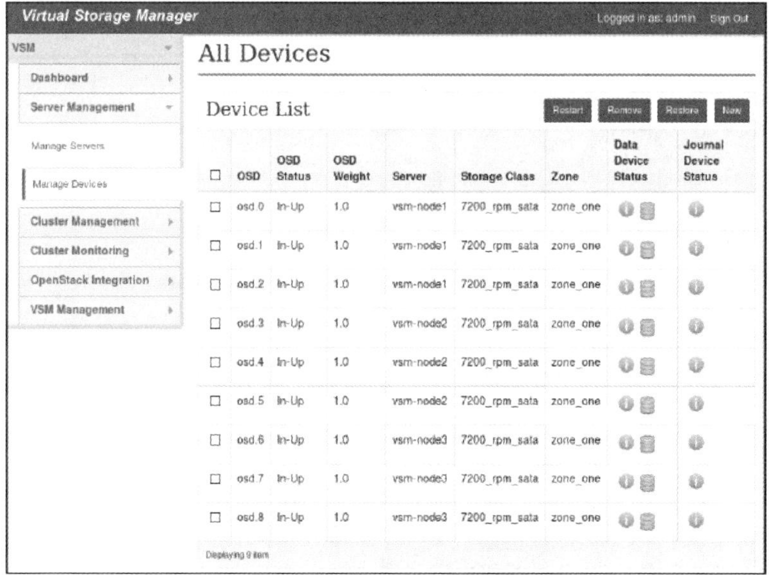

▶ Cluster Management（集群管理）：

在这一部分的 VSM 界面提供如下几个选项来管理 Ceph 集群。

❑ Create Cluster（创建集群）。

❑ Upgrade Cluster（集群升级）。

- ❑ Manage Pools（管理存储池）：它可以帮助你创建复制型和纠删码类型的存储池，增加和删除缓存层等。
- ❑ Manage Storage Group（管理存储组）：增加新存储组。

▶ Cluster Monitoring（集群监控）：在这一部分的 VSM 界面提供全面的集群监控功能，包括了如下组件。

- ❑ Storage Group Status（存储组状态）
- ❑ Pool Status（存储池状态）
- ❑ OSD Status（OSD 状态）
- ❑ Monitor Status（MON 状态）
- ❑ MDS Status（MDS 状态）
- ❑ PG Status（PG 状态）
- ❑ RBD Status（RBD 状态）

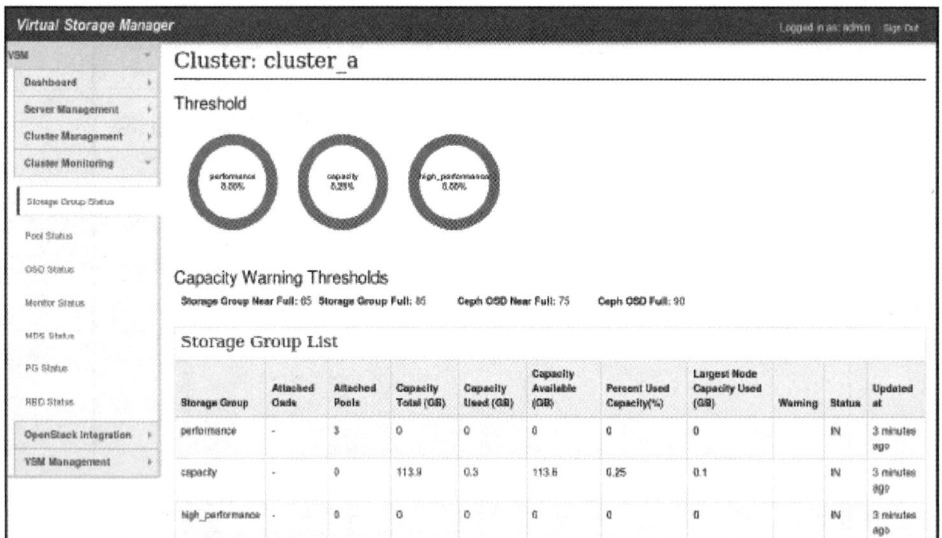

▶ OpenStack Integration（OpenStack 集成）：这一部分的 VSM 界面提供了通过添加 OpenStack 端点（endpoint）来将 Ceph 整合进 OpenStack，以及将 RBD 存储池附加给 OpenStack 等的功能。

- ❑ Manage RBD Pools（管理 RBD 存储池）：将 RDB 存储池整合到 OpenStack。
- ❑ OpenStack Access（OpenStack 访问）：添加 OpenStack 端点。

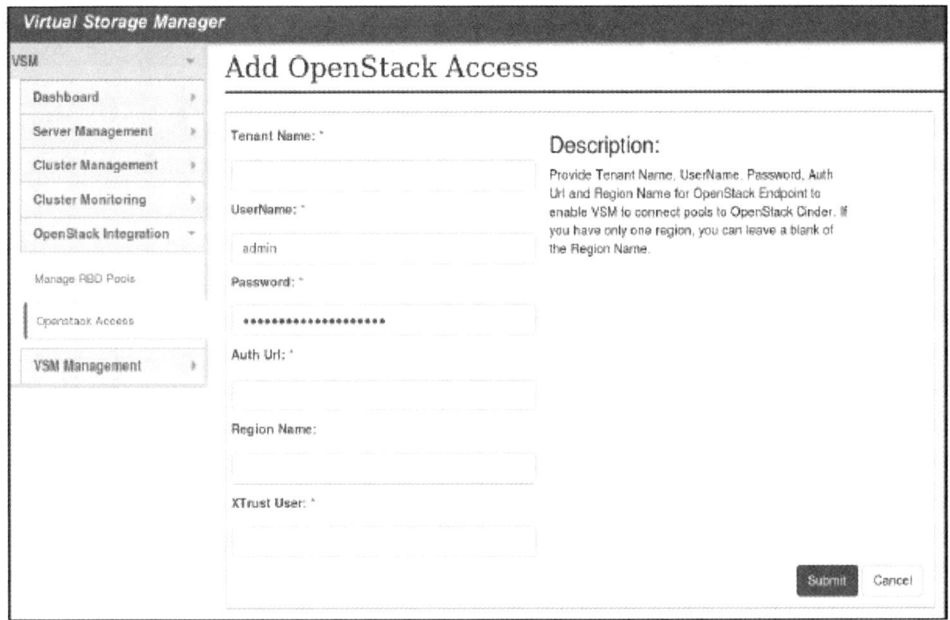

▶ VSM Management（VSM 管理）：这部分的 VSM 仪表板允许我们设置 VSM 仪表板自身的一些选项。

❑ Add / Remove User（添加 / 删除用户）：创建或删除用户，以及更改密码。

❑ Settings（配置）：各种 Ceph 相关的配置。

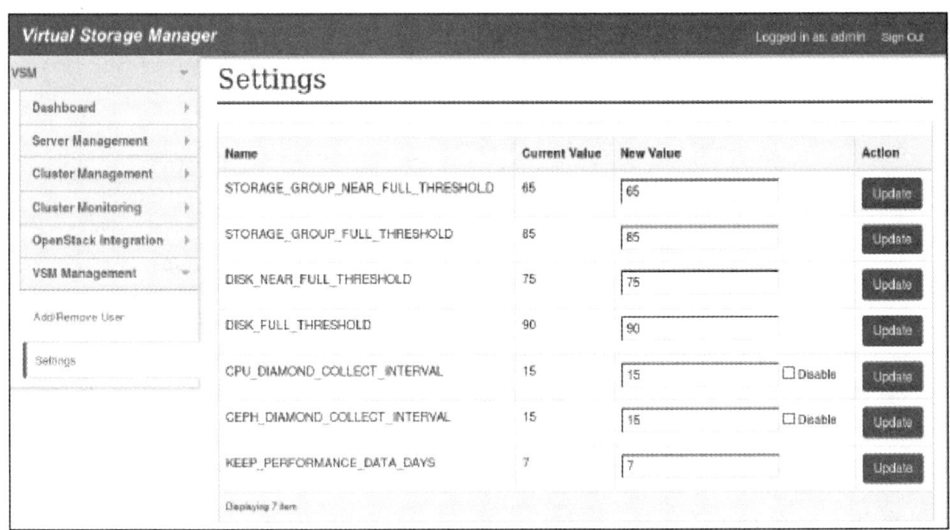

通过 VSM 升级 Ceph 集群

现在你已经很熟悉 VSM 了，知道它为 Ceph 复杂的操作提供了简易的仪表板，比如 Ceph 集群创建等。另一个 VSM 的重要特点是它自动化和简化了 Ceph 集群的升级过程。本节中，我们将使用 VSM 把 Ceph Firefly 版本集群升级为 Hammer 版本。

操作指南

1．版本升级之前，我们导航到 VSM | Dashboard | Cluster Status 查看集群的当前版本。它当前的版本应该是 Ceph Firefly Version 0.80.7。

2．要升级 Ceph 集群，则导航到 VSM | Cluster Management | Ceph Upgrade。

3．输入如下关于 Ceph 升级的详细信息。

（1）Package URL：`http://download.ceph.com/rpm-hammer/el7/`。

（2）Key URL：VSM 默认会添加。

（3）Proxy URL（代理 URL）：当你需要由 Internet 代理来访问互联网时需要输入该选项的值。我们这个例子不需要。

（4）SSH User Name（SSH 用户名）：这是我们之前为 VSM 管理而创建的 `cephuse` 用户名。

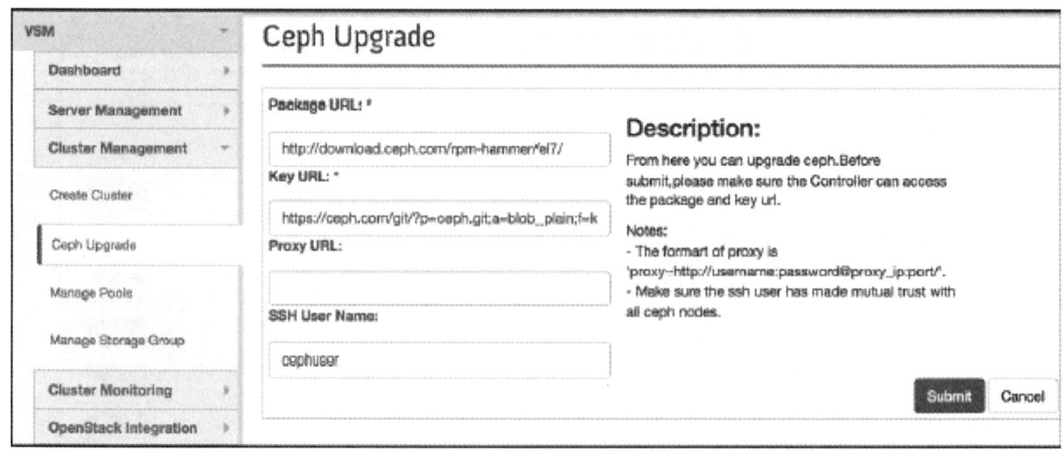

4．你向 VSM 输入了这些详细信息并点击了 Submit 按钮后，集群升级就开始了。这个过程大约需要几分钟才能完成。请耐心等待，你可以查看 `/var/log/vsm` 中的日志文件来监控该过程。

5．一旦升级完成，VSM 界面会显示如下图所示的信息，以确认你的集群升级已经完成了。

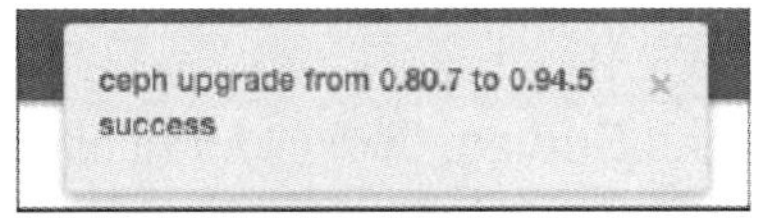

6．要验证是否完成了升级，可导航到 VSM | Dashboard | Cluster Status。查看 Ceph 版本，它现在应该是 0.94.5，这是 Ceph Hammer 版本。

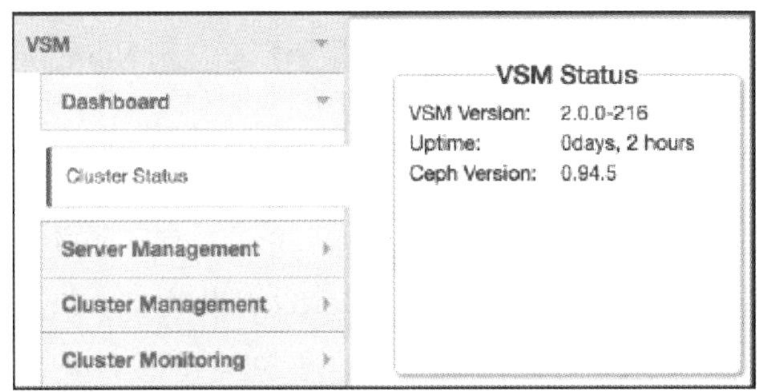

你可以看出使用 VSM 来升级 Ceph 集群非常简单。更重要的是，该升级过程完全是在线的，也就是说，你不需要为了存储升级而安排系统维护时间。

VSM 路线图（roadmap）

当我们在写这本书时，VSM 的稳定版本为 2.0。它和我们在本章中所演示的内容相同。因它的易用性，且具有强大的功能和丰富的接口，VSM 在 Ceph 社区中非常受欢迎。VSM 的下一个版本是 2.1，它将修复一些问题并增加一些新功能，其主要内容如下。

- VSM 2.1 中的新给功能有：
    - 报告运行 MON 守护进程的服务器名称。
    - 原型——Ceph Calamari/VSM 仪表板的实现。
    - 可配置的文件系统挂载选项。
    - 识别故障磁盘的物理位置。
    - 在增加一个新 OSD 的过程中删除未使用的磁盘路径列表。
    - 增加 OSD 时，显示磁盘的逻辑路径而不是它的物理路径。
    - 添加和管理已有的 Ceph 集群。

- ❑ 监控状态改进。
- ❑ 显示存储设备的 SMART 信息。

▶ 在 VSM 2.1 中待修复的问题：

- ❑ 应该将处于 Managed Servers 部分的 Monitor 按钮删除，因为当 MON 节点还运行 MDS 守护进程时，它会 hang 住。
- ❑ 即使没有集群被创建出来，也应该显示 VSM 的版本和运行时间。
- ❑ 在集群创建过程中，VSM 仪表板的其他选项也应该可用。
- ❑ 在 Ceph 集群升级到 Ceph Hammer 版本后会显示 Number of PG in each OSD is too large 告警。
- ❑ OpenStack 访问密码是纯文本显示的。
- ❑ 如果依赖包预先已经安装，再次安装时，安装程序应该停止运行并告警。
- ❑ 如果某服务器宕机，并不会在 VSM 上反映出来。

这些只是所有新功能和 bug 修复列表的很小的一部分，要了解 VSM 路线图的详细信息，请访问在 `https://01.org/jira/browse/VSM` 的 Virtual Storage Manager 项目。

VSM 参考资料

本章介绍了 VSM 的大部分要点。如果你计划在自己的环境中应用 VSM，我建议你从下面的资源中获取更多信息。

- ▶ 官方的源代码库：`https://github.com/01org/virtualstorage- manager`。
- ▶ VSM Wiki：`https://github.com/01org/virtual-storage-manager/wiki`。
- ▶ VSM 问题、开发及路线图：`https://01.org/jira/browse/VSM`。
- ▶ VSM 邮件列表：`http://vsm-discuss.33411.n7.nabble.com/`。

正如你所了解的那样，VSM 是一个开源项目，值得一提的是 VSM 开发工作是由英特尔主导的，他们对社区给予了大力的支持。

我想要感谢英特尔公司的 *Dan Ferber* 和 *Yaguang Wang*，以及整个 VSM 社区，感谢他们为我们提供了一个在部署和管理 Ceph 集群方面都非常好用的软件。为了让 VSM 更好地发展，我们欢迎你成为社区一员，并积极地做出贡献。

第 10 章 Ceph 扩展

本章主要包含以下内容：

- Ceph 集群基准测试
- 磁盘性能基线
- 网络性能基线
- Ceph RADOS bench 工具
- RADOS load-gen 工具
- Ceph 块设备基准测试
- 通过 FIO 做 Ceph RBD 基准测试
- Ceph admin socket
- 使用 ceph tell 命令
- Ceph REST API
- Ceph 内存分析
- 使用 Ansible 部署 Ceph
- ceph-objectstore-tool 工具

介绍

在前面的几章中，我们介绍了有关 Ceph 的部署、配置和管理。本章我们将介绍 Ceph

集群的基准测试，这是我们在生产环境使用 Ceph 之前必须要做的事情。在本章中，我们还会介绍使用 admin socket、REST API 和 ceph-objectstore-tool 工具管理，以及对 Ceph 集群排错的一些高级方法。最后，我们将会介绍 Ceph 内存分析，以及如何使用 Ansible 来简单、快速、高效地部署 Ceph。

Ceph 集群基准测试

我们建议在生产环境中使用 Ceph 之前进行 Ceph 集群的基准测试。基准测试将会告诉你集群里关于读、写、延迟和其他负载的大概结果。

在做真正的基准测试之前，最好是通过对各节点硬件的性能进行测量，如磁盘、网络等，来建立你所期待的最高性能基线。

磁盘性能基线

磁盘的性能基线测试分两部分。第一部分是测量单个磁盘的性能，第二部分是同时测量一个 OSD 节点中所有磁盘的性能。

为了获得真实的结果，我们把做基准测试的 Ceph 集群部署在物理硬件上。我们也可以把 Ceph 集群测试放到虚拟机上进行，但是这么做将无法获得令人信服的数据。

单个磁盘写性能

为了获得磁盘的读写性能，我们使用 `dd` 命令，并且把 `oflag` 参数设置为 direct，其目的是绕过磁盘缓存，从而获得真实结果。

操作指南

1．清理缓存：

```
# echo 3 > /proc/sys/vm/drop_caches
```

2．使用 `dd` 命令向位于 OSD 挂载目录`/var/lib/ceph/osd/ceph-0/`中的名为

deleteme 且大小为 10GB 的文件写入零（以/dev/zero 作为 if 输入文件）：

```
# dd if=/dev/zero of=/var/lib/ceph/osd/ceph-0/deleteme bs=10Gcount=1 oflag
=direct
```

理想的情况下，我们应该多次重复上述步骤 1 和步骤 2，再取其平均值。在我们的例子中，写操作平均值是 319 MB/s，如下截图所示。

```
[root@ceph-node1 ~]# dd if=/dev/zero of=/var/lib/ceph/osd/ceph-0/deleteme bs=10G count=1 oflag=direct
0+1 records in
0+1 records out
2147479552 bytes (2.1 GB) copied, 6.66535 s, 322 MB/s
[root@ceph-node1 ~]#
[root@ceph-node1 ~]# dd if=/dev/zero of=/var/lib/ceph/osd/ceph-0/deleteme bs=10G count=1 oflag=direct
0+1 records in
0+1 records out
2147479552 bytes (2.1 GB) copied, 7.09217 s, 303 MB/s
[root@ceph-node1 ~]#
[root@ceph-node1 ~]# dd if=/dev/zero of=/var/lib/ceph/osd/ceph-0/deleteme bs=10G count=1 oflag=direct
0+1 records in
0+1 records out
2147479552 bytes (2.1 GB) copied, 6.45077 s, 333 MB/s
[root@ceph-node1 ~]#
```

多磁盘写性能

下一步中，我们将在 ceph-node1 节点的所有 Ceph OSD 磁盘上运行 dd 命令以获得单个节点的汇总的写性能。

操作指南

1．获得 Ceph OSD 使用的磁盘总数。在这个例子中，一共有 25 块硬盘。

```
# mount | grep -i osd | wc -l
```

2．清除缓存。

```
# echo 3 > /proc/sys/vm/drop_caches
```

3．用 dd 命令在所有 Ceph OSD 磁盘上执行以下命令。

```
# for i in `mount | grep osd | awk '{print $3}'`; do (ddif=/dev/zero
of=$i/deleteme bs=10G count=1 oflag=direct &) ;done
```

要获得汇总的磁盘写性能，需要取所有写速度的平均值。在我的例子中，平均输出为 60MB/s。

单个磁盘读性能

想获得单个磁盘读性能，我们要再一次使用 dd 命令。

操作指南

1．清除缓存：

```
# echo 3 > /proc/sys/vm/drop_caches
```

2．用 dd 命令读前面在写测试例子中创建的文件 deleteme。我们将其内容读到 /dev/null，并把 iflag 参数设置为 direct：

```
# dd if=/var/lib/ceph/osd/ceph-0/deleteme of=/dev/null bs=10G
count=1 iflag=direct
```

理想的情况下，我们应该多次重复步骤 1 和步骤 2，再取其平均值。在我们的例子中，读操作平均值是 178 MB/s，截图如下所示。

```
[root@ceph-node1 ~]# echo 3 > /proc/sys/vm/drop_caches
[root@ceph-node1 ~]#
[root@ceph-node1 ~]# dd if=/var/lib/ceph/osd/ceph-0/deleteme of=/dev/null bs=10G count=1 iflag=direct
0+1 records in
0+1 records out
2147479552 bytes (2.1 GB) copied, 12.0557 s, 178 MB/s
[root@ceph-node1 ~]#
[root@ceph-node1 ~]# dd if=/var/lib/ceph/osd/ceph-0/deleteme of=/dev/null bs=10G count=1 iflag=direct
0+1 records in
0+1 records out
2147479552 bytes (2.1 GB) copied, 12.0452 s, 178 MB/s
[root@ceph-node1 ~]# dd if=/var/lib/ceph/osd/ceph-0/deleteme of=/dev/null bs=10G count=1 iflag=direct
0+1 records in
0+1 records out
2147479552 bytes (2.1 GB) copied, 12.0408 s, 178 MB/s
[root@ceph-node1 ~]#
[root@ceph-node1 ~]#
```

多磁盘读性能

和单个磁盘读性能相似，我们使用 dd 命令来获得多磁盘聚合读性能。

操作指南

1．获得 Ceph OSD 使用的磁盘总数，在这个例子中，一共有 25 块硬盘：

```
# mount | grep -i osd | wc -l
```

2．清理缓存：

```
# echo 3 > /proc/sys/vm/drop_caches
```

3. 用 dd 在所有 Ceph OSD 磁盘上执行以下操作：

```
# for i in `mount | grep osd | awk '{print $3}'`; do (dd if=$i/
deleteme of=/dev/null bs=10G count=1 iflag=direct &); done
```

要获得磁盘聚合读性能，需计算所有读速度的平均值。在我的例子中，平均值为 123MB/s。

结果

前面各项测试的结果如下表所示。在不同的环境，结果将会有很大差异：你所使用的硬件，以及每个 OSD 节点上的磁盘数目都会对结果有很大影响。

操作	每个磁盘	集群
Read（读）	178 MB/s	123 MB/s
Write（写）	319 MB/s	60 MB/s

网络性能基线

本节中，我们会测定 Ceph OSD 节点之间的网络性能基线。为此，我们将使用 iperf 工具。请确认 iperf 包已经安装在 Ceph 节点上。iperf 是一个简单的工作在客户端服务器模式中的点到点网络带宽测试工具。

启动网络性能基准测试，在第一个 Ceph 节点上执行 iperf 服务端选项，在第二个 Ceph 节点上执行客户端选项。

操作指南

1. 在 Ceph-node1，带着参数-s 运行 iperf 来启动服务器端，并使用-p 选项，使它在指定端口上进行监听：

```
# iperf -s -p 6900
```

```
[root@ceph-node1 ~]# iperf -s -p 6900
------------------------------------------------------------
Server listening on TCP port 6900
TCP window size: 85.3 KByte (default)
------------------------------------------------------------
[  4] local 10.100.1.201 port 6900 connected with 10.100.1.202 port 39630
[ ID] Interval       Transfer     Bandwidth
[  4]  0.0-10.0 sec  11.5 GBytes  9.87 Gbits/sec
^C[root@ceph-node1 ~]#
[root@ceph-node1 ~]#
```

> 如果 TCP 端口 5201 是开放的，你可以不带参数-p，或者也可以选择其他任何已经打开且没有在使用的端口。

2. 在 Ceph-node2，带-c 以客户端选项运行 iperf：

```
# iperf -c ceph-node1 -p 6900
```

```
[root@ceph-node2 ~]# iperf -c ceph-node1 -p 6900
------------------------------------------------------------
Client connecting to 10.100.1.201, TCP port 6900
TCP window size: 95.8 KByte (default)
------------------------------------------------------------
[  3] local 10.100.1.202 port 39630 connected with 10.100.1.201 port 6900
[ ID] Interval       Transfer     Bandwidth
[  3]  0.0-10.0 sec  11.5 GBytes  9.87 Gbits/sec
[root@ceph-node2 ~]#
```

> 你还可以使用 iperf 命令的-P 选项来指定客户端连接到服务端所使用的线程数。当使用了类似 LACP 这样的链路捆绑技术时，测试将返回较理想的结果。

上图显示了 Ceph 节点之间的网络连接带宽可以达到 9.80Gb/s，这是一个很好的结果。类似地，我们可以检查其他 Ceph 集群节点的带宽情况。网络带宽主要依赖于节点之间所使用的网络架构。

参见

- 可以在第 8 章找到有关 Ceph 网络的更多信息。

Ceph rados bench 工具

Ceph 提供了一个内置的基准测试工具 rados bench，它可用于测量 Ceph 集群存储池层面的性能。rados bench 工具支持写、连续读和随机读等基准测试，它也支持清理临时基准数据从而保持数据有效性。

操作指南

我们来用 rados bench 做一些测试。

1. 在不清除 rbd 存储池数据的情况下，使用如下命令进行 10 秒写测试：

```
# rados bench -p rbd 10 write --no-cleanup
```

命令执行完成后，我们得到截图如下：

```
[root@ceph-node1 ~]# rados bench -p rbd 10 write --no-cleanup
 Maintaining 16 concurrent writes of 4194304 bytes for up to 10 seconds or 0 objects
 Object prefix: benchmark_data_ceph-node1_3124629
   sec Cur ops   started  finished  avg MB/s  cur MB/s  last lat   avg lat
     0       0         0         0         0         0         -         0
     1      16       118       102    407.85       408 0.0584212  0.127569
     2      16       207       191   381.895       356   0.20105  0.150813
     3      16       279       263   350.581       288  0.141772  0.168736
     4      16       351       335   334.921       288   0.57108  0.181988
     5      16       420       404    323.13       276 0.0724497   0.19139
     6      16       479       463   308.601       236  0.137025  0.194498
     7      16       547       531   303.367       272  0.253194  0.206116
     8      16       615       599   299.441       272  0.172813  0.208689
     9      16       692       676   300.386       308   0.48298  0.209028
    10      16       747       731   292.345       220  0.123282  0.211807
 Total time run:         10.721111
Total writes made:      747
Write size:             4194304
Bandwidth (MB/sec):     278.702

Stddev Bandwidth:       102.44
Max bandwidth (MB/sec): 408
Min bandwidth (MB/sec): 0
Average Latency:        0.227756
Stddev Latency:         0.234691
Max latency:            1.5534
Min latency:            0.041106
[root@ceph-node1 ~]#
```

2. 类似地，运行以下命令，对 rbd 存储池进行 10 秒顺序读测试：

```
# rados bench -p rbd 10 seq
```

```
[root@ceph-node1 ~]# rados bench -p rbd 10 seq
   sec Cur ops   started  finished  avg MB/s  cur MB/s  last lat   avg lat
     0       0         0         0         0         0         -         0
     1      16       247       231   923.573       924  0.181625 0.0620505
     2      16       489       473   945.703       968 0.0366547 0.0645318
     3      16       648       632   698.411       636  0.306308 0.0814809
 Total time run:        4.223407
Total reads made:     747
Read size:            4194304
Bandwidth (MB/sec):    707.486

Average Latency:       0.0901875
Max latency:           1.03252
Min latency:           0.00977891
[root@ceph-node1 ~]#
```

在这个例子中，你可能很奇怪，为什么我们的读测试在几秒内就完成了？或者说为什么没有运行指定的 10 秒钟？这是因为读的速度快于写的速度。在写过程中，rados bench 读完了写测试所产生的所有数据。当然，这些都要看你的硬件和软件架构。

- 类似地，使用 rados bench 进行随机读测试，执行以下命令：

```
# rados bench -p rbd 10 rand
```

原理解密

rados bench 命令语法如下。

```
# rados bench -p <pool_name><seconds><write|seq|rand> -b <blocksize> -t
--no-cleanup
```

- -p 或--pool：存储池名称。
- <seconds>：测试时间长短。
- <write|seq|rand>：测试类型，例如写、顺序读或者随机写。
- -b：块大小，默认为 4MB。
- -t：并发线程数，默认为 16。
- --no-cleanup：由 RADOS bench 临时写入到存储池中的数据不会被清空。这些数据会被用于读操作，包括顺序读或随机读。默认是会被清空的。

上一节中，我们是在一个物理 Ceph 集群上做测试的。你也可以在部署于虚拟机上的 Ceph 集群上做测试，然而，这样做的话你可能无法获得满意的结果。

rados bench 是一个能快速上手的用于快速测试 Ceph 集群原始性能的工具，你可以随心所欲地设计自己的写、读和随机读测试案例。

rados load-gen 工具

和 rados bench 类似，rados load-gen 是 Ceph 提供的另一个很有意思的工具，它是开箱即用的（out-of-the-box）。就像它的名字，rados load-gen 工具可用于生成 Ceph 集群负载，也可以用于高负载场景下的模拟。

操作指南

我们尝试来使用以下命令在 Ceph 集群中生成一些负载：

```
# rados -p rbd load-gen \
    --num-objects 50 \
    --min-object-size 4M \
    --max-object-size 4M \
    --max-ops 16 \
    --min-op-len 4M \
    --max-op-len 4M \
    --percent 5 \
    --target-throughput 2000 \
    --run-length 60
```

原理解密

rados load-gen 语法如下。

```
# rados -p <pool-name> load-gen
```

- --num-objects：对象总数。
- --min-object-size：对象最小字节数。
- --max-object-size：对象最大字节数。
- --min-ops：操作最小数。
- --max-ops：操作最大数。
- --min-op-len：操作最小长度。
- --max-op-len：操作最大长度。
- --max-backlog：最大累积队列（单位 MB）。
- --percent：读操作百分比。
- --target-throughput：目标吞吐量（单位 MB）。
- --run-length：以秒为单位的总运行时间。

该命令会通过将 50 个对象写到 rbd 存储池来生成负载。每个对象大小为 4MB，读比例为 5%，总运行时间为 60 秒。

```
[root@ceph-node1 ~]# rados -p rbd load-gen \
>     --num-objects 50 \
>     --min-object-size 4M \
>     --max-object-size 4M \
>     --max-ops 16 \
>     --min-op-len 4M \
>     --max-op-len 4M \
>     --percent 5 \
>     --target-throughput 2000 \
>     --run-length 60
run length 60 seconds
preparing 50 objects
load-gen will run 60 seconds
    1: throughput=0MB/sec pending data=0
READ : oid=obj-xtuVtIfS5ZQ55da off=0 len=4194304
READ : oid=obj-0NvPNB07LZ1rQYa off=0 len=4194304
WRITE : oid=obj-UeV2NunBsTSrYUw off=0 len=4194304
op 17 completed, throughput=4MB/sec
READ : oid=obj-fL1p0c_7CgEtj1k off=0 len=4194304
op 18 completed, throughput=8MB/sec
```

出于简洁的考虑，该输出截图已经被裁切过。一旦 load-gen 命令完成，它将清理所有在测试过程中被创建的对象，并显示运行结果。

```
op 5519 completed, throughput=373MB/sec
waiting for all operations to complete
cleaning up objects
op 5522 completed, throughput=367MB/sec
op 5521 completed, throughput=367MB/sec
[root@ceph-node1 ~]#
```

更多介绍

你还可以使用 watch ceph -s 命令来监控集群的读写速度和集群状态；与此同时，rados load-gen 也会处于运行状态，我们来看看它是如何运行的。

Ceph 块设备基准测试

上一节所介绍的 rados bench 和 rados load-gen 工具常被用于做 Ceph 集群池的基准测试。本节主要介绍如何使用 rdb bench-write 工具进行 Ceph 块设备基准测试。

Ceph rbd bench-write

ceph rdb 命令行提供了 bench-write 选项，它是一个可用于 Ceph RBD 块设备基准测试的工具。

操作指南

要进行 Ceph 块设备基准测试，我们需要创建一个块设备，并把它映射到 Ceph 客户端节点。

1．创建 Ceph 块设备，命名为 `block-device1`，大小为 1GB，并映射它：

```
# rbd create block-device1 --size 10240
# rbd info --image block-device1
# rbd map block-device1
# rbd showmapped
```

```
[root@ceph-client1 ~]# rbd create block-device1 --size 10240
[root@ceph-client1 ~]# rbd info --image block-device1
rbd image 'block-device1':
        size 10240 MB in 2560 objects
        order 22 (4096 kB objects)
        block_name_prefix: rb.0.4cbacc.238e1f29
        format: 1
[root@ceph-client1 ~]# rbd map block-device1
/dev/rbd0
[root@ceph-client1 ~]# rbd showmapped
id pool image         snap device
0  rbd  block-device1 -    /dev/rbd0
[root@ceph-client1 ~]#
```

2．在块设备上创建文件系统并挂载它：

```
# mkfs.xfs /dev/rbd0
# mkdir -p /mnt/ceph-block-device1
# mount /dev/rbd0 /mnt/ceph-block-device1
# df -h /mnt/ceph-block-device1
```

```
[root@ceph-client1 ~]# mkfs.xfs /dev/rbd0
log stripe unit (4194304 bytes) is too large (maximum is 256KiB)
log stripe unit adjusted to 32KiB
meta-data=/dev/rbd0              isize=256    agcount=17, agsize=162816 blks
         =                       sectsz=512   attr=2, projid32bit=1
         =                       crc=0        finobt=0
data     =                       bsize=4096   blocks=2621440, imaxpct=25
         =                       sunit=1024   swidth=1024 blks
naming   =version 2              bsize=4096   ascii-ci=0 ftype=0
log      =internal log           bsize=4096   blocks=2560, version=2
         =                       sectsz=512   sunit=8 blks, lazy-count=1
realtime =none                   extsz=4096   blocks=0, rtextents=0
[root@ceph-client1 ~]# mkdir -p /mnt/ceph-block-device1
[root@ceph-client1 ~]# mount /dev/rbd0 /mnt/ceph-block-device1
[root@ceph-client1 ~]# df -h /mnt/ceph-block-device1
Filesystem      Size  Used Avail Use% Mounted on
/dev/rbd0        10G   33M   10G   1% /mnt/ceph-block-device1
[root@ceph-client1 ~]#
```

3．要对 `block-device1` 进行 5GB 数据写基准测试，执行如下命令：

```
# rbd bench-write block-device1 --io-total 5368709200
```

```
[root@ceph-client1 ~]# rbd bench-write block-device1 --io-total 5368709200
bench-write  io_size 4096 io_threads 16 bytes 5368709200 pattern seq
  SEC       OPS   OPS/SEC   BYTES/SEC
    1     67285  67304.27  275678272.46
    2    145469  72743.93  297959122.08
    3    224701  74906.90  306818647.61
    4    301802  75427.40  308950632.76
    5    372142  74432.24  304874445.83
    6    444010  75344.90  308612698.37
    7    517287  74363.64  304593457.23
    8    599236  74906.98  306818990.26
    9    672587  74178.98  303837121.67
   10    732910  72153.50  295540718.90
   11    784764  68150.81  279145733.52
   12    852044  66951.41  274232980.96
   13    918326  63817.89  261398064.96
   14    982399  61962.40  253797984.31
   15   1047148  62847.78  257424494.92
   16   1107514  64550.09  264397152.44
   17   1163126  62216.51  254838831.07
   18   1226368  61607.43  252344039.05
   19   1286892  60898.32  249439520.77
elapsed:    51  ops:  1310721  ops/sec: 25221.56  bytes/sec: 103307522.97
[root@ceph-client1 ~]#
```

正如你所看到的，`rbd bench-write` 输出了一个格式良好的结果。

原理解密

`rdb bench-write` 语法格式如下。

```
# rbd bench-write <RBD image name>
```

- `--io-size`：写入字节，默认为 4MB。
- `--io-threads`：线程数，默认为 16。
- `--io-total`：总写入字节，默认为 1024MB。
- `--io-pattern <seq|rand>`：写模式，默认为顺序写。

更多介绍

你可以使用 `rbdbench-write` 工具的不同选项来调整块大小、线程数目和 IO 模式。

参见

- 第 2 章详细地介绍了如何创建 Ceph 块设备。

通过 FIO 做 Ceph RBD 基准测试

FIO 表示 Flexible I/O。它是目前最流行的 I/O 负载生成和基准测试工具之一。FIO 最近增加了原生支持 RBD 功能。FIO 可以被高度定制，还能够用于模拟和基准测试几乎所有类型的负载。在本节中，我们将学习如何用 FIO 来做 Ceph RBD 基准测试。

操作指南

为了做 Ceph 块设备基准测试，我们首先要创建一个块设备，把它映射到 Ceph 客户端节点。

1. 首先在你映射了 Ceph RDB 镜像的节点上安装 FIO 软件包。在我们的例子中是 ceph-client 节点：

```
# yum install -y fio
```

2. 因为 FIO 支持 RBD IO 引擎，因此我们不需要将 RBD 镜像挂载为文件系统。为了做 RBD 基准测试，我们只需要简单地提供 RBD 映像名称、存储池及用于连接 Ceph 集群的用户名即可。创建一个 FIO 配置文件，包含以下内容：

```
[write-4M]
description="write test with block size of 4M"
ioengine=rbd
clientname=admin
pool=rbd
rbdname=block-device1
iodepth=32
runtime=120
rw=write
bs=4M
```

```
[root@ceph-client1 ~]#
[root@ceph-client1 ~]# cat write.fio
[write-4M]
description="write test with block size of 4M"
ioengine=rbd
clientname=admin
pool=rbd
rbdname=block-device1
iodepth=32
runtime=120
rw=write
bs=4M
[root@ceph-client1 ~]#
```

3. 要做 FIO 基准测试，需要运行 FIO 命令，并将上一步骤中创建的配置文件作为参数提供给它：

```
# fio write.fio
```

```
[root@ceph-client1 ~]#
[root@ceph-client1 ~]# fio write.fio
write-4M: (g=0): rw=write, bs=4M-4M/4M-4M/4M-4M, ioengine=rbd, iodepth=32
fio-2.2.8
Starting 1 process
rbd engine: RBD version: 0.1.9
Jobs: 1 (f=0): [W(1)] [100.0% done] [0KB/107.7MB/0KB /s] [0/26/0 iops] [eta 00m:00s]
write-4M: (groupid=0, jobs=1): err= 0: pid=2146255: Wed Dec  9 00:54:40 2015
  Description  : ["write test with block size of 4M"]
  write: io=10240MB, bw=314736KB/s, iops=76, runt= 33316msec
    slat (usec): min=129, max=15181, avg=473.98, stdev=888.02
    clat (msec): min=102, max=2949, avg=409.87, stdev=263.06
     lat (msec): min=102, max=2949, avg=410.35, stdev=263.06
    clat percentiles (msec):
     |  1.00th=[  131],  5.00th=[  155], 10.00th=[  180], 20.00th=[  219],
     | 30.00th=[  258], 40.00th=[  310], 50.00th=[  351], 60.00th=[  392],
     | 70.00th=[  441], 80.00th=[  545], 90.00th=[  693], 95.00th=[  906],
     | 99.00th=[ 1369], 99.50th=[ 1762], 99.90th=[ 2409], 99.95th=[ 2474],
     | 99.99th=[ 2966]
    bw (KB  /s): min=74908, max=568888, per=100.00%, avg=327349.43, stdev=99611.29
    lat (msec) : 250=27.70%, 500=47.19%, 750=17.42%, 1000=4.30%, 2000=3.20%
    lat (msec) : >=2000=0.20%
  cpu          : usr=3.04%, sys=0.59%, ctx=268, majf=0, minf=52854
  IO depths    : 1=0.3%, 2=1.2%, 4=4.7%, 8=19.4%, 16=68.5%, 32=5.8%, >=64=0.0%
     submit    : 0=0.0%, 4=100.0%, 8=0.0%, 16=0.0%, 32=0.0%, 64=0.0%, >=64=0.0%
     complete  : 0=0.0%, 4=95.9%, 8=0.1%, 16=0.8%, 32=3.3%, 64=0.0%, >=64=0.0%
     issued    : total=r=0/w=2560/d=0, short=r=0/w=0/d=0, drop=r=0/w=0/d=0
     latency   : target=0, window=0, percentile=100.00%, depth=32

Run status group 0 (all jobs):
  WRITE: io=10240MB, aggrb=314736KB/s, minb=314736KB/s, maxb=314736KB/s, mint=33316msec, maxt=33316msec

Disk stats (read/write):
    dm-0: ios=0/5, merge=0/0, ticks=0/10, in_queue=10, util=0.01%, aggrios=56/5, aggrmerge=0/0, aggrticks=0/0, aggrin_queue=0, aggrutil=0.00%
    md1: ios=56/5, merge=0/0, ticks=0/0, in_queue=0, util=0.00%, aggrios=3/13, aggrmerge=24/0, aggrticks=1/6, aggrin_queue=7, aggrutil=0.01%
  sdbi: ios=7/13, merge=49/0, ticks=2/6, in_queue=8, util=0.01%
  sdbj: ios=0/13, merge=0/0, ticks=0/6, in_queue=6, util=0.01%
[root@ceph-client1 ~]#
```

4. 完成之后，FIO 会产生大量有用的信息，这些你都需要仔细查看。然而，第一眼你可能会对 IOPS 和聚合带宽感兴趣，它们在上面的截图中都已经被框出来了。

参见

- 第 2 章详细地介绍了创建 Ceph 块设备。
- 想获取关于 FIO 的更多信息，可以访问 `https://github.com/axboe/fio`。

Ceph admin socket

Ceph 组件包括守护进程和 UNIX 套接字（socket）。Ceph 允许我们使用这些套接字来查询守护进程。Ceph admin socket 是一个功能十分强大的工具，可以在 Ceph 服务运行时进行在线修改。和重启守护进程以修改 Ceph 配置文件相比，这个工具使得守护进程的配置参数的修改变得十分轻松。

要想做到这一点，我们需要登录 Ceph 节点，执行 `ceph daemon` 命令。

操作指南

有如下两个途径可以访问 admin socket。

- 使用 Ceph 守护进程的名字。

```
$ sudo ceph daemon {daemon-name} {option}
```

- 使用套接字文件绝对路径，默认位置如下。

```
/var/run/ceph:
$ sudo ceph daemon {absolute path to socket file} {option}
```

现在我们将使用 admin socket 来访问 Ceph 服务。

1. 列出所有可用于 OSD 的 admin socket 命令：

```
# ceph daemon osd.0 help
```

2. 类似地，列出所有可用于 MON 的 admin socket 命令：

```
# ceph daemon mon.ceph-node1 help
```

3. 检查 `osd.0` 的 OSD 配置的设置：

```
# ceph daemon osd.0 config show
```

4. 检查 `mon.ceph-node1` 的 MON 配置的设置：

```
# ceph daemon mon.ceph-node1 config show
```

Ceph admin socket 允许你在服务运行时修改服务配置。然而，这都是临时性的。如果你想让配置长时间地生效，还是需要更改 Ceph 配置文件。

5. 获取 osd 当前配置值，对 osd.0 守护进程使用_recover_max_chunk 参数：

```
# ceph daemon osd.0 config get osd_recovery_max_chunk
```

6. 修改 `osd.0` 的 `osd_recovery_max_chunk` 值，执行以下命令：

```
# ceph daemon osd.0 config set osd_recovery_max_chunk 1000000
```

```
[root@ceph-node1 ~]# ceph daemon osd.0 config get osd_recovery_max_chunk
{
    "osd_recovery_max_chunk": "8388608"
}

[root@ceph-node1 ~]#
[root@ceph-node1 ~]# ceph daemon osd.0 config set osd_recovery_max_chunk 1000000
{
    "success": "osd_recovery_max_chunk = '1000000' "
}

[root@ceph-node1 ~]#
```

使用 ceph tell 命令

另一个能够在 Ceph 守护进程运行时改变运行时的配置，且不需要登录那个节点的有效修改方法是使用 `ceph tell` 命令。

操作指南

`ceph tell` 命令能让你免于登录运行守护进程的节点。该命令可以访问 MON 节点，因此你可以从任何一个节点上运行它。

1. 要将 `osd_recovery_threads` 的设置从 `osd.0` 进行修改，需要执行以下命令：

```
ceph tell osd.0 injectargs '--osd_recovery_threads=2'
```

2. 要改变集群所有 OSD 的这个配置项的值修改，执行以下命令：

```
ceph tell osd.* injectargs '--osd_recovery_threads=2'
```

3. 你也可以一次性修改多个配置项的值：

```
ceph tell osd.* injectargs '--osd_recovery_max_active=1 --osd_
recovery_max_single_start=1 --osd_recovery_op_priority=50'
```

原理解密

`ceph tell` 命令的语法如下：

```
ceph tell {daemon-type}.{id or *} injectargs --{config_setting_name}
{value}
```

Ceph REST API

Ceph 自带强大的 REST API，它允许你通过编程来对集群进行管理。它可以运行为一个 WSGI 应用，或者运行为一个独立服务器，默认它监听 5000 端口。它提供了一个类似 Ceph 命令行的通过 HTTP 访问的接口。命令被以 HTTP GET 和 PUT 请求形式提交，结果以 JSON、XML 或者 text 格式被返回。本节中，我们将会学习如何搭建 Ceph REST API 并使用它。

操作指南

1. 在 Ceph 集群中，创建一个用户 `client.restapi`，授予它适当的 `mon`、`osd` 和 `mds` 权限：

```
# ceph auth get-or-create client.restapi mds 'allow' osd
'allow *' mon 'allow *' > /etc/ceph/ceph.client.restapi.keyring
```

2. 将以下部分添加到 `ceph.conf` 文件中：

```
[client.restapi]
log file = /var/log/ceph/ceph.restapi.log
keyring = /etc/ceph/ceph.client.restapi.keyring
```

3. 执行以下命令来启动 `ceph-rest-api`，并将它作为一个在后台独立的 Web 服务器来运行：

```
# nohup ceph-rest-api > /var/log/ceph-rest-api &> /var/log/cephrest-
api-error.log&
```

你也可以不用 nohup 来运行 `ceph-rest-api`，这会抑制它在后台运行。

4. `ceph-rest-api` 将会在 `0.0.0.0:5000` 上监听，也可以用 `curl` 访问 `ceph-rest- api` 来查询集群的健康状态：

```
# curl localhost:5000/api/v0.1/health
```

5. 类似地，通过 `rest-api` 检查 `osd` 和 `mon` 的状态：

```
# curl localhost:5000/api/v0.1/osd/stat
# curl localhost:5000/api/v0.1/mon/stat
```

```
[root@ceph-node1 ~]# nohup ceph-rest-api > /var/log/ceph-rest-api &> /var/log/ceph-rest-api-error.log &
[1] 3334321
[root@ceph-node1 ~]#
[root@ceph-node1 ~]# curl localhost:5000/api/v0.1/health
HEALTH_OK
[root@ceph-node1 ~]#
[root@ceph-node1 ~]# curl localhost:5000/api/v0.1/osd/stat
     osdmap e989: 9 osds: 9 up, 9 in
[root@ceph-node1 ~]#
[root@ceph-node1 ~]# curl localhost:5000/api/v0.1/mon/stat
e5: 3 mons at {ceph-node1=192.168.1.101:6789/0,ceph-node2=192.168.1.102:6789/0,ceph-node3=192.168.1.103:6789
/0}, election epoch 3648, quorum 0,1,2 ceph-node1,ceph-node2,ceph-node3
[root@ceph-node1 ~]#
```

6. ceph-rest-api 支持大多数 Ceph 命令行的命令。要要查看 ceph-rest-api 的可用命令，需要运行下面命令：

```
# curl localhost:5000/api/v0.1
```

该命令的结果将以 HTML 形式返回，你可以使用 Web 浏览器访问 localhost:5000/api/v0.1 来获得更加易读的结果。

这些都是 ceph-rest-api 的基础操作。要将它运行在生产环境中，最好部署多个它的实例，每个实例都是一个封装在 Web 服务器中的 WSGI 应用，前端再使用一个负载均衡器。ceph-rest-api 是一个可以伸缩的轻量级服务，能让你像专家那样管理 Ceph 集群。

Ceph 内存分析

内存分析是动态分析某应用的内存使用情况并确定优化方法的过程。本节中，我们将学习如何将内存分析器（memory profiler）用于做 Ceph 守护进程的内存分析。

操作指南

1. 启动特定守护进程的内存分析器：

```
# ceph tell osd.0 heap start_profiler
```

要在 OSD 守护进程启动时启动内存分析器，请将环境变量设置为 CEPH_HEAP_PROFILER_INIT=true。

2. 最好让分析器运行上几个小时，这样就可以收集到尽可能多的内存占用信息。与此同时，你也可以在集群上成生一些负载。

3．接下来，打印分析器收集到的堆内存占用统计数据：

```
# ceph tell osd.0 heap stats
```

```
[root@ceph-node1 ~]# ceph tell osd.0 heap start_profiler
osd.0 started profiler
[root@ceph-node1 ~]#
[root@ceph-node1 ~]# ceph tell osd.0 heap stats
osd.0 tcmalloc heap stats:------------------------------------------------
MALLOC:      238029520 (  227.0 MiB) Bytes in use by application
MALLOC: +            0 (    0.0 MiB) Bytes in page heap freelist
MALLOC: +     13789912 (   13.2 MiB) Bytes in central cache freelist
MALLOC: +      4454720 (    4.2 MiB) Bytes in transfer cache freelist
MALLOC: +     28537112 (   27.2 MiB) Bytes in thread cache freelists
MALLOC: +      2863264 (    2.7 MiB) Bytes in malloc metadata
MALLOC:   ------------
MALLOC: =    287674528 (  274.3 MiB) Actual memory used (physical + swap)
MALLOC: +      2031616 (    1.9 MiB) Bytes released to OS (aka unmapped)
MALLOC:   ------------
MALLOC: =    289706144 (  276.3 MiB) Virtual address space used
MALLOC:
MALLOC:          13148              Spans in use
MALLOC:            424              Thread heaps in use
MALLOC:           8192              Tcmalloc page size
------------------------------------------------
Call ReleaseFreeMemory() to release freelist memory to the OS (via madvise()).
Bytes released to the OS take up virtual address space but no physical memory.
[root@ceph-node1 ~]#
```

4．为了方便日后使用，你也可以将堆统计数据导出到一个文件中，默认的导出文件为 /var/log/ceph/osd.0.profile.0001.heap：

```
# ceph tell osd.0 heap dump
```

```
[root@ceph-node1 ~]# ceph tell osd.0 heap dump
osd.0 dumping heap profile now.
------------------------------------------------
MALLOC:      238031808 (  227.0 MiB) Bytes in use by application
MALLOC: +            0 (    0.0 MiB) Bytes in page heap freelist
MALLOC: +     13589456 (   13.0 MiB) Bytes in central cache freelist
MALLOC: +      4258112 (    4.1 MiB) Bytes in transfer cache freelist
MALLOC: +     28964656 (   27.6 MiB) Bytes in thread cache freelists
MALLOC: +      2863264 (    2.7 MiB) Bytes in malloc metadata
MALLOC:   ------------
MALLOC: =    287707296 (  274.4 MiB) Actual memory used (physical + swap)
MALLOC: +      1998848 (    1.9 MiB) Bytes released to OS (aka unmapped)
MALLOC:   ------------
MALLOC: =    289706144 (  276.3 MiB) Virtual address space used
MALLOC:
MALLOC:          13152              Spans in use
MALLOC:            424              Thread heaps in use
MALLOC:           8192              Tcmalloc page size
------------------------------------------------
Call ReleaseFreeMemory() to release freelist memory to the OS (via madvise()).
Bytes released to the OS take up virtual address space but no physical memory.
[root@ceph-node1 ~]#
```

5．要读取该导出文件，可以使用 google-perftools：

```
# yum install -y google-perftools
```

6. 查看内存分析器日志：

```
# pprof --text {path-to-daemon} {log-path/filename}
# pprof --text /usr/bin/ceph-osd /var/log/ceph/osd.0.profile.0001.
heap
```

7. 如果要进行仔细对比，可以产生多个来自同一个守护进程的导出文件，使用 Google 内存分析工具来比较：

```
# pprof --text --base /var/log/ceph/osd.0.profile.0001.heap /usr/
bin/ceph-osd /var/log/ceph/osd.0.profile.0002.heap
```

8. 释放已经被 TCMALLOC 占用但是没有被 Ceph 占用的内存：

```
# ceph tell osd.0 heap release
```

9. 一旦完成，停止分析器：

```
# ceph tell osd.0 heap stop_profiler
```

Ceph 守护进程已经非常成熟了，你或许也不需要用内存分析器来分析内存，除非遇到有 bug 导致内存泄漏的情形。你可以使用前面介绍的过程来定位 Ceph 守护进程中的内存问题。

使用 Ansible 部署 Ceph

在这本书中，我们讨论了几种 Ceph 部署的方法，包括使用 Ceph-deploy 和虚拟存储管理软件（VSM）。这两种方法都要手动安装并配置 Ceph 集群。然而，现在就有一些工具和方法可以高效地自动部署 Ceph。使用这些工具，你就不再需要键入枯燥的命令行来部署 Ceph，诸如 Ansible、Puppet 和 Chef 等配置管理工具都可以按照你喜欢的方式来安装和配置 Ceph 集群。

准备工作

本节中，我们将使用 Ansible，它是一个非常简单的 IT 自动化和配置管理工具。关于 Ansible 的更多信息，可以参考 `http://www.ansible.com/how-ansible-works`。Ceph 生态系统包括一个充满活力的社区，它已经开发完成可用于 Ceph 的 Ansible 模块。我们可以用这些 ceph-ansible 模块来部署 Ceph 集群，可以参考 `https://github.com/ceph/ceph-ansible`。

操作指南

有两种使用 `ceph-ansible` 模块来部署 Ceph 的方法：

- 使用 ceph-ansible 模块来使用 Vagrant 或者 VirtualBox/VMware 启动若干个虚拟机，再用 Ansible 安装和配置 Ceph。
- 使用 ceph-ansible 模块来使用 Ansible playbook 在裸机上安装和配置 Ceph 集群。

在这个例子中，我们将使用第一种方法，用 ceph-ansible 来启动 VirtualBox 虚拟机，再用 Ansible 安装和配置 Ceph 集群。

ceph-ansible 模块是由社区专门开发的，它已经足够成熟，可以用于生产环境中。我想要感谢 ceph-ansible 社区，感谢他们开发、改进和维护这些模块。

1．在你的 VirtualBox 宿主机上，Git clone 最新的 ceph-ansible 库：

```
$ git clone https://github.com/ceph/ceph-ansible.git
$ cd ceph-ansible
```

2．ceph-ansible 使用 Vagrant。因此，它需要 Vagrantfile 来启动虚拟机。该文件需要另一个文件 vagrant_variables.yml 定义的一些变量。ceph-ansible 模块自带 vagrant_variables.yml.sample 文件，使用时只需要做很小的修改。

```
$ cp vagrant_variables.yml.sample vagrant_variables.yml
```

3．Vagrant 的默认配置被定义在 vagrant_variables.yml 文件中。如果你喜欢，可以编辑该文件并调整配置。因为这只是一个测试集群，我们会将 mon_vms 变量的值修改为 1，从而将 MON 节点的数目从 3 降到 1。

4. ceph-ansible 模块强制 Vagrant 将 Ansi ble 作为虚拟机的创建者。要达到该目的，我们需要将 site.yml.sample 复制到同一目录中的 site.yml 文件里：

```
$ cp site.yml.sample site.yml
```

5．最后，运行 vagrant up，它将启动 4 虚拟机（1 个 Ceph MON 节点和 3 个 Ceph OSD 节点）。完成之后，它将用 Ansible 来安装和部署 Ceph：

```
$ vagrant up
```

6．虚拟机配置和 Ceph 部署需要几分钟时间来完成，完成后，你会看到输出如下。

```
PLAY RECAP *******************************************************************
mon0                       : ok=82    changed=15    unreachable=0    failed=0
osd0                       : ok=67    changed=9     unreachable=0    failed=0
osd1                       : ok=67    changed=9     unreachable=0    failed=0
osd2                       : ok=67    changed=9     unreachable=0    failed=0
```

7．此时你就拥有了一个由 Ansible 安装和配置的正在运行的 Ceph 集群。登录 mon0

节点并检查集群的状态：

```
$ vagrant ssh mon0
$ sudo ceph -s
```

```
vagrant@ceph-mon0:~$ sudo ceph -s
    cluster 4a158d27-f750-41d5-9e7f-26ce4c9d2d45
     health HEALTH_OK
     monmap e1: 1 mons at {ceph-mon0=192.168.42.10:6789/0}
            election epoch 2, quorum 0 ceph-mon0
     mdsmap e2: 0/0/1 up
     osdmap e21: 6 osds: 6 up, 6 in
            flags sortbitwise
      pgmap v27: 320 pgs, 3 pools, 0 bytes data, 0 objects
            212 MB used, 65121 MB / 65333 MB avail
                 320 active+clean
vagrant@ceph-mon0:~$
```

更多介绍

你可以使用 `vagrant destroy -f` 命令来销毁 Vagrant 环境，并可以在任何时候花几分钟时间自动化地重建它。你应该已经看到，和手工方式相比，这是一个多么简单、快速和无缝的 Ceph 部署方式。在生产环境中，你应该考虑使用类似于 Ansible 这样的配置管理工具来部署集群，这会使得其所有节点在某个时刻均保持完全相同的状态。它们也可以非常简单地用于包含几十乃至几百个节点的大型集群。

ceph-objectstore-tool

Ceph 的一个重要特点就是它的自我修复和自愈功能。它通过在不同的 OSD 上保持 PG 的多份副本来实现这一点，并且确保不会丢失数据。在极少的情况下，你可能会看到多个 OSD 发生故障，这些 OSD 上有一个或者多个 PG 副本，因此 PG 的状态是非完整的，这会导致集群的健康状态出错。为了能够细粒度地恢复，Ceph 提供了一个低层次 PG 和对象数据恢复工具 `ceph-objectstore-tool`。

操作指南

`ceph-objectore-tool` 可能会执行具有风险性的操作，该命令需要 root 权限，或者 `sudo`。在没有红帽 Ceph 存储技术支持的情况下，请勿在生产环境下尝试，除非你非常了解自己的操作。否则，它可能会导致集群中不可逆的数据丢失后果。

1. 找到 Ceph 集群上不完整的 PG。使用该命令，你可以找出 PG ID 及其 acting set：

```
# ceph health detail | grep incomplete
```

2．使用 acting set 找到 OSD 主机：

```
# cephosd find <osd_number>
```

3．登录 OSD 节点，停止你将要操作的 OSD：

```
# serviceceph stop <osd_ID>
```

以下部分描述了如何使用 `ceph-objectstore-tool` 进行 OSD 和 PG 操作。

1．要识别 OSD 中的对象，需执行以下命令。该工具将输出所有对象，不论它在哪个PG 中：

```
# ceph-objectstore-tool --data-path </path/to/osd> --journal-path
</path/to/journal> --op list
```

2．要确定一个 PG 内的对象，执行以下命令：

```
# ceph-objectstore-tool --data-path </path/to/osd> --journal-path
</path/to/journal> --pgid<pgid> --op list
```

3．要列出一个 OSD 上的所有 PG，执行以下命令：

```
# ceph-objectstore-tool --data-path </path/to/osd> --journal-path
</path/to/journal> --op list-pgs
```

4．如果你知道要寻找的对象的 ID，可使用它找到 PG ID：

```
# ceph-objectstore-tool --data-path </path/to/osd> --journal-path
</path/to/journal> --op list <object-id>
```

5．检索特定 PG 的信息：

```
# ceph-objectstore-tool --data-path </path/to/osd> --journal-path
</path/to/journal> --pgid<pg-id> --op info
```

6．检索 PG 的操作日志：

```
# ceph-objectstore-tool --data-path </path/to/osd> --journal-path
</path/to/journal> --pgid<pg-id> --op log
```

删除 PG 是一个有风险的操作，可能会导致数据丢失，请慎用此功能。如果你的 OSD 上有一个阻止了 Peering 过程或者阻碍启动 OSD 服务的已损坏的 PG，在删除它之前，请确保该 PG 已经在其他 OSD 上拥有了有效副本。为预防不测，在删除 PG 之前，你也可以通过将 PG 导出到文件来备份它。

1．要删除 PG，执行以下命令：

```
# ceph-objectstore-tool --data-path </path/to/osd> --journal-path
```

```
</path/to/journal> --pgid<pg-id> --op remove
```

2. 要将 PG 导出到文件，需执行以下命令：

```
# ceph-objectstore-tool --data-path </path/to/osd> --journal-path
</path/to/journal> --pgid<pg-id> --file /path/to/file --op export
```

3. 要从文件中导入 PG，需执行以下命令：

```
# ceph-objectstore-tool --data-path </path/to/osd> --journal-path
</path/to/journal> --file </path/to/file> --op import
```

4. 在一个 OSD 中可能有被标记为 lost 的对象。要列出 lost 或者 unfound 对象，需执行以下命令：

```
# ceph-objectstore-tool --data-path </path/to/osd> --journal-path
</path/to/journal> --op list-lost
```

5. 要找到某 PG 内的标记为 lost 的对象，请指定 `pgid`：

```
# ceph-objectstore-tool --data-path </path/to/osd> --journal-path
</path/to/journal> --pgid<pgid> --op list-lost
```

6. ceph-objectstore-tool 可用于修复 PG 丢失的对象。一个 OSD 可能被对象标记为 lost。要删除某 PG 的已丢失对象的 lost 标识，需执行以下命令：

```
# ceph-objectstore-tool --data-path </path/to/osd> --journal-path
</path/to/journal> --op fix-lost
```

7. 要修复指定 PG 的丢失对象，请指定 `pgid`：

```
# ceph-objectstore-tool --data-path </path/to/osd> --journal-path
</path/to/journal> --pgid<pg-id> --op fix-lost
```

8. 如果你有待修复的已丢失对象的 ID，请指定对象 ID：

```
# ceph-objectstore-tool --data-path </path/to/osd> --journal-path
</path/to/journal> --op fix-lost <object-id>
```

原理解密

ceph-objectstore-tool 的语法为 `ceph-objectstore-tool <options>`。

其中，`<options>`有如下选项。

- `--data-path`：OSD 路径。
- `--journal-path`：日志路径。
- `--op`：操作。

- --pgid：PG ID。
- --skip-journal-replay：当日志损坏时，使用该选项。
- --skip-mount-omap：当 leveldb 数据损坏，或者无法挂载时使用该选项。
- --file：用于导入/导出操作的文件路径。

想要更好地了解该工具，我们可以来举个例子：一个存储池保存对象的两个副本，某 PG 在 osd.1 和 osd.2 上。此时，如果发生错误，将会按照下面的顺序发生一些事情。

1. osd.1 停止运行。
2. osd.2 在 degraded（降级的）状态下处理所有写操作。
3. osd.1 启动并为了做数据复制和 osd.2 对等互联。
4. 在所有对象被复制到 osd.1.之前 osd2 突然停止工作。
5. 此时，数据是在 osd.1 上，但都是过期的。

在故障排除之后，你将会发现可以从文件系统上读取 osd.2 上的数据了，但是它的 osd 服务还是无法启动。在这种情况下，你应该使用 ceph-objectstore-tool 从故障的 OSD 中导出/恢复数据。ceph-objectstore-tool 给你提供了足够强大的能力，去检查、修改和获取对象数据和元数据。

你应该避免使用像 cp 和 rsync 这样的 Linux 工具，从故障 OSD 上恢复数据，因为这些工具并不会处理元数据，因此它们恢复的数据都是不可用的。

现在，我们已经走到了本章乃至本书的结尾。我希望你已经收获满满。你应该已经学习到了关于 Ceph 的诸多概念，它们会给你足够的信心让你去操作 Ceph 集群。祝贺你！你已经达到 Ceph 的一个全新水平了。

不断学习，不断探索，不断分享……

欢呼吧！